新世纪高职高专
数学类课程规划教材

高等数学

新世纪高职高专教材编审委员会 组编
主　编　高汝林　段　瑞
副主编　刘　楠　宁艳艳　方小艳

大连理工大学出版社

图书在版编目(CIP)数据

高等数学 / 高汝林，段瑞主编. -- 大连：大连理工大学出版社，2021.9(2022.8重印)
新世纪高职高专数学类课程规划教材
ISBN 978-7-5685-3157-3

Ⅰ. ①高… Ⅱ. ①高… ②段… Ⅲ. ①高等数学－高等职业教育－教材 Ⅳ. ①O13

中国版本图书馆 CIP 数据核字(2021)第 172235 号

大连理工大学出版社出版

地址：大连市软件园路 80 号　邮政编码：116023
发行：0411-84708842　邮购：0411-84708943　传真：0411-84701466
E-mail:dutp@dutp.cn　URL:https://www.dutp.cn
沈阳海世达印务有限公司印刷　　大连理工大学出版社发行

幅面尺寸：185mm×260mm　　印张：14.5　　字数：390 千字
2021 年 9 月第 1 版　　　　　　　　　2022 年 8 月第 2 次印刷

责任编辑：程砚芳　　　　　　　　　　责任校对：刘俊如
　　　　　　　　封面设计：张　莹

ISBN 978-7-5685-3157-3　　　　　　　　定　价：38.80 元

本书如有印装质量问题，请与我社发行部联系更换。

前 言

《高等数学》是新世纪高职高专教材编审委员会组编的数学类课程规划教材之一。

高等数学是高校理、工和管理学等各专业一门重要的基础课,它一方面为学生学习专业课程提供所必需的数学基本概念和基本方法,另一方面能够培养学生的运算能力、抽象思维能力和逻辑推断能力。

本教材是根据《高职高专教育高等数学课程教学的基本要求》,并在认真总结教学改革经验的基础上,结合现在学生及教师的实际情况编写而成的。

本教材内容的选取充分体现了高职高专公共基础课教学"以应用为目的,以必须为度"的原则,以"强化概念,注重应用"为依据。通过本门课程的学习,实现传授知识和发展能力两方面的教学目的,积极为学生终身学习搭建平台、拓展空间。因此,本教材既考虑人才培养的应用性,又使学生具有一定的可持续发展性。

本教材不仅把高等数学课程当作重要的基础课和工具课,更将其视为一门素质课,启发学生思维,提高学生能力。教材共分七章,内容包括函数的极限与连续、导数与微分、导数的应用、不定积分、定积分及其应用、空间解析几何、常微分方程。

本教材具有以下几个特点:

(1)重视数学概念的本质表述,有关定理、结论、方法的给出与叙述力求通俗易懂,并结合几何图形的直观性,使学生易于接受,避免繁琐推证。

(2)注意启发引导,从实际问题引出抽象的概念,使学生知道概念的实际背景,从而加深对概念的理解。

(3)教学内容注重实际应用,例题、习题的选择均以有利于学生对实际问题提炼数学模型的能力的培养为原则。

本教材编写的指导思想是:适当降低理论要求,重视技能训练,加强能力培养,提高应用意识。选用本教材时,可根据教学需要和学时安排等具体情况对内容进行取舍。通过本教材的教学,使学生达到以下要求：

(1)为学生学习后续课程和解决实际问题提供必要的数学基础。

(2)逐步培养学生熟练的基本运算能力以及综合运用所学知识分析和解决实际问题的能力。

(3)具备初步抽象概括问题的能力、自学能力以及一定的逻辑推理能力。

本教材由陕西工业职业技术学院的老师共同编写，高汝林、段瑞担任主编，刘楠、宁艳艳、方小艳担任副主编，张穗、田恬、郑春华也参与了部分内容的编写工作。具体编写分工如下：第1章由高汝林编写；第2章由刘楠、张穗编写；第3章由段瑞编写；第4章由田恬编写；第5章由宁艳艳编写；第6章由方小艳编写；第7章由郑春华编写；附录由高汝林编写。本教材的统稿、修改和定稿由高汝林负责。

本教材在编写过程中，得到编者所在院校的领导及有关老师的大力支持，同时也得到大连理工大学出版社的积极协助并对该书提出了许多宝贵的意见与建议，在此一并表示衷心感谢。

在编写本教材的过程中，编者参考、引用和改编了国内外出版物中的相关资料以及网络资源，在此表示深深的谢意！相关著作权人看到本教材后，请与出版社联系，出版社将按照相关法律的规定支付稿酬。

我们虽然做出了很多努力，但限于编者的水平，不妥之处在所难免，希望广大读者批评指正，我们将深表谢意。

编　者

2021年9月

所有意见和建议请发往：dutpgz@163.com

欢迎访问职教数字化服务平台：https://www.dutp.cn/sve/

联系电话：0411-84707492　84706104

目录

第1章 函数的极限与连续 1
- 1.1 初等函数 1
- 1.2 函数的极限 11
- 1.3 无穷小量和无穷大量 17
- 1.4 极限的运算 21
- 1.5 两个重要极限 23
- 1.6 函数的连续性 27
- 单元测试1 34

第2章 导数与微分 36
- 2.1 导数的概念 36
- 2.2 求导法则 42
- 2.3 高阶导数、隐函数及参数式方程所确定的函数的导数 49
- 2.4 变化率问题 55
- 2.5 微　分 57
- 单元测试2 63

第3章 导数的应用 65
- 3.1 微分中值定理 66
- 3.2 洛必达法则 69
- 3.3 函数的单调性 73
- 3.4 函数的极值与最值 76
- 3.5 曲线的凹凸性及拐点 80
- 3.6 函数图形的描绘 83
- 3.7 曲线的曲率 86
- 单元测试3 90

第4章 不定积分 92
- 4.1 不定积分的概念和性质 92
- 4.2 积分的基本公式和法则 95
- 4.3 换元积分法 98
- 4.4 分部积分法 106
- 4.5 积分表的使用 109
- 单元测试4 111

第5章 定积分及其应用 ... 113
5.1 定积分的概念与性质 ... 113
5.2 定积分的基本公式 ... 122
5.3 定积分的计算 ... 126
5.4 广义积分 ... 131
5.5 定积分在几何中的应用 ... 135
5.6 定积分在物理中的应用 ... 140
单元测试5 ... 144

第6章 空间解析几何 ... 147
6.1 空间直角坐标系与向量 ... 147
6.2 两向量的数量积和向量积 ... 151
6.3 平面方程 ... 154
6.4 空间直线方程 ... 158
6.5 曲面与空间曲线 ... 161
单元测试6 ... 169

第7章 常微分方程 ... 171
7.1 微分方程的基本概念和可分离变量的微分方程 ... 171
7.2 一阶线性微分方程 ... 178
7.3 可降阶的高阶微分方程 ... 181
7.4 二阶常系数线性微分方程 ... 185
单元测试7 ... 195

附录 ... 197
附录1 阅读材料 ... 197
附录2 积分表 ... 207

参考答案 ... 215

第1章

函数的极限与连续

学习目标

1. 了解反函数、函数单调性、奇偶性、有界性、周期性的概念;无穷小、无穷大的概念;闭区间上连续函数的性质.

2. 理解函数、基本初等函数、复合函数、初等函数、分段函数的概念;函数极限的定义;无穷小的性质;函数在一点连续的概念;初等函数的连续性.

3. 掌握相同函数的判断;复合函数的复合过程;复合函数的分解;反函数的求法;极限的四则运算法则.

4. 会用函数关系描述简单实际问题;对无穷小进行比较;用两个重要极限求极限;判断间断点的类型;求连续函数和分段函数的极限.

高等数学以函数为主要研究对象. 极限是研究函数性态的基本方法和工具. 函数的连续性是函数的一种重要性态. 本章将介绍函数、极限和函数连续性等基本概念,以及它们的一些性质.

1.1 初等函数

函数概念是全部数学概念中最重要的概念之一,最早提出函数(function)概念的是17世纪德国数学家莱布尼茨. 莱布尼茨最初用"函数"一词表示幂,随后,他又用函数表示在直角坐标系中曲线上一点的横坐标、纵坐标.

中文数学上使用的"函数"一词是转译词,是我国清代数学家李善兰在翻译西方的《代数学》(1895年)一书时,把"function"译成"函数"的.

中国古代"函"与"含"通用,都有"包含"的意思. 李善兰给出的定义是:"凡式中含天,为天之函数."中国古代用天、地、人、物四个字来表示四个不同的未知数或变量. 这个定义的含义是:"凡是式子中含有变量 x,则该式子叫作 x 的函数."所以"函数"是指式子中含有变量的意思. 现在我们所说的方程的确切定义是含有未知数的等式.

李善兰

莱布尼茨

1.1.1 常量与变量

在现实世界里,观察某种自然现象或进行某项科学实验的过程中,会遇到各种各样的量,其中有些量在变化过程中保持不变,即取某个确定的数值,而另外一些量却有变化.例如,一物体做匀速直线运动,那么时间与位移都是变量,而速度则为常量.又如,一密闭容器内的气体在加热过程中,若考虑容器内气体的体积 V、分子数 n、绝对温度 T 以及压力 P,其中体积 V 与分子数 n 两个量在整个过程中保持不变,而绝对温度 T 与压力 P 则不断变化.

我们把某一变化过程中可取不同值的量称为变量;在某一变化过程中保持不变的量称为常量(或常数).通常用字母 a,b,c 等表示常量,用字母 x,y,z,t 等表示变量.

应当注意,一个量究竟是常量还是变量是由该过程的具体条件来确定的.同一个量在此过程中是常量,而在彼过程中却有可能是变量.如速度,在匀速运动中是常量,而在匀加速运动中是变量.

【例1】 金属圆周的周长 l 和半径 r 的关系为 $l=2\pi r$,当圆周受热膨胀时,半径 r 发生变化,周长 l 也随之变化.当 r 在其变化范围内有确定值时,周长 l 也就确定.在这里 r 和 l 是变量,π 和 2 是常量.

【例2】 某一时期银行的人民币定期储蓄存期与年利率如表 1-1 所示.

表 1-1

存期	三个月	六个月	一年	二年	三年	五年
年利率/%	1.71	2.07	2.25	2.70	3.24	3.60

表 1-1 给出了年利率与存期的关系.

1.1.2 区间与邻域

1. 区间

一个变量能取得的全部数值的集合,称为这个变量的变化范围或变域.今后我们常遇到的变域是区间.常见的区间有:

开区间 $(a,b)=\{x\mid a<x<b\}$;

闭区间 $[a,b]=\{x\mid a\leqslant x\leqslant b\}$;

半开半闭区间 $[a,b)=\{x\mid a\leqslant x<b\}$,$(a,b]=\{x\mid a<x\leqslant b\}$.

以上这些区间都称为有限区间.有限区间右端点 b 与左端点 a 的差 $b-a$,称为该区间的长度.

无穷区间:

$(-\infty,a)=\{x\mid x<a\}$,

$[a,+\infty)=\{x\mid x\geqslant a\}$,

$(-\infty,b]=\{x\mid x\leqslant b\}$,

$(a,+\infty)=\{x\mid x>a\}$,

$(-\infty,b)=\{x\mid x<b\}$,

$(-\infty,+\infty)=\{x\mid -\infty<x<+\infty\}$,即全体实数的集合 $\mathbf{R}$.

其中,记号 $+\infty$ 读作正无穷大,记号 $-\infty$ 读作负无穷大,无穷区间的长度无限长.

2. 邻域

给定实数 a,以点 a 为中心的任何开区间称为点 a 的邻域,记作 $U(a)$.

设 δ 为给定的正数,则称开区间 $(a-\delta,a+\delta)$ 为点 a 的 δ 邻域,记作 $U(a,\delta)$,即

$$U(a,\delta)=\{x\,|\,a-\delta<x<a+\delta\}.$$

点 a 称为邻域的中心,δ 称为邻域的半径.如图 1-1 所示.

由于 $\{x\,|\,a-\delta<x<a+\delta\}=\{x\,|\,|x-a|<\delta\}$,所以
$$U(a,\delta)=\{x\,|\,|x-a|<\delta\}$$
表示与点 a 距离小于 δ 的一切点 x 的全体.

有时会把点 a 的 δ 邻域中的点 a 去掉,如图 1-2 所示,此时称为点 a 的去心 δ 邻域,记作 $\overset{\circ}{U}(a,\delta)$,即
$$\overset{\circ}{U}(a,\delta)=\{x\,|\,0<|x-a|<\delta\},$$
其中 $|x-a|>0$ 表示 $x\neq a$.

图 1-1

图 1-2

1.1.3 函数概念

在讨论函数的概念之前,我们先来看几个实际生活中的例子.

【例 3】 某产品专卖店,场租和人工为 10 000 元,每件产品的进货价为 2 000 元/件,则该专卖店销售量 x(件)与总成本 y(元)之间有下面关系式
$$y=10\,000+2\,000x\quad(x\geqslant 0).$$

显然,销售量 x 取任何一个合理值,总成本 y 就有一个确定值与它对应,我们说总成本 y 是销售量 x 的函数.

【例 4】 根据个人所得税税率表,市民个人月收入 x(元)与其应纳个人所得税税额 T(元)之间的关系为

$$T=\begin{cases}0, & 0<x\leqslant 5\,000\\ 0.03(x-5\,000), & 5\,000<x\leqslant 8\,000\\ 90+0.1(x-8\,000), & 8\,000<x\leqslant 17\,000\\ 990+0.2(x-17\,000), & 17\,000<x\leqslant 30\,000\\ 3\,590+0.25(x-30\,000), & 30\,000<x\leqslant 40\,000\\ 6\,090+0.3(x-40\,000), & 40\,000<x\leqslant 60\,000\\ 12\,090+0.35(x-60\,000), & 60\,000<x\leqslant 85\,000\\ 20\,840+0.45(x-85\,000), & x>85\,000\end{cases}.$$

居民的月收入 x 取确定的值,其应纳个人所得税税额 T 就完全由 x 确定,我们说应纳个人所得税税额 T 是个人月收入 x 的函数.

【例 5】 (Excel 表格中的函数)如图 1-3 所示,在 Excel 表格窗口中的第 A 列依次输入 5 个数,再在 B1 单元格中输入公式"=A1^2+5",回车后得到 B1 单元格的值为 6,向下拖动,依次得到 B2,B3,B4,B5 单元格的值.

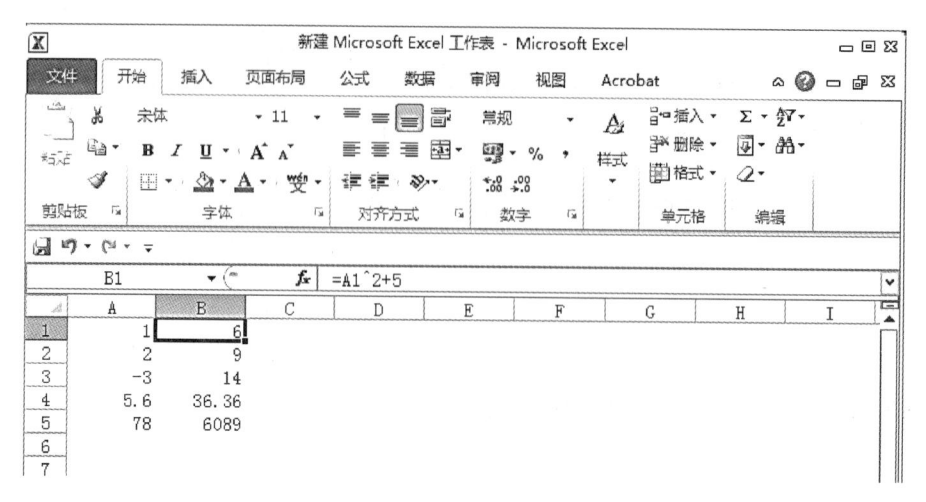

图 1-3

定义 1-1 设 x 和 y 是两个变量,若变量 x 在非空数集 D 内任取一数值时,变量 x 依照某一规则 f 总有一个确定的数值 y 与之对应,则称变量 y 为变量 x 的**函数**,记作 $y=f(x)$,这里,x 称作**自变量**,y 称作**因变量**或**函数**,f 是函数符号,它表示 y 与 x 的对应规则.有时函数符号也可以用其他字母来表示,如 $y=g(x)$ 或 $y=Q(x)$ 等.

集合 D 称作函数的**定义域**,相应的 y 值的集合:$R(f)=\{f(x)|x\in D\}$ 称作函数的**值域**.

当自变量 x 在其定义域内取定某个确定值 x_0 时,因变量 y 按所给函数关系 $y=f(x)$ 求出的对应值 y_0 叫作当 $x=x_0$ 时的**函数值**(或函数在 x_0 处的值),记作 $f(x_0)$ 或 $y\big|_{x=x_0}$.

函数的**定义域**、**对应法则**是函数的两个基本**要素**.从定义不难看出,两个相同的函数具有相同的定义域和相同的对应法则.因而要判断两个函数是否相同,首先检验它们的定义域是否相同,其次再看它们的对应法则是否一致(对解析式进行恒等变换,看表达式是否一致).

函数的表示法通常有三种:解析法、表格法、图像法.

在实际问题中,函数的定义域是根据问题的实际意义确定的.

在数学中,有时不考虑函数的实际意义,这时我们约定:函数的定义域就是自变量所能取得的使该函数解析式有意义的一切实数.

如果自变量在定义域内任取一个数值时,对应的函数值都只有一个,这种函数称为单值函数,简称函数,否则称为多值函数.以后若无特别说明,本书的函数都是指单值函数.

从例 4 可以看到,有时一个函数要用几个式子表示.这种在自变量的不同变化范围内,对应法则用不同式子来表示的函数,通常称为分段函数.

常见的还有

狄利克雷函数 $y=D(x)=\begin{cases}1, & \text{当 } x \text{ 是有理数时}\\0, & \text{当 } x \text{ 是无理数时}\end{cases}$;

符号函数 $y=\text{sgn}x=\begin{cases}1, & \text{当 } x>0\\0, & \text{当 } x=0\\-1, & \text{当 } x<0\end{cases}$,它的图形如图 1-4 所示.

取整函数 $y=[x]$,$[x]$ 表示不超过 x 的最大整数.例如,$[\sqrt{2}]=1$,$[-3.5]=-4$.则函数 $y=[x]$ 的定义域 $D=(-\infty,+\infty)$,值域为全体整数.它的图形如图 1-5 所示,称为阶梯曲线.

图 1-4

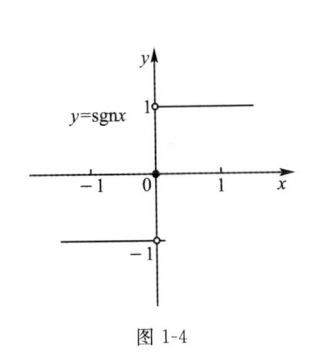

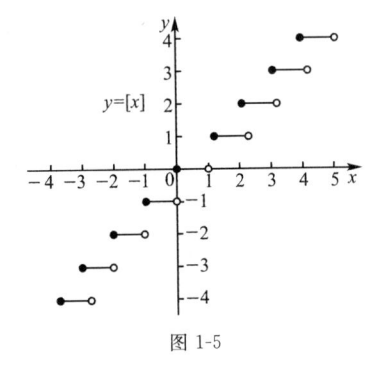

图 1-5

【例 6】 设 $f(x)=\sqrt{1+x^2}$，求 $f(0),f(2),f(-x),f(x+1)$.

解
$$f(0)=\sqrt{1+0^2}=1,$$
$$f(2)=\sqrt{1+2^2}=\sqrt{5},$$
$$f(-x)=\sqrt{1+(-x)^2}=\sqrt{1+x^2},$$
$$f(x+1)=\sqrt{1+(x+1)^2}=\sqrt{2+2x+x^2}.$$

【例 7】 求函数 $f(x)=\dfrac{1}{1-x}+\sqrt{9-x^2}$ 的定义域.

解 要使函数有意义，必须
$$\begin{cases}1-x\neq 0\\9-x^2\geq 0\end{cases},即\begin{cases}x\neq 1\\-3\leq x\leq 3\end{cases},$$

所以函数的定义域为 $\{x\mid -3\leq x\leq 3\text{ 且 }x\neq 1\}$ 或 $[-3,1)\cup(1,3]$.

【例 8】 求函数 $y=\dfrac{4x}{\sqrt{9-x^2}}+\ln(x^2+x-2)-2\arcsin\dfrac{2x-1}{3}$ 的定义域.

解 D 由满足下述三个条件的点组成
$$\begin{cases}9-x^2>0\\x^2+x-2>0\\\left|\dfrac{2x-1}{3}\right|\leq 1\end{cases},$$

即定义域 $D=(1,2]$.

1.1.4 函数的几种特性

1. 函数的有界性

定义 1-2 设函数 $y=f(x)$ 在集合 D 上有定义，如果存在一个正数 M，对所有的 $x\in D$，恒有 $|f(x)|\leq M$，则称函数 $f(x)$ 在 D 上是有界的. 如果不存在这样的正数 M，则称 $f(x)$ 在 D 上是无界的.

例如，$y=2\sin x+3\cos x+1$ 在其定义域 $(-\infty,+\infty)$ 内，都有
$$|2\sin x+3\cos x+1|\leq 2|\sin x|+3|\cos x|+1\leq 6,$$

所以 $y=2\sin x+3\cos x+1$ 在 $(-\infty,+\infty)$ 内是有界的.

函数 $y=\dfrac{1}{x}$ 在 $(0,+\infty)$ 内是无界的.

函数 $f(x)$ 在 $[a,b]$ 有界的几何意义是：曲线 $y=f(x)$ 在区间 $[a,b]$ 内的部分，限制在两

条直线 $y=-M$ 和 $y=M$ 之间.(图1-6)

函数在 (a,b) 无界的几何意义是:不管多大的 M,在直线 $y=-M$,$y=M$ 外都会有曲线 $y=f(x)$ 在 (a,b) 内的点.

对函数的有界性,要注意以下两点:

(1)当函数 $y=f(x)$ 在区间 $[a,b]$ 内有界时,正数 M 的取法不是唯一的.

如在 $(-\infty,+\infty)$ 内有界的函数 $y=2\sin x+3\cos x+1$,M 可取 6,也可取任意大于 6 的一个实数.

(2)有界性是依赖于区间的.例如,$y=\dfrac{1}{x}$ 在 $(0,+\infty)$ 内是无界的,但在 $(1,+\infty)$ 内是有界的.

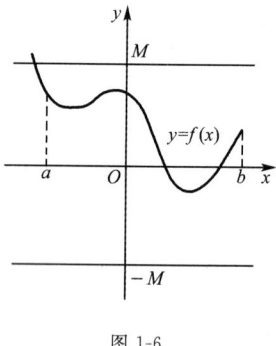

图 1-6

2.函数的单调性

定义 1-3 设函数 $y=f(x)$ 在数集 D 上有定义,如果对 D 上任意两点 x_1,x_2(满足 $x_1<x_2$),都有 $f(x_1)<f(x_2)$(或 $f(x_1)>f(x_2)$),则称 $f(x)$ 在 D 上**单调增加**(或**单调减少**).

函数 $f(x)$ 在数集 D 上单调增加、单调减少统称为函数 $f(x)$ 在数集 D 上单调,如果 D 是区间,则称该区间为 $f(x)$ 的单调区间.

单调增加函数的图形是沿 x 轴正向上升的曲线(图1-7),单调减少函数的图形是沿 x 轴正向下降的曲线(图1-8).

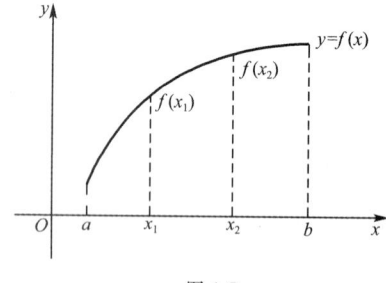

图 1-7

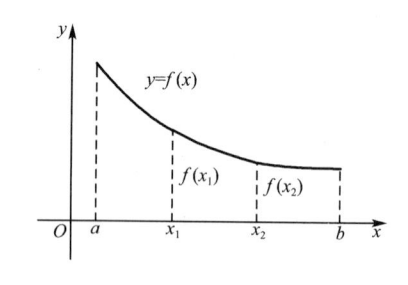

图 1-8

3.函数的奇偶性

定义 1-4 如果数集 D 满足:对任意 $x\in D$,都有 $-x\in D$,且 $f(-x)=-f(x)$(或 $f(-x)=f(x)$),则称 $f(x)$ 是数集 D 上的**奇函数**(或**偶函数**).

奇函数的图像关于原点对称(图1-9),偶函数的图像关于 y 轴对称(图1-10).

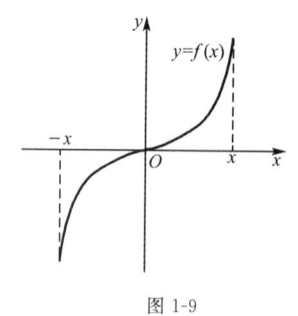

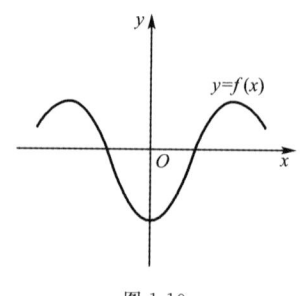

图 1-9

图 1-10

注意 讨论函数的奇偶性时,首先要看其定义域是否关于原点对称,如果不对称,一定是非奇非偶函数.

4. 函数的周期性

定义 1-5 设函数 $y=f(x)$ 在 D 上有定义,如果存在正数 T,使得对任意 $x\in D$,有 $x+T \in D$,且 $f(x+T)=f(x)$ 恒成立,则称函数 $f(x)$ 为**周期函数**,满足等式 $f(x+T)=f(x)$ 的最小正数 T 称为函数的**周期**.

例如,$y=\sin x$,$y=\cos x$ 是周期为 2π 的周期函数;$y=\tan x$,$y=\cot x$ 是周期为 π 的周期函数.

定理 1-1 设函数 $y=f(x)$ 是 D 上周期为 T 的周期函数,则 $F(x)=f(ax+b)(a\neq 0$ 为常数,b 也是常数) 是周期为 $\dfrac{T}{|a|}$ 的周期函数.

根据以上定理,我们易知 $y=\sin(2x+1)$ 是周期为 $T=\dfrac{2\pi}{2}=\pi$ 的周期函数.

1.1.5 基本初等函数

在数学的发展过程中,形成了最简单、最常用的六类函数:常函数、幂函数、指数函数、对数函数、三角函数、反三角函数,统称为基本初等函数.它们是微积分中所研究对象的基础,利用这些基本初等函数可以构造出更加广泛的函数.

1. 常函数

常函数 $y=C$ 是定义在 $(-\infty,+\infty)$ 上的函数,对任意自变量 x 的取值,函数值都是同一常数 C,所以,它的图像是过点 $(0,C)$ 且平行于 x 轴的直线(图 1-11),它是偶函数.

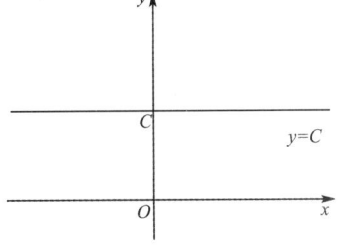

图 1-11

2. 幂函数

函数 $y=x^a$(a 为实数)叫作**幂函数**.它的定义域和性质随 a 的不同而变化,但是在 $(0,+\infty)$ 内幂函数总是有意义的,图形都经过点 $(1,1)$(图 1-12,图 1-13).

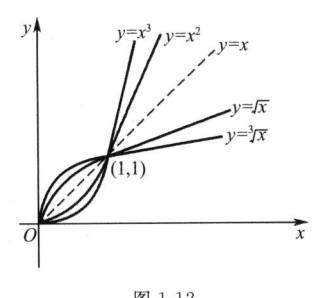

图 1-12

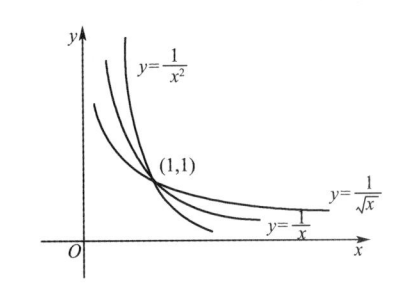

图 1-13

3. 指数函数

函数 $y=a^x$($a>0$,$a\neq 1$)叫作**指数函数**,它的定义域为 $(-\infty,+\infty)$,图形过点 $(0,1)$,总在 x 轴的上方,即无论 x 为何值,总有 $a^x>0$.

若 $a>1$,$y=a^x$ 是单调增函数;

若 $a<1$,$y=a^x$ 是单调减函数.

函数 $y=a^x$ 与 $y=\left(\dfrac{1}{a}\right)^x$ 的图形关于 y 轴对称(图 1-14).

4. 对数函数

函数 $y=\log_a x(a>0,a\neq1)$ 叫作**对数函数**，图形过点 $(1,0)$，总在 y 轴的右侧．

若 $a>1$，则函数单调增加；

若 $0<a<1$，则函数单调减少．

函数 $y=\log_a x$ 与 $y=\log_{\frac{1}{a}} x$ 的图形关于 x 轴对称（图 1-15）．

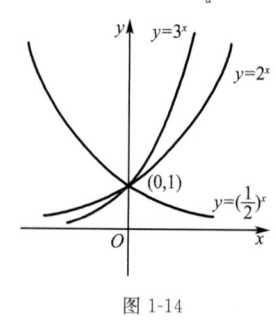

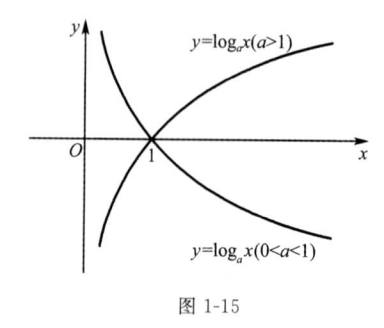

图 1-14

图 1-15

5. 三角函数

例如函数：$y=\sin x$，$y=\cos x$，$y=\tan x$，$y=\cot x$，$y=\sec x$，$y=\csc x$，统称为**三角函数**．

函数 $y=\sin x$ 是定义域为 $(-\infty,+\infty)$，值域为 $[-1,1]$，周期为 2π 的有界奇函数（图 1-16）．

函数 $y=\cos x$ 是定义域为 $(-\infty,+\infty)$，值域为 $[-1,1]$，周期为 2π 的有界偶函数（图 1-17）．

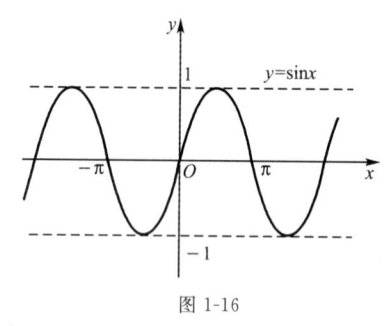

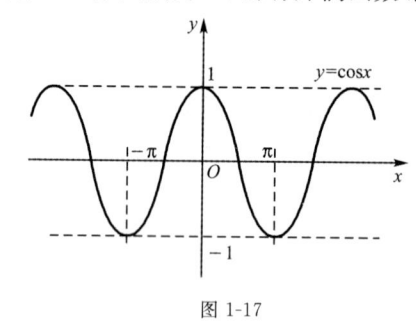

图 1-16

图 1-17

函数 $y=\tan x$ 是定义在实轴除去点 $x=k\pi+\dfrac{\pi}{2}(k=0,\pm1,\pm2,\cdots)$ 后的以 π 为周期的无界奇函数，$x=k\pi+\dfrac{\pi}{2}(k=0,\pm1,\pm2,\cdots)$ 为其垂直渐近线（图 1-18）．

至于 $y=\cot x$（图 1-19），$y=\sec x=\dfrac{1}{\cos x}$，$y=\csc x=\dfrac{1}{\sin x}$，我们在此不一一详细讨论．

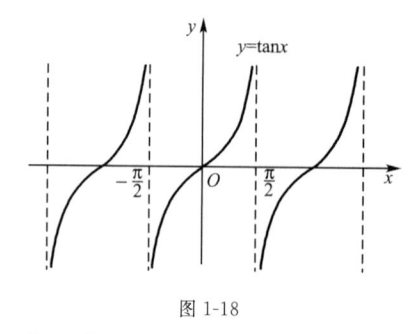

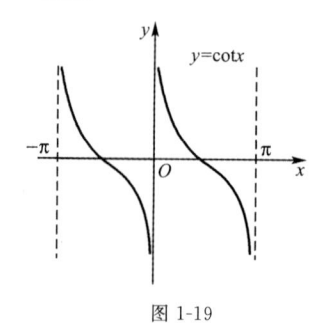

图 1-18

图 1-19

6. 反三角函数

例如函数：$y=\arcsin x$，$y=\arccos x$，$y=\arctan x$，$y=\text{arccot}\,x$，统称为**反三角函数**．

函数 $y=\arcsin x$ 是函数 $y=\sin x\left(-\dfrac{\pi}{2}\leqslant x\leqslant\dfrac{\pi}{2}\right)$ 的反函数，是定义域为 $[-1,1]$，值域为 $\left[-\dfrac{\pi}{2},\dfrac{\pi}{2}\right]$ 的有界单调增加的奇函数（图 1-20）.

函数 $y=\arccos x$ 是函数 $y=\cos x(0\leqslant x\leqslant\pi)$ 的反函数，是定义域为 $[-1,1]$，值域为 $[0,\pi]$ 的有界单调减少函数（图 1-21）.

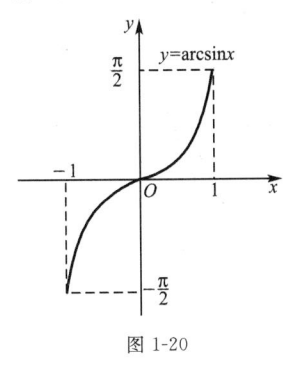

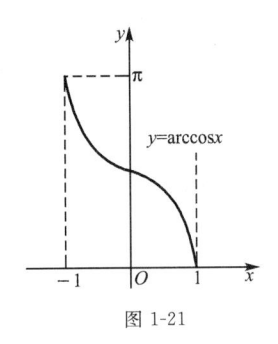

图 1-20

图 1-21

函数 $y=\arctan x$ 是函数 $y=\tan x\left(-\dfrac{\pi}{2}<x<\dfrac{\pi}{2}\right)$ 的反函数，是定义域为 $(-\infty,+\infty)$，值域为 $\left(-\dfrac{\pi}{2},\dfrac{\pi}{2}\right)$ 的有界单调增加的奇函数，$y=\pm\dfrac{\pi}{2}$ 是其水平渐近线（图 1-22）.

函数 $y=\mathrm{arccot}\, x$ 是函数 $y=\cot x(0<x<\pi)$ 的反函数，是定义域为 $(-\infty,+\infty)$，值域为 $(0,\pi)$ 的有界单调减少函数，$y=0$，$y=\pi$ 是其水平渐近线（图 1-23）.

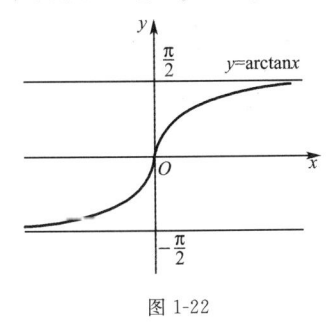

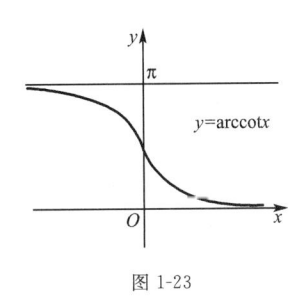

图 1-22

图 1-23

1.1.6 反函数

定义 1-6 设有函数 $y=f(x)$，其定义域为 D，值域为 M，如果对于 M 中的每一个 y 值 $(y\in M)$，都可以从关系式 $y=f(x)$ 确定唯一的 x 值 $(x\in D)$ 与之对应，那么所确定的以 y 为自变量的函数 $x=\varphi(y)$ 叫作函数 $y=f(x)$ 的反函数，它的定义域为 M，值域为 D.

习惯上，函数的自变量都以 x 表示，所以反函数也可以表示为 $y=f^{-1}(x)$. 函数 $y=f(x)$ 的图形与其反函数 $y=f^{-1}(x)$ 的图形关于直线 $y=x$ 对称.

【例 9】 函数 $y=2^x$ 与函数 $y=\log_2 x$ 互为反函数，则它们的图形在同一直角坐标系中是关于直线 $y=x$ 对称的. 如图 1-24 所示.

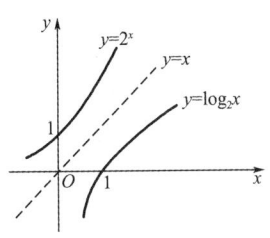

图 1-24

1.1.7 复合函数

在实际应用中，我们常见的有基本初等函数，以及由基本初等函数通过四则运算或组合而成的函数. 例如：$y=\sin x^2$ 就不是基本初等函数，它是由基本初等函数 $y=\sin u, u=x^2$ 通过中间变量 u 连接而成的一个函数. 这种通过基本初等函数组合而成的函数称作复合函数.

定义 1-7 设 y 是 u 的函数 $y=f(u)$，u 是 x 的函数 $u=\varphi(x)$，而且当 x 在其定义域或该定义域的一部分取值时，所对应的 u 的值使得 $y=f(u)$ 有定义，则称 $y=f[\varphi(x)]$ 是 x 的复合函数，其中 $u=\varphi(x)$ 为内函数，$y=f(u)$ 为外函数，u 为中间变量.

【**例 10**】 求下列函数的复合函数.

(1) $y=u^2, u=\sin x$；　　(2) $y=\ln u, u=\cos v, v=2x-1$.

解 (1) $y=u^2=\sin^2 x$；

(2) $y=\ln u=\ln\cos v=\ln\cos(2x-1)$.

【**例 11**】 分析下列函数的复合过程.

(1) $y=\sin x^3$；　　(2) $y=\sqrt{1-x^2}$；　　(3) $y=3^{-x}$；　　(4) $y=\ln^3(2x+1)$.

解 (1) $y=\sin u, u=x^3$；

(2) $y=\sqrt{u}, u=1-x^2$；

(3) $y=3^u, u=-x$；

(4) $y=u^3, u=\ln v, v=2x+1$.

分析一个函数的复合过程，关键是弄清各种运算的次序. 应由外往内，逐层分解，每个层次都应该是简单函数.

注意 由复合函数的定义可知：

(1) 只有满足定义中所述条件的两个函数才可以复合，例如，$y=\arcsin u, u=x^2+2$，由于 $u=x^2+2$ 的值域为 $[2,+\infty)$ 与 $y=\arcsin u$ 的定义域 $[-1,1]$ 的交集为空集，故不能复合；

(2) 中间变量可以是多个，例如，$y=\sqrt{u}, u=v^2+1, v=\cos x$，则 $y=\sqrt{\cos^2 x+1}$，这里 u, v 都是中间变量.

1.1.8 初等函数

由基本初等函数经过有限次四则运算和有限次复合所构成的，并能用一个解析式表示的函数叫作初等函数.

例 11 中的四个函数都是初等函数，而狄利克雷函数、符号函数与取整函数不是初等函数.

1.1.9 建立函数关系举例

要想运用数学知识解决实际问题，通常要先把变量之间的函数关系式表示出来，然后进行分析和计算. 即先建立函数关系，然后再进行计算. 下面通过实例，说明建立函数关系的过程.

【**例 12**】 把直径为 d 的圆木料锯成截面为矩形的木材 (图 1-25)，列出矩形截面两条边之间的函数关系.

解 设矩形截面的一条边长为 x，另一条边长为 y.

由于矩形的对角线即为圆的直径 d，由勾股定理，得

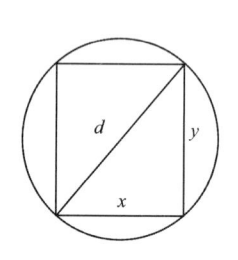

图 1-25

$$x^2+y^2=d^2$$

解出 y，得 $y=\pm\sqrt{d^2-x^2}$.

因为只能取正数，所以 $y=\sqrt{d^2-x^2}$，其定义域为 $(0,d)$.

同步训练 1-1

1. 指出下列函数的定义域，奇偶性，并画出它们的大致图像.
   (1) $y=\sqrt{x}$； (2) $y=x^3$； (3) $y=x\sqrt{x}$；
   (4) $y=\dfrac{1}{\sqrt{x}}$； (5) $y=\sqrt[3]{x^2}$； (6) $y=\dfrac{1}{x^3}$.

2. 求函数的定义域.
   (1) $y=\sqrt{x+1}$； (2) $y=\lg(x^2-3x+2)$； (3) $y=\sqrt{1-|x|}$；
   (4) $y=\dfrac{1}{\ln(x-1)}$； (5) $y=\arcsin 2x$； (6) $y=\sqrt{2^x-1}$.

3. 已知 $f(x)=\dfrac{1+x}{1-x}$，求 $f(0),f(2),f(-x),f\left(\dfrac{1}{x}\right),f[f(x)]$.

4. 作函数 $y=\begin{cases}-x+1, & x<0 \\ \pi, & 0\leqslant x\leqslant 1 \\ x^2+1, & x>1\end{cases}$ 的图像，并计算 $f(-2),f(0),f(4),f[f(-0.5)]$.

5. 把 y 表示为 x 的函数.
   (1) $y=\sqrt{u},u=x^2-1$； (2) $y=\sin u,u=2x$；
   (3) $y=\mathrm{e}^u,u=3x-1$； (4) $y=\arccos u,u=\dfrac{x+a}{x+b}$；
   (5) $y=\ln u,u=\cos v,v=2x+1$； (6) $y=u^2,u=1+\sin v,v=\dfrac{x}{2}$.

6. 指出下列函数的复合过程.
   (1) $y=(1+3x)^5$； (2) $y=\sqrt{3x-2}$； (3) $y=3^{\cos x}$；
   (4) $y=\ln(1+\sqrt{x})$； (5) $y=\arcsin\sqrt{1-x^2}$； (6) $y=\sin^2(2-x)$.

7. 有一边长为 a 的正方形，从它的四个角截去相等的小方块，然后折起各边做成一个无盖的小盒子. 求它的容积 y 与截去的小方块边长 x 之间的函数关系，并指明定义域.

8. 火车站行李收费的规定如下：当行李不超过 50 公斤时，每公斤收费 0.15 元；当行李超过 50 公斤时，超重部分按每公斤 0.25 元收费. 试求运费 y 与重量 x 之间的函数关系式.

1.2 函 数 的 极 限

著名数学家希尔伯特（Hilbert）曾说：没有任何问题可以像无穷那样深深地触动人的情感，很少有别的观念能像无穷那样激励理智产生富有成果的思想，也没有任何其他的概念能像无穷那样需要加以阐明．函数概念刻画了变量之间的关系，而极限概念着重刻画变量的变化趋势，并且极限也是学习微积分的基础和工具．

微积分引入了无穷的概念．在微积分产生初期，人们对无穷的认识还比较肤浅，产生了一些矛盾（悖论）．极限理论的建立，奠定了微积分的基础，解决了矛盾，才使微积分正式成为数学的一部分．

【例 1】 （芝诺悖论）阿基里斯是《荷马史诗》中的善跑英雄，但奔跑中的阿基里斯永远也无法超过在他前面慢慢爬行的乌龟．因为他必须首先到达乌龟的出发点，而当他到达那一点时，乌龟又向前爬了．因而乌龟必定总是跑在前头．

分析 产生悖论的原因是偷换概念，上述"乌龟总是跑在前头"与"阿基里斯永远也无法超过乌龟"是两个不同的时间变化过程．

事实上，设阿基里斯速度为 10 m/s，乌龟速度为 1 m/s，乌龟在阿基里斯前 100 m，不难计算，追击时间

$$T = 10 + 1 + 0.1 + 0.01 + \cdots = 11.111\cdots = \frac{100}{9}(\text{s}).$$

就时间 t 的变化而言，"乌龟总是跑在前头"时间的变化过程是时间 t 无限接近于 T 的过程，简单记为 $t \to T$，而"阿基里斯永远也无法超过乌龟"是指 t 无限增大的过程，可记为 $t \to +\infty$．如图 1-26 所示．

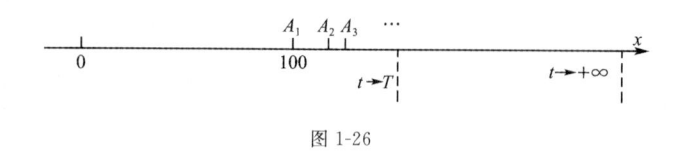

图 1-26

从数量上观察这两个变化过程

$$t = 10, 11, 11.1, 11.11, 11.111, 11.1111, \cdots \to T = \frac{100}{9};$$

$$t = 10, 100, 1\,000, 10\,000, 100\,000, \cdots \to +\infty.$$

$t \to T$ 表示变量 t 变化时，t 与实数 T 的差距越来越小，且差距无限趋于 0．

$t \to +\infty$ 表示变量 t 变化时，t 的值无限增加，且能取到任意大的数值．

$t \to T, t \to +\infty$ 都是时间的一个无限变化过程．t 能无限接近于 $T(t \neq T)$，是因为实数的稠密性，即任意两个不同实数间仍有其他实数．

【例 2】 计算圆的面积．

我国魏晋时期的数学家刘徽，曾试图从圆内接正多边形出发来计算半径等于单位长度的圆的面积．他从圆内接正六边形开始，每次把边数加倍，直觉地意识到边数越多，内接正多边形的面积越接近于圆的面积．他曾正确地计算出圆内接正 3 072 边形的面积，从而得到圆周率 π 的十分精确的结果 π≈3.141 6．他的算法用现代数学来表达，就是

$$A \approx 6 \cdot 2^{n-1} \cdot \frac{1}{2} R^2 \cdot \sin \frac{2\pi}{6 \cdot 2^{n-1}},$$

其中 A 为半径等于 R 的圆面积，$6 \cdot 2^{n-1}$ 为刘徽计算方法中正多边形的边数．

我国魏晋时代著名的数学家刘徽提出割圆术.他在《九章算术注》中指出:"割之弥细,所失弥少.割之又割,以至于不可割,则与圆合体,而无所失矣."每一个具体的正多边形的面积都是圆面积的近似值,而当边数无限增大时,这些正多边形的面积趋于一个固定的常数,这个常数就是圆面积的精确值.这一过程反映了由近似到精确,由有限到无限、由量变到质变的辩证关系.可以看出,刘徽对极限的理解是很深刻的,不仅如此,刘徽还给出了研究极限的方法,并且利用割圆术计算出圆周率为 3.14,这开创了"中国数学发展中圆周率研究的新纪元".

刘徽

然而,刘徽在其所著的《九章算术注》中曾说:"割之弥细,所失弥少,割之又割,以至于不可割,则与圆合体,而无所失矣."这个结论却是不准确的.首先,按他的做法确实可以作出无穷多个正多边形,因此应该是永远地"可割"而非"不可割";其次,无论边数如何增加,毕竟还是多边形,绝不会"与圆合体,而无所失矣".究其原因,是在他那个时代还未找到克服"有限"与"无限"这对矛盾的工具.因此他只能设想最后总有一个边数足够多的正多边形与圆"合体",而把无限变化过程作为有限过程处理了.

从上面的例子可以看出,圆的面积是客观存在的,但用初等数学知识是难以圆满地完成它们的计算工作的.因此,就迫使我们不得不创造出一套完整的理论和方法来确定它们的真值.下面我们就来逐步建立这套理论和方法.

1.2.1 数列的极限

由函数的定义和数列的定义可知,数列$\{u_n\}$可以视为自变量n取所有自然数时的函数:
$$f(n)=u_n \quad (n=1,2,\cdots).$$

上述实例中的$\left\{6 \cdot 2^{n-1} \cdot \frac{1}{2}R^2 \cdot \sin\frac{2\pi}{6 \cdot 2^{n-1}}\right\}$就是一个数列.

既然数列是一个函数,它也会遇到极限问题.对此,我们给出如下定义:

定义 1-8 如果当n无限增大时,数列$\{u_n\}$无限地趋近于一个确定的常数A,那么就称A为**数列$\{u_n\}$的极限**,或称**数列$\{u_n\}$收敛于A**,记为
$$\lim_{n\to\infty}u_n=A$$
或者$u_n \to A$,当$n\to\infty$时,其中"$\to$"读作"趋于".

极限存在的数列称为**收敛数列**,极限不存在的数列称为**发散数列**.

例如,数列:

(1) $\left\{\dfrac{n}{n+1}\right\}$: $\dfrac{1}{2},\dfrac{2}{3},\dfrac{3}{4},\cdots,\dfrac{n}{n+1},\cdots$;

(2) $\{2^n\}$: $2,4,8,\cdots,2^n,\cdots$;

(3) $\left\{\dfrac{1}{2^n}\right\}$: $\dfrac{1}{2},\dfrac{1}{4},\dfrac{1}{8},\cdots,\dfrac{1}{2^n},\cdots$;

(4) $\left\{\dfrac{n+(-1)^{n-1}}{n}\right\}$: $2,\dfrac{1}{2},\dfrac{4}{3},\cdots,\dfrac{n+(-1)^{n-1}}{n},\cdots$.

它们的一般项依次为$\dfrac{n}{n+1},2^n,\dfrac{1}{2^n},\dfrac{n+(-1)^{n-1}}{n}$.

由于 $\lim\limits_{n\to\infty}\dfrac{n}{n+1}=1$，$\lim\limits_{n\to\infty}\dfrac{1}{2^n}=0$，$\lim\limits_{n\to\infty}\dfrac{n+(-1)^{n-1}}{n}=1$；

所以数列：$\left\{\dfrac{n}{n+1}\right\}$，$\left\{\dfrac{1}{2^n}\right\}$，$\left\{\dfrac{n+(-1)^{n-1}}{n}\right\}$ 收敛，而 $\{2^n\}$ 是发散的.

1.2.2 函数的极限

函数 $y=f(x)$ 揭示了两个变量 x,y 间的依赖关系，当 x 变化时引起函数 y 变化，那么当 x 按某种方式无限变化时，函数 y 如何变化？

【例 3】 考察函数 $y=\dfrac{1}{x}$ 在 $x\to\infty$ 和 $x\to 2$ 时的变化趋势.

解 由表 1-2 数据观察

表 1-2

x	$\pm 10,\pm 100,\pm 1\,000,\pm 10\,000,\pm 100\,000,\cdots,\to\infty$
y	$\pm 0.1,\pm 0.01,\pm 0.001,\pm 0.000\,1,\pm 0.000\,01,\cdots,\to 0$
x	$2.1,2.01,2.001,2.000\,1,2.000\,01,\cdots,\to 2$
y	$0.476\,1,0.497\,5,0.499\,7,0.499\,97,0.499\,997,\cdots,\to 0.5$
x	$1,1.9,1.99,1.999,1.999\,9,\cdots,\to 2$
y	$1,0.526\,3,0.502\,51,0.500\,250,0.500\,025,\cdots,\to 0.5$

归纳得 $x\to\infty$ 时 $y\to 0$；$x\to 2$ 时 $y\to 0.5$.

得到的实数 0 和 0.5 分别叫作函数 $y=\dfrac{1}{x}$ 在 $x\to\infty$ 和 $x\to 2$ 时的极限.

定义 1-9 在自变量 x 按某个无限变化方式变化时（记为 $x\to*$），对应的函数值 $y=f(x)$ 无限接近一个确定的常数 A，则称此常数 A 为函数 $y=f(x)$ 在此变化条件下的极限，记为

$$\lim_{x\to*}f(x)=A \text{ 或 } f(x)\to A\,(\text{当 }x\to*\text{ 时}).$$

例 3 中，$y=\dfrac{1}{x}$ 在 $x\to\infty$ 时的极限为 0，记为 $\lim\limits_{x\to\infty}\dfrac{1}{x}=0$；$y=\dfrac{1}{x}$ 在 $x\to 2$ 时的极限为 0.5，记为 $\lim\limits_{x\to 2}\dfrac{1}{x}=0.5$.

例 3 是通过函数值（数据）的变化规律归纳得到极限. 其实对一些简单函数，也可以通过其图像的变化规律归纳得到极限.

图 1-27 为函数 $y=\dfrac{1}{x}$ 的图像，通过其图像上的点的坐标变化可以看出：

$x\to+\infty$ 时 $y\to 0$，$x\to-\infty$ 时 $y\to 0$，即 $\lim\limits_{x\to\infty}\dfrac{1}{x}=0$.

$x\to 2$ 时 $y\to 0.5$，即 $\lim\limits_{x\to 2}\dfrac{1}{x}=0.5$.

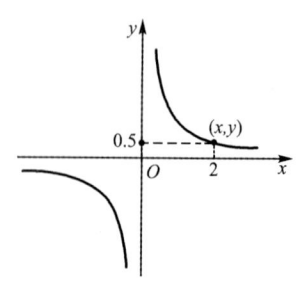

图 1-27

对于极限应注意以下几点：

1. 函数极限不一定存在，若极限存在，则为唯一的实数.

如 $y=\dfrac{1}{x}$ 在 $x\to 0$ 时的极限不存在. $y=\sin x$ 在 $x\to\infty$ 时的极限不存在.

思考 上述极限为什么不存在？

2. 自变量的变化条件有七种方式.

数列极限只是其中一种特殊情形. 如数列极限定义.

设 $\{a_n=f(n)\}$ 是一个无穷数列, 当项数 n 无限增大(记为 $n\to\infty$)时, 如果 a_n 的值无限接近一个确定的常数 A, 则称此常数 A 为数列 $\{a_n\}$ 的极限, 记为

$$\lim_{n\to\infty}f(n)=A \text{ 或当} n\to\infty \text{时}, a_n\to A.$$

数列 $a_n=f(n), n\in \mathbf{Z}^+$, 又叫作整标函数.

类似有另外六个条件下的极限：

$$\lim_{x\to x_0}f(x),\ \lim_{x\to x_0^-}f(x),\ \lim_{x\to x_0^+}f(x),\ \lim_{x\to\infty}f(x),\ \lim_{x\to+\infty}f(x),\ \lim_{x\to-\infty}f(x).$$

其中 $\lim\limits_{x\to x_0^-}f(x)$、$\lim\limits_{x\to x_0^+}f(x)$ 分别称为函数 $y=f(x)$ 在 x_0 处的左、右极限.

如图 1-28 所示, 分段函数 $y=f(x)$ 在 x_0 处有

左极限 $\lim\limits_{x\to x_0^-}f(x)=A$, 右极限 $\lim\limits_{x\to x_0^+}f(x)=B$.

3. 两种极限关系

$\lim\limits_{x\to\infty}f(x)$ 存在的充要条件是 $\lim\limits_{x\to-\infty}f(x)$ 与 $\lim\limits_{x\to+\infty}f(x)$ 同时存在且相等.

$\lim\limits_{x\to x_0}f(x)$ 存在的充要条件是 $\lim\limits_{x\to x_0^-}f(x)$ 与 $\lim\limits_{x\to x_0^+}f(x)$ 同时存在且相等.

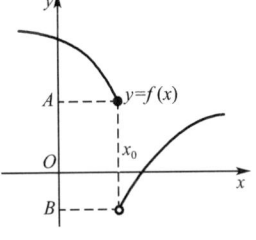

图 1-28

图 1-28 中, 因为 $A\neq B$, 所以 $\lim\limits_{x\to x_0}f(x)$ 不存在.

【例 4】 观察并写出下列各极限：

(1) $\lim\limits_{x\to+\infty}\arctan x$； (2) $\lim\limits_{x\to-\infty}\arctan x$； (3) $\lim\limits_{x\to+\infty}\mathrm{e}^{-x}$； (4) $\lim\limits_{x\to-\infty}\mathrm{e}^{x}$.

解 通过观察并结合函数的图像(图 1-29, 图 1-30, 图 1-31)可知：

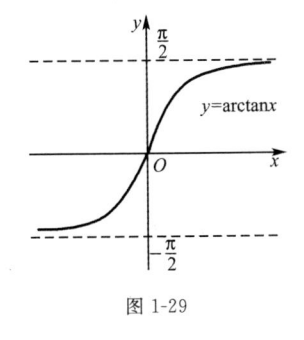

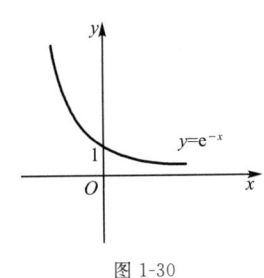

图 1-29

图 1-30

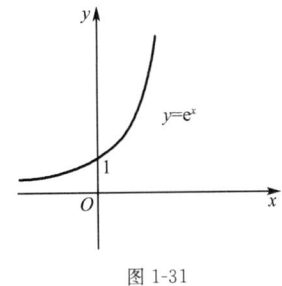

图 1-31

(1) $\lim\limits_{x\to+\infty}\arctan x=\dfrac{\pi}{2}$；

(2) $\lim\limits_{x\to-\infty}\arctan x=-\dfrac{\pi}{2}$；

(3) $\lim\limits_{x \to +\infty} e^{-x} = 0$； (4) $\lim\limits_{x \to -\infty} e^x = 0$.

【例5】 考察极限 $\lim\limits_{x \to 1} \dfrac{x^2-1}{x-1}$.

解 作出函数 $y = \dfrac{x^2-1}{x-1}$ 的图形(图 1-32). 函数的定义域为 $(-\infty,1) \cup (1,+\infty)$，在 $x=1$ 处函数没有定义. 但从图 1-32 可以看出，自变量 x 从大于 1 或从小于 1 两个方向趋近于 1 时，函数 $y = \dfrac{x^2-1}{x-1}$ 的值也从这两个方向趋近于 2. 所以 $\lim\limits_{x \to 1} \dfrac{x^2-1}{x-1} = 2$.

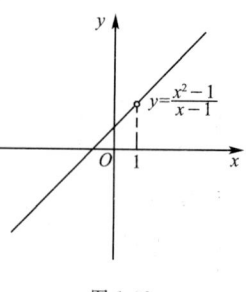

图 1-32

此例表明，$\lim\limits_{x \to x_0} f(x)$ 是否存在与 $f(x)$ 在点 x_0 处是否有定义无关.

同步训练 1-2

1. 填空

(1) $\lim\limits_{x \to 0^+} f(x)$ 的含义是 _____；

(2) $\lim\limits_{n \to \infty} (0.8)^n$ 的含义是 _____；

(3) 列举一种 $x \to 2$ 的变化过程 _____；

(4) $\lim\limits_{x \to \pi} \cos x =$ _____，$\lim\limits_{x \to 0} \arctan x =$ _____.

2. 考察下列数列的极限.

(1) $1, \dfrac{1}{\sqrt{2}}, \dfrac{1}{\sqrt{3}}, \dfrac{1}{2}, \dfrac{1}{\sqrt{5}}, \cdots$；

(2) $-\dfrac{1}{2}, \dfrac{1}{4}, -\dfrac{1}{8}, \dfrac{1}{16}, -\dfrac{1}{32}, \cdots$；

(3) $\sqrt[3]{2}, \sqrt[3]{3}, \sqrt[3]{4}, \sqrt[3]{5}, \sqrt[3]{6}, \cdots$；

(4) $2+\dfrac{1}{10}, 2+\dfrac{1}{10^2}, 2+\dfrac{1}{10^3}, 2+\dfrac{1}{10^4}, 2+\dfrac{1}{10^5}, \cdots$；

(5) $0, \dfrac{1}{2}, 0, \dfrac{1}{4}, 0, \dfrac{1}{6}, \cdots$.

3. 观察并写出下列数列的极限值.

(1) $x_n = \dfrac{n+1}{n+2}$； (2) $x_n = (-1)^n \dfrac{1}{n}$； (3) $x_n = 3 + \dfrac{1}{n^2}$； (4) $x_n = \dfrac{1}{3^n}$.

4. 通过图像观察下列极限.

(1) $\lim\limits_{x \to \infty} \dfrac{2}{x^3}$； (2) $\lim\limits_{x \to +\infty} \operatorname{arccot} x$； (3) $\lim\limits_{x \to -\infty} \operatorname{arccot} x$； (4) $\lim\limits_{x \to +\infty} \left(\dfrac{1}{3}\right)^x$；

(5) $\lim\limits_{x \to -\infty} e^x$； (6) $\lim\limits_{x \to 1}(3x-2)$； (7) $\lim\limits_{x \to -1}(x^2+1)$； (8) $\lim\limits_{x \to 1} \ln x$.

5. 设 $f(x) = \begin{cases} x+1, & x \geqslant 0 \\ 1, & x < 0 \end{cases}$，画出 $f(x)$ 的图像，讨论当 $x \to 0$ 时 $f(x)$ 的极限.

1.3 无穷小量和无穷大量

1.3.1 无穷小量

1. 无穷小量的概念

定义 1-10 若 $\lim\limits_{\substack{x \to x_0 \\ (x \to \infty)}} f(x) = 0$,称 $f(x)$ 为 $x \to x_0$(或 $x \to \infty$)时的**无穷小量**,简称无穷小.

例如,$\lim\limits_{n \to \infty} \dfrac{1}{n} = 0$,则 $\dfrac{1}{n}$ 为 $n \to \infty$ 时的无穷小量. 又如 $\lim\limits_{x \to \infty} \dfrac{1}{x^2} = 0$,则 $\dfrac{1}{x^2}$ 为 $x \to \infty$ 时的无穷小量.

由于 $\lim\limits_{x \to 2}(2-x) = 0$,因此 $2-x$ 是当 $x \to 2$ 时的无穷小量.

在理解无穷小量时,应注意下面几点:

(1) 无穷小量是以零为极限的一个函数,不要任何一个很小的数都误认为是无穷小量. 如 10^{-30} 这个数虽然很小,但它不以 0 为极限,所以不是无穷小量. 在所有的常数中,只有 0 可以作为无穷小量.

(2) 无穷小量与自变量 x 的某个变化过程(极限过程)是分不开的,因此不能笼统地说某个函数是无穷小量. 例如,直接说 $\sin x$ 是无穷小就是错误的,因为 $\sin x$ 在 $x \to 0$ 时是无穷小量,而在 $x \to \dfrac{\pi}{2}$ 时就不再是无穷小量.

(3) 无穷小量定义对数列也适用.

2. 无穷小量的性质

性质 1 有限个无穷小量的代数和是无穷小量.

性质 2 有界函数与无穷小量之积是无穷小量.

性质 3 常数与无穷小量之积是无穷小量.

性质 4 有限个无穷小量(自变量为同一变化过程时)之积是无穷小量.

【例 1】 求 $\lim\limits_{x \to \infty} \dfrac{1}{x} \sin x$.

解 因为 $\lim\limits_{x \to \infty} \dfrac{1}{x} = 0$,则当 $x \to \infty$ 时 $\dfrac{1}{x}$ 是无穷小,且有 $|\sin x| \leqslant 1$,故 $\sin x$ 为有界函数,由性质 2 得 $\lim\limits_{x \to \infty} \dfrac{1}{x} \sin x = 0$.

1.3.2 无穷大量

定义 1-11 如果当 $x \to x_0$(或 $x \to \infty$)时,函数 $f(x)$ 的绝对值无限增大,那么称 $f(x)$ 为当 $x \to x_0$(或 $x \to \infty$)时的**无穷大量**,简称无穷大.

例如,当 $x \to 0$ 时,$\dfrac{1}{x^3}$ 为无穷大量. 又如 $x \to 0^+$ 时,$\cot x$,$\dfrac{1}{\sqrt{x}}$ 是无穷大量.

理解无穷大量时应注意:

(1) 无穷大量是一个变量,是一个函数,一个无论多么大的常数,都不能作为无穷大量.

(2)函数在变化过程中绝对值越来越大且可以无限增大时,才能称为无穷大量.例如,当 $x \to \infty$ 时,$f(x)=x\sin x$ 可以无限增大但不是越来越大,所以不是无穷大量.

(3)当我们说某个函数是无穷大量时,必须同时指出它的自变量变化过程.

(4)无穷大量定义对数列也适用.

(5)需要进一步说明的是,无穷大量是函数极限不存在的一种情形,这里使用了极限记号 $\lim f(x) = \infty$,但并不表示函数 $f(x)$ 的极限存在.

1.3.3 无穷大与无穷小的关系

定理 1-2 在自变量的同一变化过程中,如果 $f(x)$ 是无穷大,则 $\dfrac{1}{f(x)}$ 是无穷小;反之,如果 $f(x)$ 是无穷小且 $f(x) \neq 0$,则 $\dfrac{1}{f(x)}$ 是无穷大.

使用无穷小与无穷大的关系定理可以方便地讨论极限结果是无穷大的情况.

如 $x-1$ 是 $x \to 1$ 时的无穷小,所以 $x-1$ 的倒数 $\dfrac{1}{x-1}$ 是 $x \to 1$ 时的无穷大,即 $\lim\limits_{x \to 1} \dfrac{1}{x-1} = \infty$.

1.3.4 无穷小的比较

我们知道两个无穷小的代数和及乘积仍然是无穷小,但是两个无穷小的商却会出现不同的情况,例如,当 $x \to 0$ 时,$x, 3x, x^2$ 都是无穷小,而

$$\lim_{x \to 0} \frac{x^2}{3x} = 0, \quad \lim_{x \to 0} \frac{3x}{x^2} = \infty, \quad \lim_{x \to 0} \frac{3x}{x} = 3.$$

两个无穷小之比的极限的不同情况,反映了不同的无穷小趋向零的快慢程度.

下面就以两个无穷小之商的极限所出现的各种情况,来说明两个无穷小的比较.

设 α 与 β 为 x 在同一变化过程中的两个无穷小,

若 $\lim \dfrac{\beta}{\alpha} = 0$,就说 β 是比 α **高阶的无穷小**,记为 $\beta = o(\alpha)$;

若 $\lim \dfrac{\beta}{\alpha} = \infty$,就说 β 是比 α **低阶的无穷小**;

若 $\lim \dfrac{\beta}{\alpha} = c \neq 0$,就说 β 是与 α **同阶的无穷小**,记为 $\beta = O(\alpha)$;

若 $\lim \dfrac{\beta}{\alpha} = 1$,就说 β 与 α 是**等价无穷小**,记为 $\alpha \sim \beta$.

根据以上定义,可知当 $x \to 0$ 时,x^2 是 x 的高阶无穷小,即 $x^2 = o(x)$;反之 x 是 x^2 的低阶无穷小;x^2 与 $1-\cos x$ 是同阶无穷小;x 与 $\sin x$ 是等价无穷小,即 $x \sim \sin x$.

关于定义的说明:

(1)高阶无穷小不具有等价代换性,即:$x^2 = o(x)$,$x^2 = o(\sqrt{x})$,但 $o(x) \neq o(\sqrt{x})$,因为 $o(\cdot)$ 不是一个量,而是高阶无穷小的记号;

(2)显然等价无穷小是同阶无穷小的特例,即 $c=1$ 的情形;

(3)等价无穷小具有传递性:即 $\alpha \sim \beta, \beta \sim \gamma \Rightarrow \alpha \sim \gamma$;

(4)不是任意两个无穷小都可以进行比较,例如:当 $x\to 0$ 时,$x\sin\dfrac{1}{x}$ 与 x^2 既非同阶,又无高低阶可比较,因为 $\lim\limits_{x\to 0}\dfrac{x\sin\dfrac{1}{x}}{x^2}$ 不存在;

(5)对于无穷大也可做类似的比较、分类.

【例 2】 比较当 $x\to 0$ 时,无穷小 $\dfrac{1}{1-x}-1-x$ 与 x^2 阶数的高低.

解 因为
$$\lim_{x\to 0}\dfrac{\dfrac{1}{1-x}-1-x}{x^2}=\lim_{x\to 0}\dfrac{1-(1+x)(1-x)}{x^2(1-x)}$$
$$=\lim_{x\to 0}\dfrac{x^2}{x^2(1-x)}=\lim_{x\to 0}\dfrac{1}{1-x}=1,$$

所以
$$\dfrac{1}{1-x}-1-x\sim x^2\text{(当 }x\to 0\text{ 时)},$$

即 $\dfrac{1}{1-x}-1-x$ 是与 x^2 等价的无穷小.

1.3.5 等价无穷小代换

我们已经看到,等价无穷小不但趋向零的"快慢"相同,而且最后趋向相等,用等价无穷小可以简化极限的运算,下面的定理回答了这个问题.

定理 1-3 在自变量的同一变化过程中,如果无穷小量 $\alpha,\alpha_1,\beta,\beta_1$ 满足条件:$\alpha\sim\alpha_1,\beta\sim\beta_1$,则 $\lim\dfrac{\alpha_1}{\beta_1}=\lim\dfrac{\alpha}{\beta}$.

这个定理说明,在求一些"$\dfrac{0}{0}$"型不定式的极限时,函数的分子或分母中无穷小因子用与其等价的无穷小来替代,函数的极限值不会改变.

【例 3】 求 $\lim\limits_{x\to 0}\dfrac{1-\cos x}{\sin^2 x}$.

解 因为当 $x\to 0$ 时,$\sin x\sim x$.

所以 $\lim\limits_{x\to 0}\dfrac{1-\cos x}{\sin^2 x}=\lim\limits_{x\to 0}\dfrac{1-\cos x}{x^2}=\dfrac{1}{2}.$

【例 4】 求 $\lim\limits_{x\to 0}\dfrac{\arcsin 2x}{x^2+2x}$.

解 因为当 $x\to 0$ 时,$\arcsin 2x\sim 2x$,所以
$$\lim_{x\to 0}\dfrac{\arcsin 2x}{x^2+2x}=\lim_{x\to 0}\dfrac{2x}{x^2+2x}=\lim_{x\to 0}\dfrac{2}{x+2}=\dfrac{2}{2}=1.$$

几个重要的等价无穷小:

当 $x\to 0$ 时,$x\sim\sin x\sim\tan x\sim\arcsin x\sim\arctan x\sim\ln(1+x)\sim e^x-1$;$1-\cos x\sim\dfrac{x^2}{2}$.

熟记这些等价无穷小,对今后计算极限是有帮助的.

【例 5】 求 $\lim\limits_{x\to 0}\dfrac{\sin 2x}{\tan 5x}$.

解 由于 $x\to 0$ 时，$\sin 2x \sim 2x$，$\tan 5x \sim 5x$，所以

$$\lim_{x\to 0}\frac{\sin 2x}{\tan 5x}=\lim_{x\to 0}\frac{2x}{5x}=\frac{2}{5}.$$

【例 6】 求 $\lim\limits_{x\to 0}\dfrac{1-\cos x^2}{x^3}$.

解 由于 $x\to 0$ 时，$1-\cos x^2 \sim \dfrac{(x^2)^2}{2}$，所以

$$\lim_{x\to 0}\frac{1-\cos x^2}{x^3}=\lim_{x\to 0}\frac{\frac{1}{2}x^4}{x^3}=\lim_{x\to 0}\frac{x}{2}=0.$$

必须强调指出，在极限运算中，恰当地使用等价无穷小代换，能起到简化运算的作用，但在使用时应特别注意，只能是对式子的乘积因子整体代换，而不项代换.

【例 7】 用等价无穷小代换，求 $\lim\limits_{x\to 0}\dfrac{\tan x-\sin x}{x^3}$.

解 因为 $\tan x-\sin x=\tan x\cdot(1-\cos x)$，而当 $x\to 0$ 时，$\tan x\sim x$，$1-\cos x\sim \dfrac{x^2}{2}$，所以

$$\lim_{x\to 0}\frac{\tan x-\sin x}{x^3}=\lim_{x\to 0}\frac{x\cdot\frac{1}{2}x^2}{x^3}=\frac{1}{2}.$$

若以 $\tan x \sim x$，$\sin x \sim x$ 代入分子，得到

$$\lim_{x\to 0}\frac{\tan x-\sin x}{x^3}=\lim_{x\to 0}\frac{x-x}{x^3},$$

这个结果是错误的.（这样代换，分子 $\tan x-\sin x$ 与 $x-x$ 不是等价无穷小）

同步训练 1-3

1. 证明：当 $x\to -3$ 时，x^2+6x+9 是比 $x+3$ 高阶的无穷小.

2. 当 $x\to 1$ 时，无穷小 $1-x$ 和 $\dfrac{1}{2}(1-x^2)$ 是否同阶？是否等价？

3. 当 $x\to 1$ 时，$1-x$ 与 $1-\sqrt[3]{x}$ 是否同阶？是否等价？

4. 利用等价无穷小的性质，求下列极限.

(1) $\lim\limits_{x\to 0}x^3\sin\dfrac{2}{x}$；

(2) $\lim\limits_{x\to 0}\dfrac{\arctan x}{x}$；

(3) $\lim\limits_{x\to 0}\dfrac{\tan 2x}{3x}$；

(4) $\lim\limits_{x\to 0}\dfrac{\sin(x^m)}{(\sin x)^n}$（$n,m$ 为正整数）；

(5) $\lim\limits_{x\to 0}\dfrac{\tan x-\sin x}{\sin^3 x}$.

1.4 极限的运算

1.4.1 极限的基本性质

下面直接给出极限的一些重要性质.

定理 1-4 （函数极限与无穷小的关系）函数 $f(x)$ 以 A 为极限的充分必要条件是：$f(x)$ 可以表示为 A 与一个无穷小 α 之和. 即 $\lim f(x)=A \Leftrightarrow f(x)=A+\alpha$，其中 $\lim \alpha = 0$.

由此可知，研究任何函数（变量）的极限可转化成研究无穷小的问题.

定理 1-5 （极限的唯一性定理）具有极限的函数，其极限是唯一的.

很显然，这个定理是符合极限定义的.

定理 1-6 具有极限的数列是有界的.

这个定理的条件是充分的，但不是必要的，即有界数列不一定有极限. 例如，数列 $(-1)^n$ 是一个有界数列，但这个数列没有极限.

定理 1-7 （局部保号性定理）如果 $\lim\limits_{x \to x_0} f(x)=A$，并且 $A>0$（或 $A<0$），则必存在 x_0 的某一去心邻域，当 x 在该邻域时有 $f(x)>0$（或 $f(x)<0$）.

这个定理的几何解释如图 1-33 所示，只要 x 充分接近 x_0，就能保证 $y=f(x)$ 的图像位于 x 轴上方，即 $f(x)>0$. $A<0$ 的情形类似.

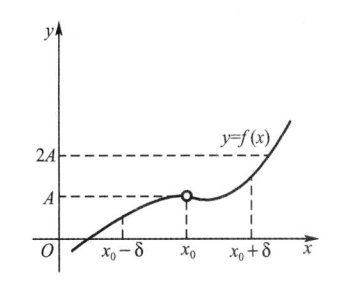

图 1-33

1.4.2 极限的四则运算

定理 1-8 （极限的四则运算法则）设 $\lim f(x)$ 和 $\lim g(x)$ 都存在，则

(1) $\lim[f(x) \pm g(x)] = \lim f(x) \pm \lim g(x)$；

(2) $\lim f(x) g(x) = \lim f(x) \lim g(x)$；

(3) 当 $\lim g(x) \neq 0$ 时，有 $\lim \dfrac{f(x)}{g(x)} = \dfrac{\lim f(x)}{\lim g(x)}$.

推论 1 若 $\lim f(x)$ 存在，c 为常数，则 $\lim c f(x) = c \lim f(x)$.

推论 2 若 $\lim f(x) = A$，n 为自然数，则 $\lim [f(x)]^n = [\lim f(x)]^n = A^n$.

推论 3 设多项式 $P_n(x) = a_0 x^n + a_1 x^{n-1} + \cdots + a_{n-1} x + a_n$，则 $\lim\limits_{x \to a} P_n(x) = P_n(a)$.

推论 4 设 $P_n(x)$ 和 $Q_m(x)$ 分别是 x 的 n 次多项式和 m 次多项式，且 $Q_m(a) \neq 0$，则

$$\lim_{x \to a} \frac{P_n(x)}{Q_m(x)} = \frac{P_n(a)}{Q_m(a)}.$$

说明 以上极限式中没有注明自变量 x 变化趋势的，是指对 x 的任何一种变化都适用.

【**例 1**】 求 $\lim\limits_{x \to 1} \dfrac{3x+1}{x^2 - 2x + 3}$.

解 由推论 4，得

$$\lim_{x\to 1}\frac{3x+1}{x^2-2x+3}=\frac{3\times 1+1}{1^2-2\times 1+3}=2.$$

【例 2】 求 $\lim\limits_{x\to 1}\dfrac{x^2-1}{x^3-1}$.

解 因为 $\lim\limits_{x\to 1}(x^3-1)=0$, 不能直接用商的极限法则, 但 $x\neq 1$ 时有

$$\frac{x^2-1}{x^3-1}=\frac{(x-1)(x+1)}{(x-1)(x^2+x+1)}=\frac{x+1}{x^2+x+1},$$

所以 $\quad$ 原式 $=\lim\limits_{x\to 1}\dfrac{x+1}{x^2+x+1}=\dfrac{\lim x+1}{\lim x^2+\lim x+1}=\dfrac{1+1}{1^2+1+1}=\dfrac{2}{3}.$

极限的四则运算法则反映了极限运算符号与四则运算符号可以交换的性质, 熟悉后可以不写出交换步骤, 直接代入极限值. 但要注意条件: 一是极限要存在, 二是分母极限不能等于 0. 当条件不成立时, 要对函数式变形后再处理.

【例 3】 求 $\lim\limits_{x\to 3}\dfrac{x^2-4x+3}{x^2-x-6}$.

解 因分子、分母的极限都是 0, 故上述极限式称为 $\dfrac{0}{0}$ 型未定式, 不能直接用极限运算法则, 但可以应用恒等变形消去"未定性", 再使用运算法则.

$$\lim_{x\to 3}\frac{x^2-4x+3}{x^2-x-6}=\lim_{x\to 3}\frac{(x-1)(x-3)}{(x+2)(x-3)}=\lim_{x\to 3}\frac{x-1}{x+2}=\frac{2}{5}.$$

【例 4】 求 $\lim\limits_{x\to 2}\dfrac{x+3}{x^2-x-2}$.

解 因 $\lim\limits_{x\to 2}(x^2-x-2)=0$, 所以不能用商的极限法则, 我们先求其倒数的极限.

$$\lim_{x\to 2}\frac{1}{\dfrac{x+3}{x^2-x-2}}=\lim_{x\to 2}\frac{x^2-x-2}{x+3}=\frac{0}{5}=0,$$

因此 $\quad\lim\limits_{x\to 2}\dfrac{x+3}{x^2-x-2}=\infty.$

【例 5】 求 $\lim\limits_{x\to -1}\left(\dfrac{1}{x+1}-\dfrac{3}{x^3+1}\right)$.

解 当 $x\to -1$ 时, $\dfrac{1}{x+1},\dfrac{3}{x^3+1}$ 没有极限, 故不能直接用极限运算法则, 但当 $x\neq -1$ 时,

$$\frac{1}{x+1}-\frac{3}{x^3+1}=\frac{(x+1)(x-2)}{(x+1)(x^2-x+1)}=\frac{x-2}{x^2-x+1},$$

所以

$$\lim_{x\to -1}\left(\frac{1}{x+1}-\frac{3}{x^3+1}\right)=\lim_{x\to -1}\frac{x-2}{x^2-x+1}=\frac{-1-2}{(-1)^2-(-1)+1}=-1.$$

【例 6】 求 $\lim\limits_{x\to\infty}\dfrac{2x^2+x+3}{3x^2-2x+5}$.

解 分子、分母在 $x\to\infty$ 时极限都不存在, 要先对函数式变形. 分子、分母同时除以 x^2, 得

$$原式 =\lim_{x\to\infty}\frac{2+\dfrac{1}{x}+\dfrac{3}{x^2}}{3-\dfrac{2}{x}+\dfrac{5}{x^2}}=\frac{2+0+3\times 0^2}{3-2\times 0+5\times 0^2}=\frac{2}{3}.$$

【例7】 求 $\lim\limits_{x\to\infty}\dfrac{x^3-3x+1}{3x^3+x+2}$.

解 因 $x\to\infty$ 时分子、分母的极限都是 ∞,故上述极限式称为 $\dfrac{\infty}{\infty}$ 型未定式,应用恒等变形,将分子、分母都除以 x^3,得

$$\lim_{x\to\infty}\frac{x^3-3x+1}{3x^3+x+2}=\lim_{x\to\infty}\frac{1-\dfrac{3}{x^2}+\dfrac{1}{x^3}}{3+\dfrac{1}{x^2}+\dfrac{2}{x^3}}=\frac{1-0+0}{3+0+0}=\frac{1}{3}.$$

【例8】 求 $\lim\limits_{n\to\infty}\left(\dfrac{1}{n^2}+\dfrac{2}{n^2}+\cdots+\dfrac{n}{n^2}\right)$.

解 当 $n\to\infty$ 时,是无穷多项相加,故不能用定理 1-8,需先变形:

$$\text{原式}=\lim_{n\to\infty}\frac{1}{n^2}(1+2+\cdots+n)=\lim_{n\to\infty}\frac{1}{n^2}\cdot\frac{n(n+1)}{2}=\lim_{n\to\infty}\frac{n+1}{2n}=\frac{1}{2}.$$

求有理分式函数当 $x\to\infty$ 时的极限,有如下的结果

$$\lim_{x\to\infty}\frac{a_mx^m+a_{m-1}x^{m-1}+\cdots+a_1x+a_0}{b_nx^n+b_{n-1}x^{n-1}+\cdots+b_1x+b_0}=\begin{cases}0,&n>m\\ \dfrac{a_m}{b_n},&n=m\\ \infty,&n<m\end{cases}$$

其中 $a_m\neq 0, b_n\neq 0$.

同步训练 1-4

1. 求下列极限.

(1) $\lim\limits_{x\to-2}(3x^2-5x+2)$;

(2) $\lim\limits_{x\to\sqrt{3}}\dfrac{x^2-3}{x-2}$;

(3) $\lim\limits_{x\to 5}\dfrac{x^2-25}{x-5}$;

(4) $\lim\limits_{x\to\infty}\dfrac{3x^2+2x-4}{x^2+7}$;

(5) $\lim\limits_{x\to\infty}\dfrac{x^2-3x+4}{4x^3+7}$;

(6) $\lim\limits_{x\to\infty}\dfrac{3x^3-7x-27}{4x^2+5x+2}$;

(7) $\lim\limits_{n\to\infty}\dfrac{1+2+3+\cdots+n}{n^3}$;

(8) $\lim\limits_{n\to\infty}\dfrac{2^n-1}{2^n+1}$;

(9) $\lim\limits_{n\to\infty}\left(1+\dfrac{1}{2}+\dfrac{1}{4}+\cdots+\dfrac{1}{2^n}\right)$;

(10) $\lim\limits_{x\to 1}\dfrac{x^2-2x+1}{x^3-x}$;

(11) $\lim\limits_{x\to 0}x^2\cos\dfrac{1}{x}$;

(12) $\lim\limits_{x\to\infty}\dfrac{(2x-1)^{30}(3x-2)^{20}}{(2x+1)^{50}}$.

1.5 两个重要极限

计算一个函数的极限,除了利用极限的定义和运算法则外,还经常要用到这一节讨论的两个重要极限.在给出这两个重要极限之前,先引入判断极限存在的两个重要准则.

莱昂哈德·欧拉(Leonhard Euler,1707—1783)是瑞士数学家和物理学家. 他被称为历史上最伟大的两位数学家之一(另一位是高斯). 欧拉是第一个使用"函数"一词来描述包含各种参数的表达式的人,例如: $y=F(x)$(函数的定义由莱布尼茨在1694年给出). 他是把微积分应用于物理学的先驱者之一. 欧拉的著作,不但包含许多开创性的成果,而且在表述上思路清晰,极富有启发性. 他的行文优美而流畅,把他丰富的思想和发现表露得淋漓尽致,且妙趣横生. 因此人们把欧拉誉为"数学界的莎士比亚".(图为瑞士法郎上的欧拉像)

欧拉

1.5.1 极限存在准则

准则 1 (夹逼准则) 如果 $g(x),f(x),h(x)$ 对于点 x_0 的某一邻域内的一切 x (x_0 可以除外) 恒有不等式 $g(x) \leqslant f(x) \leqslant h(x)$ 成立,且

$$\lim_{x \to x_0} g(x) = \lim_{x \to x_0} h(x) = A,$$

则 $\lim_{x \to x_0} f(x) = A$.

上述准则对于 $x \to x_0^+, x \to x_0^-, x \to \infty, x \to +\infty, x \to -\infty$ 也成立.

准则 2 (单调有界准则) 单调有界数列必有极限.

1.5.2 两个重要极限

(1) $\lim\limits_{x \to 0} \dfrac{\sin x}{x} = 1$.

证明 作单位圆如图 1-34 所示,取 $\angle AOB = x \left(0 < x < \dfrac{\pi}{2}\right)$,于是有:

$$BC = \sin x, \widehat{AB} = x, AD = \tan x.$$

由图 1-34 得 $S_{\triangle OAB} < S_{\text{扇形}OAB} < S_{\triangle OAD}$,即 $\dfrac{1}{2}\sin x < \dfrac{1}{2} x < \dfrac{1}{2}\tan x$,

同时除以 $\dfrac{1}{2}\sin x$,得

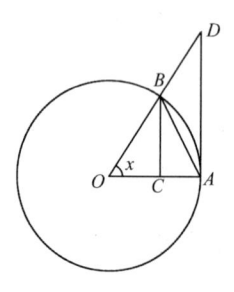

图 1-34

$$1 < \dfrac{x}{\sin x} < \dfrac{1}{\cos x},$$

则

$$\cos x < \dfrac{\sin x}{x} < 1.$$

因为当 x 用 $-x$ 代替时,$\cos x$ 与 $\dfrac{\sin x}{x}$ 都不变号,所以上面的不等式对于 $-\dfrac{\pi}{2} < x < 0$ 也是成立的.

因为 $\lim\limits_{x \to 0}\cos x = 1, \lim\limits_{x \to 0} 1 = 1$,由极限的夹逼准则可得

$$\lim_{x \to 0} \dfrac{\sin x}{x} = 1.$$

【例1】 求 $\lim\limits_{x\to 0}\dfrac{\sin kx}{x}(k\neq 0)$.

解 将 kx 看作一个新变量 t，即令 $t=kx$. 则当 $x\to 0$ 时，$kx\to 0$. 所以

$$\lim_{x\to 0}\frac{\sin kx}{x}=\lim_{x\to 0}\frac{\sin kx}{kx}\cdot k=k\cdot\lim_{t\to 0}\frac{\sin t}{t}=k.$$

> **注意** 上面的解题过程可简写为
> $$\lim_{x\to 0}\frac{\sin kx}{x}=k\lim_{x\to 0}\frac{\sin kx}{kx}=k\cdot 1=k.$$

【例2】 求 $\lim\limits_{x\to 0}\dfrac{\tan x}{x}$.

解 $\lim\limits_{x\to 0}\dfrac{\tan x}{x}=\lim\limits_{x\to 0}\dfrac{1}{\cos x}\dfrac{\sin x}{x}=\lim\limits_{x\to 0}\dfrac{\sin x}{x}\cdot\lim\limits_{x\to 0}\dfrac{1}{\cos x}=1\times 1=1.$

> **注意** $\lim\limits_{x\to 0}\dfrac{\tan x}{x}=1$ 通常可以作为公式使用.

【例3】 求 $\lim\limits_{x\to 0}\dfrac{\tan 3x}{\sin 2x}$.

解 对分式的分子、分母同除以 x，再利用例2的结论，得

$$\lim_{x\to 0}\frac{\tan 3x}{\sin 2x}=\lim_{x\to 0}\frac{\dfrac{\tan 3x}{x}}{\dfrac{\sin 2x}{x}}=\lim_{x\to 0}\frac{\dfrac{\tan 3x}{3x}\cdot 3}{\dfrac{\sin 2x}{2x}\cdot 2}=\frac{3}{2}.$$

【例4】 求 $\lim\limits_{x\to\infty}x\sin\dfrac{3}{x}$.

解 $\lim\limits_{x\to\infty}x\sin\dfrac{3}{x}=\lim\limits_{x\to\infty}\dfrac{3\sin\dfrac{3}{x}}{\dfrac{3}{x}}=3.$

【例5】 求 $\lim\limits_{x\to 0}\dfrac{1-\cos x}{x^2}$.

解 $\lim\limits_{x\to 0}\dfrac{1-\cos x}{x^2}=\lim\limits_{x\to 0}\dfrac{2\sin^2\dfrac{x}{2}}{x^2}=\dfrac{1}{2}\lim\limits_{x\to 0}\left(\dfrac{\sin\dfrac{x}{2}}{\dfrac{x}{2}}\right)^2=\dfrac{1}{2}.$

【例6】 求 $\lim\limits_{x\to 0}\dfrac{\arcsin x}{x}$.

解 令 $t=\arcsin x$，则 $x=\sin t$. 当 $x\to 0$ 时，$t\to 0$. 所以

$$\lim_{x\to 0}\frac{\arcsin x}{x}=\lim_{t\to 0}\frac{t}{\sin t}=\lim_{t\to 0}\frac{1}{\dfrac{\sin t}{t}}=1.$$

(2) $\lim\limits_{x\to\infty}\left(1+\dfrac{1}{x}\right)^x=\mathrm{e}.$

公式中 $\mathrm{e}=2.718\,281\,828\,459\,045\cdots$ 是一个无理数. 我们先考虑 x 取正整数 n 而趋于 $+\infty$

的情形，即考虑极限 $\lim\limits_{n\to\infty}\left(1+\dfrac{1}{n}\right)^n = \mathrm{e}$。令 $a_n = \left(1+\dfrac{1}{n}\right)^n$，观察表 1-3：

表 1-3

n	10	100	1 000	10 000	100 000	1 000 000	$\to +\infty$
$\left(1+\dfrac{1}{n}\right)^n$	2.593 74	2.704 81	2.716 92	2.718 15	2.718 27	2.718 28	$\to \mathrm{e}$

从表 1-3 中可以看出数列 $a_n = \left(1+\dfrac{1}{n}\right)^n$ 是单调增加的，并且可以证明数列有界。根据极限存在的准则 2 知极限 $\lim\limits_{n\to\infty}\left(1+\dfrac{1}{n}\right)^n$ 必存在，通常用字母 e 来表示，即 $\lim\limits_{n\to\infty}\left(1+\dfrac{1}{n}\right)^n = \mathrm{e}$。我们还可以证明当 $x\to +\infty$ 和 $x\to -\infty$ 时，函数 $\left(1+\dfrac{1}{x}\right)^x$ 极限都存在且都等于 e，因此

$$\lim\limits_{x\to\infty}\left(1+\dfrac{1}{x}\right)^x = \mathrm{e}.$$

在上面的公式中，如果令 $x = \dfrac{1}{t}$，则公式的形式可以推广为

$$\lim\limits_{t\to 0}(1+t)^{\frac{1}{t}} = \mathrm{e}.$$

【例 7】 求 $\lim\limits_{x\to\infty}\left(1+\dfrac{5}{x}\right)^x$。

解 令 $\dfrac{5}{x} = t$，则当 $x\to\infty$ 时，$t\to 0$，于是

$$\lim\limits_{x\to\infty}\left(1+\dfrac{5}{x}\right)^x = \lim\limits_{t\to 0}(1+t)^{\frac{5}{t}} = \lim\limits_{t\to 0}[(1+t)^{\frac{1}{t}}]^5 = [\lim\limits_{t\to 0}(1+t)^{\frac{1}{t}}]^5 = \mathrm{e}^5.$$

注意 上面的解题过程可简写为

$$\lim\limits_{x\to\infty}\left(1+\dfrac{5}{x}\right)^x = \lim\limits_{x\to\infty}\left[\left(1+\dfrac{5}{x}\right)^{\frac{x}{5}}\right]^5 = \mathrm{e}^5.$$

【例 8】 求 $\lim\limits_{x\to\infty}\left(1+\dfrac{1}{2x}\right)^{x+3}$。

解 $\lim\limits_{x\to\infty}\left(1+\dfrac{1}{2x}\right)^{x+3} = \lim\limits_{x\to\infty}\left(1+\dfrac{1}{2x}\right)^x \lim\limits_{x\to\infty}\left(1+\dfrac{1}{2x}\right)^3$

$= \lim\limits_{x\to\infty}\left[\left(1+\dfrac{1}{2x}\right)^{2x}\right]^{\frac{1}{2}} \lim\limits_{x\to\infty}\left(1+\dfrac{1}{2x}\right)^3 = \mathrm{e}^{\frac{1}{2}} \cdot 1 = \mathrm{e}^{\frac{1}{2}}.$

【例 9】 求 $\lim\limits_{x\to\infty}\left(1-\dfrac{1}{x}\right)^{2x+5}$。

解 $\lim\limits_{x\to\infty}\left(1-\dfrac{1}{x}\right)^{2x+5} = \lim\limits_{x\to\infty}\left[\left(1-\dfrac{1}{x}\right)^{-x}\right]^{-2} \lim\limits_{x\to\infty}\left(1-\dfrac{1}{x}\right)^5 = \mathrm{e}^{-2} \cdot 1 = \dfrac{1}{\mathrm{e}^2}.$

【例 10】 求 $\lim\limits_{x\to\infty}\left(\dfrac{2-x}{3-x}\right)^x$。

解 $\lim\limits_{x\to\infty}\left(\dfrac{2-x}{3-x}\right)^x = \lim\limits_{x\to\infty}\left(1+\dfrac{1}{x-3}\right)^x = \lim\limits_{x\to\infty}\left(1+\dfrac{1}{x-3}\right)^{x-3} \lim\limits_{x\to\infty}\left(1+\dfrac{1}{x-3}\right)^3 = \mathrm{e} \cdot 1 = \mathrm{e}.$

同步训练 1-5

1. 求下列极限.

(1) $\lim\limits_{x \to 0} \dfrac{\sin 2x}{\sin 3x}$;

(2) $\lim\limits_{x \to 0} \dfrac{\tan 3x}{x}$;

(3) $\lim\limits_{x \to 0} \dfrac{1 - \cos 2x}{x \sin x}$;

(4) $\lim\limits_{x \to 0} \dfrac{x(x+3)}{\sin x}$;

(5) $\lim\limits_{x \to \pi} \dfrac{\sin x}{x - \pi}$;

(6) $\lim\limits_{x \to 0}(1 + 2x)^{\frac{1}{x}}$;

(7) $\lim\limits_{x \to \infty}\left(\dfrac{1+x}{x}\right)^{2x}$;

(8) $\lim\limits_{x \to \infty}\left(\dfrac{3+2x}{2x+1}\right)^{x+1}$.

1.6 函数的连续性

自然界中有许多现象,例如,钢材受热膨胀、气温的变化、生物的生长等都是随着时间而连续变化的,它们有一个共同的特性,就是当时间的改变量很小时,这些量的改变量也都很小,反映在函数关系上,就是函数的连续性.

下面先引入增量(或改变量)的概念,再引入连续性的定义.

对函数 $y = f(x)$,自变量 x 由 x_0 变到 x_1,相应的函数值由 $f(x_0)$ 变到 $f(x_1)$,则称 $\Delta x = x_1 - x_0$ 为自变量的增量(或改变量),称 $\Delta y = f(x_1) - f(x_0)$ 为函数 $y = f(x)$ 的增量(或改变量).

注意 Δx 可正、可负,但不为零;Δy 可正、可负,也可为零;当 $\Delta x > 0$ 时,Δy 却不一定为正.

1.6.1 连续函数的概念

先观察图 1-35 和图 1-36,从直观上看函数 $y = f(x)$ 和 $y = g(x)$ 分别表示的曲线在横坐标为 x_0 的点 M 处的连续性,你发现当 $\Delta x \to 0$ 时,两个函数在点 x_0 的增量 Δy 的变化趋势有什么不同吗? 若你发现了它们的不同,就不难理解下面函数连续性的定义了.

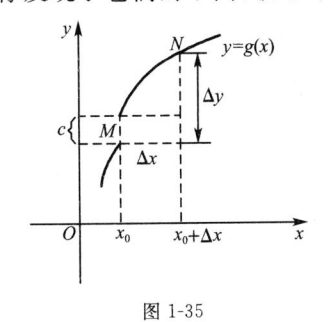

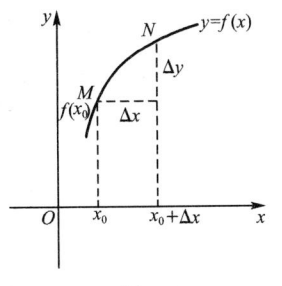

图 1-35

图 1-36

定义 1-12 如果函数 $y = f(x)$ 在点 x_0 的邻域内有定义,如果当自变量 x 在点 x_0 处的改变量 Δx 趋近于零时,函数 $y = f(x)$ 相应的改变量 $\Delta y = f(x_0 + \Delta x) - f(x_0)$ 也趋近于零,即

$$\lim\limits_{\Delta x \to 0} \Delta y = 0 \text{ 或 } \lim\limits_{\Delta x \to 0}[f(x_0 + \Delta x) - f(x_0)] = 0,$$

则称函数 $f(x)$ 在点 x_0 **连续**.

【例 1】 用定义证明 $y=5x^2-3$ 在给定点 x_0 连续.

证明
$$\Delta y = f(x_0+\Delta x) - f(x_0)$$
$$= [5(x_0+\Delta x)^2 - 3] - (5x_0^2 - 3)$$
$$= 10x_0\Delta x + 5(\Delta x)^2.$$
$$\lim_{\Delta x \to 0} \Delta y = \lim_{\Delta x \to 0} [10x_0\Delta x + 5(\Delta x)^2] = 0,$$

所以 $y=5x^2-3$ 在给定点 x_0 连续.

在定义 1-12 中，若令 $x=x_0+\Delta x$，则当 $\Delta x \to 0$ 时 $x \to x_0$，相应地，$\Delta y \to 0$ 可表示为 $f(x) \to f(x_0)$，因此 $\lim_{\Delta x \to 0} \Delta y = 0$ 也可表示为 $\lim_{x \to x_0} f(x) = f(x_0)$. 因此，函数在点 x_0 连续也可以定义如下.

定义 1-13 设函数 $y=f(x)$ 在点 x_0 的某邻域有定义，如果当 $x \to x_0$ 时函数 $f(x)$ 的极限存在，且等于它在 x_0 处的函数值，即
$$\lim_{x \to x_0} f(x) = f(x_0),$$
则称函数 $y=f(x)$ 在点 x_0 **连续**.

由定义 1-13 可知，函数 $y=f(x)$ 在 x_0 处连续必须同时满足以下三个条件：

(1) 函数 $f(x)$ 在点 x_0 及其近旁有定义；

(2) $\lim_{x \to x_0} f(x)$ 存在；

(3) $\lim_{x \to x_0} f(x) = f(x_0)$.

类似地，可以定义函数在一点左连续和右连续的概念.

定义 1-14 如果函数 $y=f(x)$ 在 x_0 的左极限 $\lim_{x \to x_0^-} f(x)$ 存在且等于 $f(x_0)$，即 $\lim_{x \to x_0^-} f(x) = f(x_0)$，则称函数 $f(x)$ 在点 x_0 **左连续**. 如果函数 $y=f(x)$ 在 x_0 的右极限 $\lim_{x \to x_0^+} f(x)$ 存在且等于 $f(x_0)$，即 $\lim_{x \to x_0^+} f(x) = f(x_0)$，则称函数 $f(x)$ 在点 x_0 **右连续**.

由连续的定义可知：函数 $y=f(x)$ 在点 x_0 连续的充要条件是函数 $y=f(x)$ 在点 x_0 既左连续又右连续.

【例 2】 讨论函数 $f(x) = \begin{cases} x+1, & x \leqslant 0 \\ \dfrac{\sin x}{x}, & x > 0 \end{cases}$ 在 $x=0$ 处的连续性.

解 $f(x)$ 在 $x=0$ 处有定义且 $f(0)=1$，$\lim_{x \to 0^-} f(x) = \lim_{x \to 0^-} (x+1) = 1$，$\lim_{x \to 0^+} f(x) = \lim_{x \to 0^+} \dfrac{\sin x}{x} = 1$.

$$\lim_{x \to 0} f(x) = 1 = f(0),$$

所以函数 $f(x)$ 在 $x=0$ 处连续.

1.6.2 函数的间断点

如果函数 $f(x)$ 在点 x_0 不连续，我们就称 x_0 是 $f(x)$ 的**间断点**. 函数 $f(x)$ 在点 x_0 不连续的原因不外乎下面三种情形之一：

(1) 点 x_0 处 $f(x)$ 没有定义；

(2) $\lim\limits_{x \to x_0} f(x)$ 不存在；

(3) 虽然 $f(x_0)$ 有意义，且 $\lim\limits_{x \to x_0} f(x)$ 也存在，但 $\lim\limits_{x \to x_0} f(x) \neq f(x_0)$.

设函数 $f(x)$ 在点 x_0 处间断：

(1) 如果 $\lim\limits_{x \to x_0^-} f(x)$ 与 $\lim\limits_{x \to x_0^+} f(x)$ 都存在，那么点 x_0 称为函数的第一类间断点．特别地，如果 $\lim\limits_{x \to x_0^-} f(x) = \lim\limits_{x \to x_0^+} f(x)$（即 $\lim\limits_{x \to x_0} f(x)$ 存在），但不等于函数值 $f(x_0)$，则点 x_0 称为**可去间断点**；若 $\lim\limits_{x \to x_0^-} f(x) \neq \lim\limits_{x \to x_0^+} f(x)$，则点 x_0 称为**跳跃间断点**.

(2) 如果 $\lim\limits_{x \to x_0^-} f(x)$ 与 $\lim\limits_{x \to x_0^+} f(x)$ 至少有一个不存在，那么点 x_0 称为函数的第二类间断点．特别地，如果 $\lim\limits_{x \to x_0^-} f(x)$ 与 $\lim\limits_{x \to x_0^+} f(x)$ 至少有一个是无穷大，则点 x_0 称为**无穷间断点**.

如果在间断点 x_0 处，函数 $f(x)$ 在点 x_0 处左右极限都存在，则 x_0 是 $f(x)$ 的第一类间断点；凡不是第一类间断点的点都称为第二类间断点. 图 1-37，图 1-38 和图 1-39 的间断点都是第一类间断点，而图 1-40 的间断点是第二类间断点.

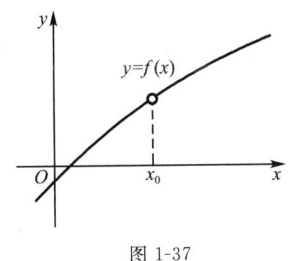

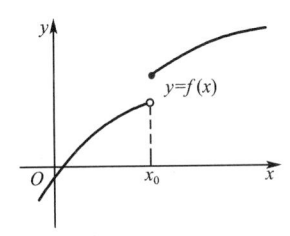

图 1-37

图 1-38

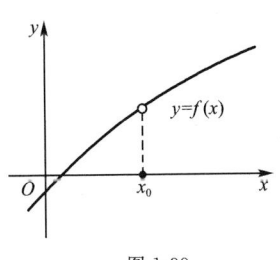

图 1-39

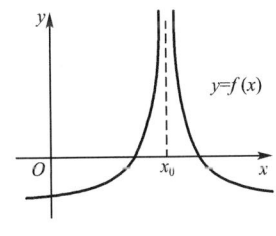

图 1-40

【例 3】 证明：$x = 0$ 为函数 $f(x) = \dfrac{-x}{|x|}$ 的第一类间断点.

证明 因为函数 $f(x)$ 在 $x = 0$ 处没有定义，所以 $x = 0$ 是 $f(x)$ 的间断点，又因为
$$\lim_{x \to 0^-} \frac{-x}{|x|} = \lim_{x \to 0^-} \frac{-x}{-x} = 1, \quad \lim_{x \to 0^+} \frac{-x}{|x|} = \lim_{x \to 0^+} \frac{-x}{x} = -1.$$
其左极限和右极限都存在，所以 $x = 0$ 为函数的第一类间断点.

【例 4】 证明：$x = 0$ 是 $f(x) = \begin{cases} \dfrac{\sin x}{x}, & x \neq 0 \\ 0, & x = 0 \end{cases}$ 的第一类间断点.

证明 因 $\lim\limits_{x \to 0} \dfrac{\sin x}{x} = 1$，即函数在 $x = 0$ 处左极限和右极限存在，但
$$\lim_{x \to 0} f(x) = 1 \neq f(0) = 0,$$
因此 $x = 0$ 是该函数的第一类间断点，是可去间断点.

【例5】 讨论函数 $f(x)=\begin{cases} 2\sqrt{x}, & 0\leqslant x<1 \\ 1, & x=1 \\ 1+x, & x>1 \end{cases}$ 在 $x=1$ 处的连续性.

解 函数在 $x=1$ 处有定义,因为
$$\lim_{x\to 1^-}2\sqrt{x}=2=\lim_{x\to 1^+}(1+x)$$
所以 $\lim_{x\to 1}f(x)=2$,但 $\lim_{x\to 1}f(x)=2\neq f(1)=1$. 如果令 $f(1)=2$,则函数 $f(x)$ 在 $x=1$ 处连续,则 $x=1$ 为函数的可去间断点(图1-41).

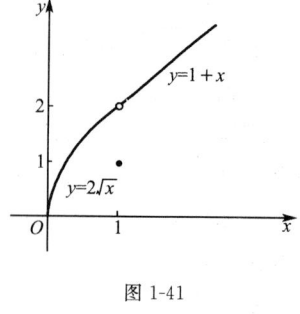

图 1-41

由此例可见,对于可去间断点,只要改变或者补充间断点处函数的定义,就可使其变为连续点.

1.6.3 初等函数的连续性

如果函数 $f(x)$ 在一个区间的每一点处都是连续的,则称 $f(x)$ 在该区间上连续. 类似于例1可以逐一证明,基本初等函数在其定义域内都是连续的.

其次,两个连续函数经过加、减、乘、除(相除时要求分母不为零)运算后仍然连续. 此外,可以证明两个连续函数的复合函数仍然是连续函数. 例如,x^2 和 $\sin x$ 是连续函数,则它们的复合函数 $\sin x^2$ 和 $\sin^2 x$ 也是连续函数. 于是,由初等函数的定义,我们可以得到下面的重要结论.

定理 1-9 如果一个初等函数在某个区间内有定义,则它在该区间内是连续的.

特别注意的是:定义区间是指包含在定义域内的区间,初等函数仅在其定义区间内连续,在其定义域内不一定连续,例如,函数 $y=\sqrt{\sin x-1}$ 在其定义域内不连续.

利用初等函数的连续性可以帮助我们求极限,其法如下:

(1)若 $f(x)$ 是初等函数,且 x_0 是 $f(x)$ 的定义区间内的点,则
$$\lim_{x\to x_0}f(x)=f(x_0).$$
(2)对于复合函数 $y=f[\varphi(x)]$,若 $\lim_{x\to x_0}\varphi(x)=a$,而函数 $f(u)$ 在点 $u=a$ 连续,则
$$\lim_{x\to x_0}f[\varphi(x)]=f[\lim_{x\to x_0}\varphi(x)]=f(a).$$

【例6】 求 $\lim_{x\to 1}\sin\sqrt{e^x-1}$.

解 $\lim_{x\to 1}\sin\sqrt{e^x-1}=\sin\sqrt{\lim_{x\to 1}(e^x-1)}=\sin\sqrt{e-1}.$

【例7】 求函数 $f(x)=\dfrac{1}{4-x^2}+\sqrt{x+2}$ 的连续区间.

解 由于 $f(x)=\dfrac{1}{4-x^2}+\sqrt{x+2}$ 是初等函数,故它的连续区间就是定义区间.

解不等式组 $\begin{cases} 4-x^2\neq 0 \\ x+2\geqslant 0 \end{cases}$ 得连续区间为 $(-2,2)$ 和 $(2,+\infty)$.

1.6.4 闭区间上连续函数的性质

定理 1-10 (**最大值最小值定理**)在闭区间上连续的函数一定有最大值和最小值.

值得注意的是:如果函数在开区间内连续,或函数在闭区间上有间断点,那么定理不一定

成立.

定理 1-10 的两个条件:(1)闭区间;(2)连续函数,是必需的.

推论 若函数 $y=f(x)$ 在闭区间 $[a,b]$ 上连续,则它在该区间上有界.

定理 1-11 (**介值定理**)设函数 $f(x)$ 在闭区间 $[a,b]$ 上连续,且 $f(a)\neq f(b)$,则对于任一介于 $f(a)$ 与 $f(b)$ 之间的常数 C,在开区间 (a,b) 内至少有一点 ξ,使得 $f(\xi)=C$.

即闭区间上的连续函数可以取得介于区间端点函数值之间的一切值.其几何意义是:连续曲线 $y=f(x)$ 与直线 $y=C$(C 在 $f(a)$ 与 $f(b)$ 之间)至少有一个交点(图 1-42).

推论 1 在闭区间上连续的函数必能取得介于最大值与最小值之间的任何值.

推论 2 (**零点定理**)设函数 $f(x)$ 在闭区间 $[a,b]$ 上连续,且 $f(a) \cdot f(b) < 0$,那么在开区间 (a,b) 内至少有函数 $f(x)$ 的一个零点,即至少有一点 $\xi(a<\xi<b)$,使得 $f(\xi)=0$.

从图 1-43 看,推论 2 是很明显的,$f(x)$ 的图像至少穿过 x 轴一次.这个推论常用来判断方程是否有根.

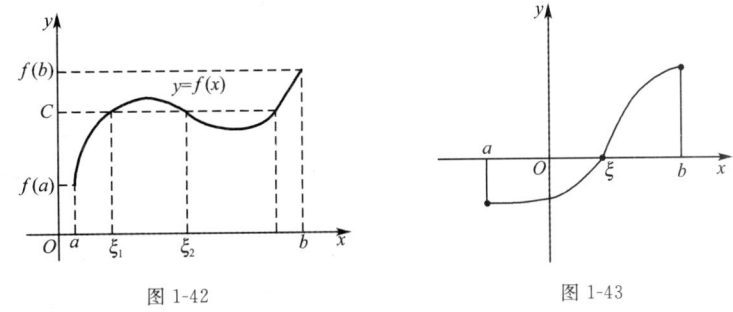

图 1-42

图 1-43

【**例 8**】 证明方程 $\sin x - x + 1 = 0$ 在 $(0,\pi)$ 内至少存在一个实根.

证明 设 $f(x)=\sin x - x + 1$,由于 $f(x)$ 是初等函数,在 $[0,\pi]$ 上连续,又
$$f(0)=1>0, f(\pi)=1-\pi<0,$$
因此连续函数 $f(x)$ 在区间端点处的函数值异号.由零点定理可知,$f(x)$ 在 $(0,\pi)$ 内至少存在一点 ξ,使得 $f(\xi)=0$,即 ξ 是方程 $f(x)=0$ 的一个根,故方程 $\sin x - x + 1 = 0$ 在 $(0,\pi)$ 内至少存在一个实根.

同步训练 1-6

1. 设函数
$$f(x)=\begin{cases} x\sin\dfrac{1}{x}+b, & x<0 \\ a, & x=0 \\ \dfrac{\sin x}{x}, & x>0 \end{cases}$$

问:(1)a,b 取何值时,$f(x)$ 在 $x=0$ 处有极限存在?(2)a,b 取何值时,$f(x)$ 在 $x=0$ 处连续?

2. 确定下列函数的连续区间及间断点.

(1) $f(x)=\dfrac{x^2-1}{x^2-3x+2}$; (2) $f(x)=\dfrac{x^4+x+1}{x^2+x-6}$;

(3) $f(x)=\begin{cases}x-1, & x\leqslant 1\\ 3-x, & x>1\end{cases}$;   (4) $f(x)=\dfrac{|x|}{x}$.

3. 研究函数 $f(x)=\begin{cases}x, & |x|\leqslant 1\\ 1, & |x|>1\end{cases}$ 的连续性,并画出函数的图形.

4. 讨论函数 $f(x)=\lim\limits_{n\to\infty}\dfrac{1-x^{2n}}{1+x^{2n}}$ 的连续性,若有间断点,判断其类型.

5. 计算下列各极限.

(1) $\lim\limits_{x\to 0}\ln\dfrac{\sin x}{x}$;   (2) $\lim\limits_{x\to 1}\dfrac{e^{x^2-1}-\ln x}{2x-1}$;

(3) $\lim\limits_{x\to 0}\dfrac{\ln(1+x)}{x}$.

6. 证明:方程 $x+\sin x-1=0$ 在 0 与 π 之间有实根.

学习指导

1. 基本要求

(1) 理解函数、复合函数的概念. 了解函数的单调性、周期性与奇偶性. 了解反函数的概念.

(2) 理解数列的极限、函数的极限、左极限、右极限的概念,知道函数在某点处存在极限的充分必要条件.

(3) 理解无穷小量的定义和无穷小量的运算法则,知道无穷小量的比较(高阶无穷小量、低阶无穷小量、等价无穷小量等),会用等价无穷小量代换求极限.

(4) 了解无穷大量的定义及无穷大量与无穷小量的关系.

(5) 熟练运用极限四则运算法则和两个重要极限等计算数列、函数的极限.

(6) 理解函数连续的概念,能区分间断点的类型,知道函数连续的运算法则.

(7) 知道初等函数的连续性和闭区间上连续函数的性质(最值定理,介值定理,零点定理等).

(8) 会判定分段函数在分段点处的连续性.

2. 常见题型与解题指导

(1) 求函数的定义域.

(2) 求函数值与函数表达式.

(3) 讨论函数的性质与复合函数的复合、分解.

(4) 求数列或函数的极限.

求数列的极限、函数的极限是本章重点之一,在求极限过程中,一定要注意方法的应用,以防出错. 本章求极限的方法主要有:

- 利用函数的连续性求极限;
- 利用四则运算法则求极限;
- 利用两个重要极限求极限;
- 利用无穷小代换求极限;
- 利用分子、分母消去极限为零的公因子,求 $\dfrac{0}{0}$ 型的极限;

- 利用分子、分母同除以自变量的最高次幂，求 $\dfrac{\infty}{\infty}$ 型的极限；
- 利用连续函数的函数符号与极限符号可交换次序的特性求极限；
- 利用"无穷小与有界函数之积仍为无穷小"求极限.

求极限时，常用的数列极限、函数极限的结论有：

- 若 $f(x)$ 为初等函数，且在 x_0 的某邻域内有定义，则 $\lim\limits_{x\to x_0}f(x)=f(x_0)$；

- $\lim\limits_{n\to\infty}\dfrac{1}{n^a}=0(a>0),\lim\limits_{n\to\infty}q^n=0(|q|<1),\lim\limits_{n\to\infty}C=C$；

- $\lim\limits_{x\to+\infty}\dfrac{1}{x^a}=0(a>0),\lim\limits_{x\to-\infty}a^x=0(a>1)$；

- $\lim\limits_{\Box\to 0}\dfrac{\sin\Box}{\Box}=1$（方框 $\Box$ 代表任意形式的同一变量）；

- $\lim\limits_{\Box\to\infty}\left(1+\dfrac{1}{\Box}\right)^{\Box}=e,\lim\limits_{\Box\to 0}(1+\Box)^{\frac{1}{\Box}}=e$（方框 $\Box$ 代表任意形式的同一变量）；

- 对于当 $x\to\infty$ 时的 $\dfrac{\infty}{\infty}$ 型，其规律如下：

$$\lim_{x\to\infty}\dfrac{a_m x^m+a_{m-1}x^{m-1}+\cdots+a_1 x+a_0}{b_n x^n+b_{n-1}x^{n-1}+\cdots+b_1 x+b_0}=\begin{cases}0, & n>m \\ \dfrac{a_m}{b_n}, & n=m \\ \infty, & n<m\end{cases}$$

(5) 无穷小量的比较.

设在自变量 $x\to x_0$ 的变化过程中，$\alpha(x)$ 与 $\beta(x)$ 均是无穷小量，

若 $\lim\limits_{x\to x_0}\dfrac{\beta(x)}{\alpha(x)}=c(c\neq 0$ 为常数$)$，称 $\alpha(x)$ 与 $\beta(x)$ 是同阶无穷小量.

若 $\lim\limits_{x\to x_0}\dfrac{\beta(x)}{\alpha(x)}=1$，称 $\alpha(x)$ 与 $\beta(x)$ 是等价无穷小量，记为 $\alpha(x)\sim\beta(x)(x\to x_0)$.

若 $\lim\limits_{x\to x_0}\dfrac{\beta(x)}{\alpha(x)}=0$，称 $\beta(x)$ 是 $\alpha(x)$ 的高阶无穷小量，记为 $\beta(x)=o(\alpha(x))(x\to x_0)$.

(6) 求分段函数在分界点处的极限.

通过计算函数分段点处的左右极限来完成.

(7) 讨论函数的连续性问题.

函数 $f(x)$ 在点 x_0 处连续必须满足以下三个条件：

- 函数 $f(x)$ 在点 x_0 及其近旁有定义；
- $\lim\limits_{x\to x_0}f(x)$ 存在；
- $\lim\limits_{x\to x_0}f(x)=f(x_0)$.

(8) 求函数的间断点及判定其类型.

(9) 用零点定理证明一些简单命题.

3. 学习建议

(1) 本章重点是函数的概念及性质，复合函数的概念，函数定义域的确定，极限的概念，函数连续的概念，极限四则运算法则，两个重要极限，求极限的方法. 特别是求极限的方法，灵活

多样.因此要掌握这部分知识,建议读者自己去总结经验体会,多做练习.

(2)本章概念较多,且互相联系,例如:有界、单调、发散、无穷大、极限、无穷小、连续等.只有明确它们之间的联系,才能对它们有深刻的理解,因此读者要注意弄清它们之间的实质性关系.

(3)要深刻理解在一点处连续的概念,即极限值等于该点的函数值才连续.千万不要求到极限存在就下连续的结论;特别注意判断分段函数在分段点的连续性.

单元测试 1

一、选择题

1. 设 $f(x)=\begin{cases}1, & x>0 \\ 0, & x\leqslant 0\end{cases}$, $g(x)=\begin{cases}x-1, & x>1 \\ 1-x, & x\leqslant 1\end{cases}$,则 $g(f(x))=(\quad)$.

A. $1+f(x)$ B. $1-f(x)$ C. $f(x)-1$ D. $f(x)$

2. 设 $f(x)$ 是定义在 $(-\infty,+\infty)$ 内的任意函数,下列函数中( )为奇函数.

A. $f(-x)$ B. $|f(x)|$ C. $f(x)+f(-x)$ D. $f(x)-f(-x)$

3. 若 $f(x)=\dfrac{1-x}{2(1+x)}$, $g(x)=1-\sqrt{x}$,则 $x\to 1$ 时,有( ).

A. $f(x)=o(g(x))$ B. $g(x)=o(f(x))$

C. $f(x)$ 与 $g(x)$ 是等价无穷小 D. $f(x)$ 与 $g(x)$ 是同阶无穷小

4. 设 $f(x)=\begin{cases}e^{\frac{1}{x}}, & x<0 \\ 0, & 0\leqslant x<1 \\ (x-1)\sin\dfrac{1}{x-1}, & x>1\end{cases}$,则( ).

A. $f(x)$ 在 $(-\infty,+\infty)$ 内连续 B. $f(x)$ 在 $x=0$ 处连续,$x=1$ 处间断

C. $f(x)$ 在 $x=1$ 处连续,$x=0$ 处间断 D. $f(x)$ 在 $x=1,x=0$ 处都间断

5. $\lim\limits_{x\to\frac{\pi}{2}}(\sec x-\tan x)=(\quad)$.

A. 1 B. ∞ C. 0 D. $\dfrac{1}{2}$

6. 函数 $f(x)$ 在 x_0 处左右极限存在是 $f(x)$ 在点 x_0 连续的( ).

A. 充分条件 B. 必要条件 C. 充要条件 D. 以上三个都不对

二、填空题

1. 定义在 $[-1,0]$ 上的函数 $y=\sqrt{1-x^2}$ 的反函数是_____,其定义域是_____.

2. $\lim\limits_{n\to\infty}\sqrt{n}(\sqrt{n+1}-\sqrt{n-2})=$ _____.

3. 设 $f(x)=\dfrac{x^2-5x+6}{x^2-4}$,则当 $x\to$ _____时,$f(x)$ 为无穷大,当 $x\to$ _____时,$f(x)$ 为无穷小.

4. 设 $f(x)=\dfrac{1-\cos x}{x^2}$,则 $x=0$ 为 $f(x)$ 的_____间断点.

5.已知 $x \to 0$ 时，$\sqrt{1+ax^2}-1$ 与 $\sin^2 x$ 等价，则 $a=$ _____.

三、计算 $\lim\limits_{x \to \infty}\left(\dfrac{2x+3}{2x+1}\right)^x$.

四、讨论函数 $y=\dfrac{x}{1-\mathrm{e}^{\frac{x+1}{x-1}}}$ 的连续性，并判断间断点属于第几类间断点.

五、讨论函数 $f(x)=\lim\limits_{n \to \infty}\dfrac{x^{n+2}-x^{-n}}{x^n+x^{-n}}$ 的连续性.

六、已知 $\lim\limits_{x \to 1}\dfrac{x^2+bx+a}{1-x}=5$，求 a,b.

七、求 $\lim\limits_{x \to \infty}\left(1-\dfrac{1}{x^2}\right)^x$.

八、证明：方程 $x^3+px+q=0$ 至少有一个实根.

第 2 章

导数与微分

学习目标

1. 理解导数的定义.
2. 会用导数定义求函数在任意一点的导数.
3. 理解函数在一点左、右导数的定义,掌握在一点可导的充分必要条件.
4. 理解函数在一点可导与连续的关系,并会讨论函数在一点处的连续性与可导性.
5. 会求平面曲线的切线方程.
6. 熟练掌握基本初等函数的导数公式,掌握各种求导法则和方法.
7. 会求初等函数的二阶导数.
8. 理解函数微分的概念,掌握微分运算法则,会求函数的微分.

在自然科学的许多领域,都需要从数量上研究函数相对于自变量的变化快慢程度,如运动速度、电流强度、线密度、化学反应速度以及生物繁殖率等;而当物体沿曲线运动时,还需要考虑速度的方向,即曲线的切线问题,所有这些在数量关系上都归结为函数的变化率,即导数. 它使得人们能够用数学工具描述事物的变化快慢程度并解决一系列与之相关的问题,所以在科学、工程技术及经济领域有着极其广泛的应用. 而微分则与导数密切相关,它指明当自变量发生微小变化时,函数的变化. 微分概念在理论和实际应用特别是近似计算中发挥着重要作用.

2.1 导数的概念

2.1.1 概念的引入

【引例 1】 变速直线运动的瞬时速度.

设一质点做变速直线运动,若质点的运行路程 s 与运行时间 t 的关系为 $s = f(t)$,求质点在时刻 t_0 的"瞬时速度".

分析 如果质点做匀速直线运动,给一个时间的增量 Δt,那么质点在时刻 t_0 与时刻 $t_0+\Delta t$ 间隔内的平均速度也就是质点在时刻 t_0 的"瞬时速度".

$$v_0 = \bar{v} = \frac{f(t_0+\Delta t)-f(t_0)}{\Delta t}.$$

可我们要解决的问题没有这么简单,质点做变速直线运动,它的运行速度时刻都在发生变化,那该怎么办呢?首先在时刻 t_0 任给时间一个增量 Δt,考虑质点由 t_0 到 $t_0+\Delta t$ 这段时间的平均速度:

$$\bar{v} = \frac{\Delta s}{\Delta t} = \frac{f(t_0+\Delta t)-f(t_0)}{\Delta t},$$

当时间间隔 Δt 很小时,其平均速度就可以近似地看作时刻 t_0 的瞬时速度.用极限思想来解释就是:当 $\Delta t \to 0$ 时,对平均速度取极限:

$$\lim_{\Delta t \to 0} \frac{\Delta s}{\Delta t} = \lim_{\Delta t \to 0} \frac{f(t_0+\Delta t)-f(t_0)}{\Delta t}.$$

如果这个极限存在的话,其极限值称为质点在时刻 t_0 的瞬时速度.

【引例 2】 平面曲线切线的斜率.

设 $y=f(x)$ 为平面 xOy 上的一条曲线,求该曲线在点 $P_0(x_0,y_0)$ 的切线的斜率.

首先,我们在中学内容的基础上对曲线的切线给出下面的定义.

如图 2-1 所示,对于曲线 C,设 P_0 为 C 上一定点,在该曲线 C 上任取一点 P,当动点 P 沿曲线 C 无论以何方式无限趋近于定点 P_0 的时候,割线 P_0P 的极限位置 L_0 存在,这个极限位置的直线 L_0 就称为曲线 C 过点 P_0 的切线.

根据上述切线定义,我们来考虑切线的斜率.

我们可以先求出割线 L 的斜率:

$$K_{割} = \frac{f(x)-f(x_0)}{x-x_0}.$$

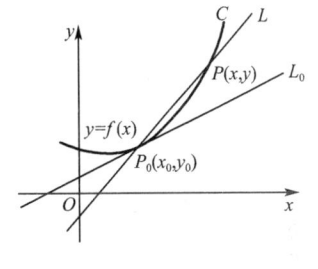

图 2-1

注意到,P 无限趋近于定点 P_0 等价于 $x \to x_0$,因此,曲线 C 过点 P_0 的切线的斜率为:

$$K_{切} = \lim_{x \to x_0} \frac{f(x)-f(x_0)}{x-x_0},$$

如果令 $\Delta x = x-x_0$,那么 $x=x_0+\Delta x$,并且 $x \to x_0 \Leftrightarrow \Delta x \to 0$,所以

$$K_{切} = \lim_{\Delta x \to 0} \frac{f(x_0+\Delta x)-f(x_0)}{\Delta x}.$$

上面两个例子从各自的具体意义来说,毫不相干,但把它们从具体意义抽象出来的话,问题都是求函数值的改变量与自变量的改变量之比,当自变量改变量趋于零时的极限.

我们撇开它们具体的物理学、几何学上的意义,抽象出数学符号的概念,即用数学语言描述,就是我们下面要介绍的导数概念.

2.1.2 导数的定义

定义 2-1 设函数 $y=f(x)$ 在点 x_0 的某邻域内有定义,当自变量 x 在 x_0 有一个改变量 Δx 时,相应的函数 $f(x)$ 在点 x_0 也有一个改变量 $\Delta y = f(x_0+\Delta x)-f(x_0)$,若

$$\lim_{\Delta x \to 0} \frac{\Delta y}{\Delta x} = \lim_{\Delta x \to 0} \frac{f(x_0+\Delta x)-f(x_0)}{\Delta x}$$

存在，则称函数 $f(x)$ 在点 x_0 处可导，并称该极限值为函数 $f(x)$ 在点 x_0 处的导数，记作 $f'(x_0)$，或 $y'\big|_{x=x_0}$，或 $\dfrac{\mathrm{d}y}{\mathrm{d}x}\big|_{x=x_0}$，或 $\dfrac{\mathrm{d}f}{\mathrm{d}x}\big|_{x=x_0}$. 即

$$f'(x_0)=\lim_{\Delta x\to 0}\frac{f(x_0+\Delta x)-f(x_0)}{\Delta x}. \tag{2-1}$$

因为 $x=x_0+\Delta x$，$\Delta y=f(x_0+\Delta x)-f(x_0)$，则式(2-1)可改写为：

$$f'(x_0)=\lim_{x\to x_0}\frac{f(x)-f(x_0)}{x-x_0}. \tag{2-2}$$

由此可见，导数就是函数增量 Δy 与自变量增量 Δx 之比 $\dfrac{\Delta y}{\Delta x}$ 的极限. 一般地，我们称 $\dfrac{\Delta y}{\Delta x}$ 为函数关于自变量的平均变化率（又称差商），所以导数 $f'(x_0)$ 为 $f(x)$ 在点 x_0 处关于 x 的变化率（也称边际）.

若式(2-1)或式(2-2)极限不存在，则称 $f(x)$ 在点 x_0 处不可导.

注意 函数在某一定点的导数是一个数值.

【**例 1**】 求函数 $f(x)=x^2+x$ 在点 $x_0=0$ 处的导数.

解 由定义得：
$$f'(0)=\lim_{\Delta x\to 0}\frac{f(0+\Delta x)-f(0)}{\Delta x}=\lim_{\Delta x\to 0}\frac{(0+\Delta x)^2+(0+\Delta x)-0}{\Delta x}=\lim_{\Delta x\to 0}(\Delta x+1)=1.$$

定义 2-2 设 M 为函数 $y=f(x)$ 所有可导点的集合，则对任意的 $x\in M$，存在唯一确定的数 $f'(x)$ 与之对应，这样就建立起来一个函数关系，我们称这个函数为 $y=f(x)$ 的导函数，记为

$$f'(x),\text{或 } y',\text{或 }\frac{\mathrm{d}y}{\mathrm{d}x},\text{或 }\frac{\mathrm{d}f}{\mathrm{d}x}.$$

注意 (1)我们在求函数 $f(x)$ 在点 x_0 的导数时，只要先求其导函数 $f'(x)$，再带入 x_0 的值，就得到该点的导数值 $f'(x_0)$.

(2)导数、导函数通常不加区别统称为导数，读者心里要明白.

(3)通常情况下说求函数的导数绝大多数是求其导函数.

【**例 2**】 求函数 $y=2+5x-x^2$ 的导函数，并计算出 $f'(1),f'(0)$.

解 按照导函数的定义可得

$$\begin{aligned}f'(x)&=\lim_{\Delta x\to 0}\frac{f(x+\Delta x)-f(x)}{\Delta x}=\lim_{\Delta x\to 0}\frac{2+5(x+\Delta x)-(x+\Delta x)^2-2-5x+x^2}{\Delta x}\\&=\lim_{\Delta x\to 0}\frac{5\Delta x-2x\Delta x-(\Delta x)^2}{\Delta x}=\lim_{\Delta x\to 0}(5-2x-\Delta x)=5-2x.\end{aligned}$$

所以 $f'(1)=3,f'(0)=5$.

回顾一下，在引入极限概念之后，接着引入了单侧极限的概念；介绍了连续函数的概念之后，又引入了左右连续的概念. 我们知道，导数是建立在极限基础之上的，自然就会提出是否也有类似于"左右极限""左右连续"的概念？

定义 2-3 设函数 $y=f(x)$ 在点 x_0 的某右邻域 $(x_0,x_0+\delta)$ 内有定义，若

$$\lim_{\Delta x\to 0^+}\frac{\Delta y}{\Delta x}=\lim_{\Delta x\to 0^+}\frac{f(x_0+\Delta x)-f(x_0)}{\Delta x}$$

存在,则称 $f(x)$ 在点 x_0 处右可导,该极限值称为 $f(x)$ 在 x_0 处的右导数,记为 $f'_+(x_0)$,即

$$f'_+(x_0) = \lim_{\Delta x \to 0^+} \frac{f(x_0 + \Delta x) - f(x_0)}{\Delta x}.$$

类似地,我们可定义左导数 $f'_-(x_0) = \lim_{\Delta x \to 0^-} \frac{f(x_0 + \Delta x) - f(x_0)}{\Delta x}$.

右导数和左导数统称为**单侧导数**.根据左右极限和极限的关系,我们可以得到下面的结论.

定理 2-1 若函数 $y = f(x)$ 在点 x_0 的某邻域内有定义,则 $f'(x_0)$ 存在的充要条件是 $f'_+(x_0)$ 与 $f'_-(x_0)$ 都存在,且 $f'_+(x_0) = f'_-(x_0)$.

【例3】 设 $f(x) = \begin{cases} 1+x, & x \geq 0 \\ 1-x, & x < 0 \end{cases}$,讨论 $f(x)$ 在 $x_0 = 0$ 处是否可导.

解 因为 $\dfrac{f(0+\Delta x) - f(0)}{\Delta x} = \begin{cases} 1, & \Delta x > 0 \\ -1, & \Delta x < 0 \end{cases}$,所以

$$f'_+(0) = \lim_{\Delta x \to 0^+} \frac{f(0+\Delta x) - f(0)}{\Delta x} = 1,$$

$$f'_-(0) = \lim_{\Delta x \to 0^-} \frac{f(0+\Delta x) - f(0)}{\Delta x} = -1.$$

因为 $f'_+(0) \neq f'_-(0)$,所以 $f(x)$ 在 $x=0$ 处不可导.

注意 分段函数分段点处的可导性必须分左导数和右导数来讨论.

定义 2-4 设函数 $f(x)$ 在 (a,b) 内每一点都可导,则称函数 $f(x)$ 在开区间 (a,b) 内可导;若函数 $f(x)$ 在开区间 (a,b) 内可导,且在点 a 右可导,在点 b 左可导,则称函数 $f(x)$ 在闭区间 $[a,b]$ 上可导.

2.1.3 利用导数的定义求导数

根据导数的定义,我们可以把导数的计算分为以下三个步骤.

(1) 求增量 $\Delta y = f(x + \Delta x) - f(x)$;

(2) 算比值 $\dfrac{\Delta y}{\Delta x} = \dfrac{f(x+\Delta x) - f(x)}{\Delta x}$;

(3) 求极限 $y' = \lim\limits_{\Delta x \to 0} \dfrac{\Delta y}{\Delta x}$.

下面我们利用导数的定义计算一些基本初等函数的导数,这些结论都是最基本的导数公式,学习过程中必须达到熟记的程度.

【例4】 设 $f(x) = C$(C 为常数),求 $f'(x)$.

解 因为 $\dfrac{f(x+\Delta x) - f(x)}{\Delta x} = \dfrac{C - C}{\Delta x} = 0$.所以

$$f'(x) = \lim_{\Delta x \to 0} \frac{f(x+\Delta x) - f(x)}{\Delta x} = \lim_{\Delta x \to 0} 0 = 0.$$

【例5】 设幂函数 $f(x) = x^3$,求 $f'(x)$.

解 因为 $\dfrac{f(x+\Delta x) - f(x)}{\Delta x} = \dfrac{(x+\Delta x)^3 - x^3}{\Delta x}$

$$= \frac{3x^2\Delta x + 3x(\Delta x)^2 + (\Delta x)^3}{\Delta x}$$
$$= 3x^2 + 3x \cdot \Delta x + (\Delta x)^2,$$

所以 $f'(x) = \lim\limits_{\Delta x \to 0} \frac{f(x+\Delta x)-f(x)}{\Delta x} = \lim\limits_{\Delta x \to 0}[3x^2 + 3x \cdot \Delta x + (\Delta x)^2] = 3x^2.$

更一般的幂函数 $y = x^{\alpha}$，我们也可以求出其导数为
$$(x^{\alpha})' = \alpha x^{\alpha-1}.$$

【例 6】 设 $f(x) = \sin x$，求 $f'(x)$.

解 因为 $f(x+\Delta x) - f(x) = \sin(x+\Delta x) - \sin x = 2\cos\left(x + \frac{\Delta x}{2}\right) \cdot \sin\frac{\Delta x}{2},$

所以 $f'(x) = \lim\limits_{\Delta x \to 0}\frac{f(x+\Delta x)-f(x)}{\Delta x} = \lim\limits_{\Delta x \to 0}\cos\left(x + \frac{\Delta x}{2}\right) \cdot \frac{\sin\frac{\Delta x}{2}}{\frac{\Delta x}{2}} = \cos x.$

类似地可得：余弦函数 $f(x) = \cos x$ 的导数 $f'(x) = -\sin x$.

【例 7】 设 $f(x) = \ln x$，求 $f'(x)$.

解 $f(x+\Delta x) - f(x) = \ln(x+\Delta x) - \ln x = \ln\left(1 + \frac{\Delta x}{x}\right),$

$$f'(x) = \lim_{\Delta x \to 0}\frac{f(x+\Delta x)-f(x)}{\Delta x} = \lim_{\Delta x \to 0}\frac{1}{\Delta x}\ln\left(1+\frac{\Delta x}{x}\right) = \lim_{\Delta x \to 0}\ln\left(1+\frac{\Delta x}{x}\right)^{\frac{1}{\Delta x}}$$
$$= \lim_{\Delta x \to 0}\frac{1}{x}\ln\left(1+\frac{\Delta x}{x}\right)^{\frac{x}{\Delta x}} = \frac{1}{x}\ln e = \frac{1}{x}.$$

更一般的对数函数 $y = \log_a x$，我们也可以求出其导数为
$$(\log_a x)' = \frac{1}{x\ln a}.$$

2.1.4 导数的几何意义

由前面的例子可知，若函数 $y = f(x)$ 在点 x_0 处可导，则其导数 $f'(x_0)$ 的数值就等于曲线 $y = f(x)$ 在点 $P_0(x_0, y_0)$ 处切线的斜率，这就是导数的几何意义.

由此可推出：若 $f'(x_0) = 0$，此时曲线 $y = f(x)$ 在点 P_0 处的切线平行于 x 轴；若 $f'(x_0) = \pm\infty$，此时曲线 $y = f(x)$ 在点 P_0 处的切线垂直于 x 轴.

由导数的几何意义，可以得到曲线在点 $P_0(x_0, y_0)$ 处的切线与法线方程.

曲线在点 $P_0(x_0, y_0)$ 处的切线方程为：
$$y - y_0 = f'(x_0)(x - x_0).$$

大家都知道，曲线 $y = f(x)$ 在点 $P_0(x_0, y_0)$ 处的法线是过此点且与切线垂直的直线，所以它的斜率为 $-\frac{1}{f'(x_0)}$ ($f'(x_0) \neq 0$)，因此曲线在点 $P_0(x_0, y_0)$ 处的法线方程为：
$$y - y_0 = -\frac{1}{f'(x_0)}(x - x_0),$$

当 $f'(x_0) = 0$ 时，法线方程为：$x = x_0$；

当 $f'(x_0) = \pm\infty$ 时，法线方程为：$y = y_0$.

【例8】 求曲线 $y=x^2$ 在点 $(2,4)$ 处的切线方程及法线方程.

解 由例5的一般性结论可知：$y'=2x$，所以 $y'\big|_{x=2}=4$，再根据切线方程和法线方程的公式可得相应的切线方程和法线方程.

所求切线方程为：$y-4=4(x-2)$，即 $4x-y-4=0$；

所求法线方程为：$y-4=-\dfrac{1}{4}(x-2)$，即 $x+4y-18=0$.

导数在物理方面也有广泛的应用，下面我们再列举几种导数的物理意义：

(1)加速度：物体运动加速度指物体在单位时间的速度改变量. 单位：m/s². 物体运动速度为 $v=v(t)$，在 $[t,t+\Delta t]$ 时段的平均加速度为 $\bar{a}=\dfrac{\Delta v}{\Delta t}$，于是在时刻 t 的加速度为

$$a=\lim_{\Delta t\to 0}\dfrac{\Delta v}{\Delta t}=\dfrac{\mathrm{d}v}{\mathrm{d}t}.$$

(2)电流强度：电流强度（简称电流）指单位时间内通过导线横截面的电量. 单位：A. 设 $Q=Q(t)$ 为在 $[0,t]$ 时段通过导线横截面的总电量，在 $[t,t+\Delta t]$ 时段的平均电流为 $\bar{i}=\dfrac{\Delta Q}{\Delta t}$，于是在时刻 t 的电流为 $i=\dfrac{\mathrm{d}Q}{\mathrm{d}t}$.

(3)线密度：线密度指单位长度细杆的质量，单位：kg/m. 设 $m=m(x)$ 为在 $[0,x]$ 段的细杆总质量，在 $[x,x+\Delta x]$ 段的平均线密度为 $\bar{\rho}=\dfrac{\Delta m}{\Delta x}$，于是在点 x 的线密度为 $\rho=\dfrac{\mathrm{d}m}{\mathrm{d}x}$.

2.1.5 可导与连续的关系

定理2-2 若函数 $f(x)$ 在点 x_0 处可导，则它在点 x_0 处必连续.

证明 设函数 $f(x)$ 在点 x_0 处可导，且自变量 x 在 x_0 处有一改变量 Δx，相应地函数有一改变量 Δy，由导数的定义可得

$$\lim_{\Delta x\to 0}\dfrac{\Delta y}{\Delta x}=\lim_{\Delta x\to 0}\dfrac{f(x_0+\Delta x)-f(x_0)}{\Delta x}=f'(x_0),$$

所以
$$\lim_{\Delta x\to 0}\Delta y=\lim_{\Delta x\to 0}\left(\dfrac{\Delta y}{\Delta x}\cdot\Delta x\right)=\lim_{\Delta x\to 0}\dfrac{\Delta y}{\Delta x}\cdot\lim_{\Delta x\to 0}\Delta x=f'(x_0)\cdot 0=0.$$

因此 $f(x)$ 在点 x_0 处连续.

由这个结论可知，连续是可导的必要条件，下面我们通过例子说明连续不一定可导，即连续不是可导的充分条件.

【例9】 设函数 $f(x)=|x|=\begin{cases}x, & x\geqslant 0\\ -x, & x<0\end{cases}$，讨论其在 $x=0$ 的连续性和可导性.

解 因为
$$\lim_{x\to 0^-}f(x)=\lim_{x\to 0^-}(-x)=\lim_{x\to 0^+}x=\lim_{x\to 0^+}f(x)=0=f(0),$$

所以 $f(x)$ 在点 $x=0$ 连续. 又因为

$$f'_-(0) = \lim_{\Delta x \to 0^-} \frac{f(0+\Delta x)-f(0)}{\Delta x} = \lim_{\Delta x \to 0^-} \frac{-\Delta x - 0}{\Delta x} = -1,$$

$$f'_+(0) = \lim_{\Delta x \to 0^+} \frac{f(0+\Delta x)-f(0)}{\Delta x} = \lim_{\Delta x \to 0^+} \frac{\Delta x - 0}{\Delta x} = 1,$$

则 $f'_-(0) \neq f'_+(0)$，所以 $f(x)$ 在 $x=0$ 处不可导，见图 2-2.

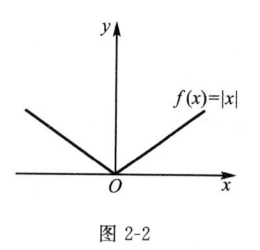

图 2-2

同步训练 2-1

1. 有一根质量不均匀的细棒 AB，长 20 厘米，M 为 AB 上任意一点，细棒 AM 段的质量 m 与长度 x 的平方成正比，当 $AM=2$ 厘米时，质量为 8 克，计算：

(1) 质量 m 与长度 x 之间的函数关系；

(2) $AM=2$ 厘米时，这一段棒 AM 的平均线密度；

(3) $x=2$ 厘米处的线密度；

(4) 全棒的平均线密度；

(5) 任一点 M 处的线密度.

2. 设 $f(x)=2x+3$，试按定义求 $f'(x)$.

3. 求下列函数在指定点的导数.

(1) $y=\cos x, x=\dfrac{\pi}{2}$; (2) $y=\sin x, x=\dfrac{\pi}{3}$;

(3) $f(x)=x^2+3x-1, x=0$; (4) $y=\ln x, x=5$.

4. 求下列函数的导数.

(1) $y=\log_3 x$; (2) $y=\sqrt[3]{x^2}$;

(3) $y=\dfrac{1}{x^2}$; (4) $y=x^{-\frac{3}{2}}$.

5. 试求曲线 $y=\dfrac{1}{x}$ 在点 $(1,1)$ 处的切线方程和法线方程.

6. 问 a,b 取何值时，才能使函数

$$f(x)=\begin{cases} x^2, & x \leqslant 1 \\ ax+b, & x > 1 \end{cases}$$

在 $x=1$ 处连续且可导？

2.2 求导法则

上一节，我们根据导数的定义已求出一些基本初等函数的导数，但对于一般的初等函数，利用定义求导数，从理论上来说是可行的，但在实际过程中是不现实的，例如，求曲线 $y=x\sin\sqrt{x}$ 在任意一点处的切线和法线方程，这个曲线方程是由基本初等函数经过有限次四则运算和复合运算构成的一个初等函数，用定义求导数的计算过程就变得比较麻烦，更不用说更为复杂的表达式了. 为此必须给出一些比较简单的求导数的方法，这就是本节的主要任务.

2.2.1 导数的四则运算

定理 2-3 设函数 $u=u(x)$、$v=v(x)$ 在区间 I 上是可导函数,则 $u\pm v$、uv、$\dfrac{u}{v}(v\neq 0)$ 在区间 I 上也是可导函数,并且满足:

(1) $(u\pm v)'=u'\pm v'$;　　(2) $(uv)'=u'v+uv'$;　　(3) $\left(\dfrac{u}{v}\right)'=\dfrac{u'v-uv'}{v^2}$.

证明　我们利用导数的定义来证明(2),其他两个结论请读者自己证明.

(2) 因为

$$\lim_{\Delta x\to 0}\frac{\Delta(uv)}{\Delta x}=\lim_{\Delta x\to 0}\frac{u(x+\Delta x)\cdot v(x+\Delta x)-u(x)\cdot v(x)}{\Delta x}$$

$$=\lim_{\Delta x\to 0}\frac{u(x+\Delta x)\cdot v(x+\Delta x)-u(x)\cdot v(x+\Delta x)+u(x)\cdot v(x+\Delta x)-u(x)v(x)}{\Delta x}$$

$$=\lim_{\Delta x\to 0}\frac{u(x+\Delta x)-u(x)}{\Delta x}\cdot v(x+\Delta x)+\lim_{\Delta x\to 0}u(x)\cdot\frac{v(x+\Delta x)-v(x)}{\Delta x}$$

$$=u'v+uv',$$

所以,函数 uv 可导,且 $(uv)'=u'v+uv'$.

推论 1　若函数 $u(x)$ 可导,C 为常数,则

$$C(u(x))'=Cu'(x).$$

更一般地有:

$$(u_1u_2\cdots u_n)'=u_1'u_2\cdots u_n+u_1u_2'\cdots u_n+\cdots+u_1u_2\cdots u_n';$$

$$(k_1u_1+k_2u_2+\cdots+k_nu_n)'=k_1u_1'+k_2u_2'+\cdots+k_nu_n'.$$

特别要注意积和商的求导公式,商的求导公式可以转化为积的求导公式.

【例 1】 设 $f(x)=x^4+2x^2+6x+\ln 2$,求 $f'(x)$.

解　由定理 2-3 式(1)可知:

$$f'(x)=(x^4)'+2\cdot(x^2)'+6\cdot x'+(\ln 2)'=4x^3+4x+6.$$

一般地,多项式函数 $f(x)=a_0x^n+a_1x^{n-1}+\cdots+a_{n-1}x+a_n$ 的导数为:

$$f'(x)=na_0x^{n-1}+(n-1)a_1x^{n-2}+\cdots+2a_{n-2}x+a_{n-1}.$$

【例 2】 设 $y=x^3\cdot e^x$,求 y'.

解　由定理 2-3 式(2)可得

$$y'=(x^3)'\cdot e^x+x^3\cdot(e^x)'=3x^2e^x+x^3e^x=(3+x)x^2e^x.$$

【例 3】 设 $y=\dfrac{3e^x}{1+x}$,求 y',$y'\big|_{x=1}$.

解　$y'=\left(\dfrac{3e^x}{1+x}\right)'=\dfrac{(3e^x)'(1+x)-(3e^x)(1+x)'}{(1+x)^2}=\dfrac{3xe^x}{(1+x)^2}$,$y'\big|_{x=1}=\dfrac{3\times 1\times e}{(1+1)^2}=\dfrac{3}{4}e.$

【例 4】 证明:$(\tan x)'=\sec^2 x$;$(\cot x)'=-\csc^2 x$.

证明　
$$(\tan x)'=\left(\frac{\sin x}{\cos x}\right)'=\frac{(\sin x)'\cos x-\sin x(\cos x)'}{\cos^2 x}$$

$$=\frac{\cos^2 x+\sin^2 x}{\cos^2 x}=\sec^2 x.$$

同理可证:$(\cot x)'=-\csc^2 x.$

【例 5】 证明：$(\sec x)' = \sec x \cdot \tan x$；$(\csc x)' = -\csc x \cdot \cot x$.

证明 $(\sec x)' = \left(\dfrac{1}{\cos x}\right)' = -\dfrac{(\cos x)'}{\cos^2 x} = \dfrac{\sin x}{\cos^2 x} = \sec x \cdot \tan x$.

同理可证：$(\csc x)' = -\csc x \cdot \cot x$.

【例 6】 求 $y = x^2 \sin x \log_a x$ 的导数.

解 分析这个题目，可知它是三个函数的乘积，我们可以直接用积的求导推广公式，但在实际计算过程中，我们也可以把它们进行重组后，用两个函数的积的求导公式.

$$y' = (x^2 \sin x)' \log_a x + (x^2 \sin x)(\log_a x)'$$
$$= (2x \sin x + x^2 \cos x) \log_a x + \dfrac{1}{x \ln a} \cdot x^2 \sin x.$$

总结：利用已有的基本公式与求导四则运算，可以解决一部分初等函数的直接求导问题，但我们所遇到的初等函数往往是较为复杂的复合函数，为此我们还需要介绍一些特殊的求导法则和技巧.

2.2.2 反函数的求导法则

定理 2-4 设函数 $x = \varphi(y)$ 在某区间 I_y 内严格单调可导，且 $\varphi'(y) \neq 0$，那么它的反函数 $y = f(x)$ 在对应区间 I_x 内也严格单调可导，且 $f'(x) = \dfrac{1}{\varphi'(y)}$.

设 $x = \varphi(y)$ 是直接函数，$y = f(x)$ 是它的反函数，则定理 2-4 可叙述为：反函数的导数等于直接函数导数的倒数.

【例 7】 求证：$(\arcsin x)' = \dfrac{1}{\sqrt{1-x^2}}$；$(\arccos x)' = -\dfrac{1}{\sqrt{1-x^2}}$.

证明 由于 $y = \arcsin x, x \in (-1, 1)$ 是 $x = \sin y, y \in \left(-\dfrac{\pi}{2}, \dfrac{\pi}{2}\right)$ 的反函数，且 $x = \sin y$ 满足定理 2-4 的条件. 所以由定理 2-4 可知：

$$(\arcsin x)' = \dfrac{1}{\sin' y} = \dfrac{1}{\cos y} = \dfrac{1}{\sqrt{1-\sin^2 y}} = \dfrac{1}{\sqrt{1-x^2}}, x \in (-1, 1);$$

同理可证：$(\arccos x)' = \dfrac{1}{\cos' y} = -\dfrac{1}{\sin y} = -\dfrac{1}{\sqrt{1-x^2}}, x \in (-1, 1)$.

【例 8】 求证：$(\arctan x)' = \dfrac{1}{1+x^2}$；$(\text{arccot } x)' = -\dfrac{1}{1+x^2}$.

证明 由于 $y = \arctan x, x \in \mathbf{R}$ 是 $x = \tan y, y \in \left(-\dfrac{\pi}{2}, \dfrac{\pi}{2}\right)$ 的反函数，且 $x = \tan y$ 满足定理 2-4 的条件，所以由定理 2-4 可知：

$$(\arctan x)' = \dfrac{1}{(\tan y)'} = \dfrac{1}{\sec^2 y} = \dfrac{1}{1+\tan^2 y} = \dfrac{1}{1+x^2}, x \in \mathbf{R}$$

同理可证：$(\text{arccot } x)' = -\dfrac{1}{1+x^2}, x \in \mathbf{R}$.

【例 9】 求 $y = a^x (a > 0, a \neq 1)$ 的导数.

解 因为 $y = a^x (a > 0, a \neq 1)$ 是函数 $x = \log_a y (a > 0, a \neq 1)$ 的反函数，而在上节根据定

义已求出 $(\log_a y)' = \dfrac{1}{y\ln a}$,所以
$$y' = (a^x)' = \dfrac{1}{(\log_a y)'} = y\ln a = a^x \ln a.$$
特别是当 $a = e$ 时有：$(e^x)' = e^x$.

以上我们得到的最基本的初等函数的求导结果，以后都可以作为公式使用，如不做特别声明，这些结论无须再证，可以直接使用.

2.2.3 复合函数的求导法则

那么对于复合函数又该如何求导呢？如复合函数 $y = (2x+1)^2$ 可以看作是由函数 $y = u^2$ 与 $u = 2x+1$ 复合而成的，那么 $y = (2x+1)^2$ 的导数与这两个简单函数 $y = u^2$ 与 $u = 2x+1$ 的导数之间有什么关系呢？下面的复合函数的求导法则就给出了解答.

定理 2-5 设 $y = f(\varphi(x))$ 是由函数 $y = f(u)$ 与 $u = \varphi(x)$ 复合而成的，若 $u = \varphi(x)$ 在 x 处可导，而 $y = f(u)$ 在对应的 $u = \varphi(x)$ 处可导，则复合函数 $y = f(\varphi(x))$ 在 x 处也可导，且
$$[f(\varphi(x))]' = f'(u) \cdot \varphi'(x) = f'(\varphi(x)) \cdot \varphi'(x)$$
简记为：$\dfrac{dy}{dx} = \dfrac{dy}{du} \cdot \dfrac{du}{dx}$ 或 $y'_x = y'_u \cdot u'_x$.

这个定理可以简叙为：函数对自变量的导数等于函数对中间变量的导数乘以中间变量对自变量的导数.

推论 1 设函数 $y = f(u), u = \varphi(v), v = \psi(x)$ 在所对应的各自自变量处可导，则复合函数 $y = f(\varphi(\psi(x)))$ 在自变量 x 处可导，且
$$\dfrac{dy}{dx} = \dfrac{dy}{du} \cdot \dfrac{du}{dv} \cdot \dfrac{dv}{dx} = y'_u \cdot u'_v \cdot v'_x.$$

【例 10】 设 $y = \ln\tan x$，求 $\dfrac{dy}{dx}$.

解 $y = \ln\tan x$ 可看作 $y = \ln u, u = \tan x$ 复合而成的，因此
$$\dfrac{dy}{dx} = \dfrac{dy}{du} \cdot \dfrac{du}{dx} = \dfrac{1}{u}\sec^2 x = \cot x \sec^2 x$$
$$= \dfrac{1}{\sin x \cos x} = 2\csc 2x.$$

【例 11】 设 $y = e^{-x^2}$，求 $\dfrac{dy}{dx}$.

解 $y = e^{-x^2}$ 可看作 $y = e^u, u = -x^2$ 复合而成的，因此
$$\dfrac{dy}{dx} = \dfrac{dy}{du} \cdot \dfrac{du}{dx} = e^u \cdot (-2x) = -2x e^{-x^2}.$$

【例 12】 设 $y = \sin^3 x^2$，求 $\dfrac{dy}{dx}$.

解 $y = \sin^3 x^2$ 可看作 $y = u^3, u = \sin v$ 和 $v = x^2$ 复合而成的，因此
$$\dfrac{dy}{dx} = \dfrac{dy}{du} \cdot \dfrac{du}{dv} \cdot \dfrac{dv}{dx} = 3u^2 \cdot \cos v \cdot (2x) = 6x \sin^2 x^2 \cos x^2.$$

【例 13】 设 $y=\ln|x|$，求 $\dfrac{\mathrm{d}y}{\mathrm{d}x}$.

解 当 $x>0$ 时，$\dfrac{\mathrm{d}y}{\mathrm{d}x}=(\ln x)'=\dfrac{1}{x}$；当 $x<0$ 时，$y=\ln(-x)$.

令 $u=-x$，由复合函数求导法，得 $\dfrac{\mathrm{d}y}{\mathrm{d}x}=\dfrac{\mathrm{d}y}{\mathrm{d}u}\cdot\dfrac{\mathrm{d}u}{\mathrm{d}x}=\dfrac{1}{u}\cdot(-1)=\dfrac{1}{-x}\cdot(-1)=\dfrac{1}{x}$. 总之，$\dfrac{\mathrm{d}y}{\mathrm{d}x}=\dfrac{1}{x}$.

更一般地，如果 $y=f(u),u=g(v),v=h(w),w=\varphi(x)$ 都可导，并且复合运算是有意义的，也就是说经过复合运算，y 是 x 的函数. 那么，y 关于 x 可导，并且：

$$\frac{\mathrm{d}y}{\mathrm{d}x}=\frac{\mathrm{d}y}{\mathrm{d}u}\cdot\frac{\mathrm{d}u}{\mathrm{d}v}\cdot\frac{\mathrm{d}v}{\mathrm{d}w}\cdot\frac{\mathrm{d}w}{\mathrm{d}x}=\frac{\mathrm{d}f}{\mathrm{d}u}\cdot\frac{\mathrm{d}g}{\mathrm{d}v}\cdot\frac{\mathrm{d}h}{\mathrm{d}w}\cdot\frac{\mathrm{d}\varphi}{\mathrm{d}x}.$$

上述法则一般称为复合函数求导数的**链式法则**.

有一点是需要说明的：到现在为止 $\dfrac{\mathrm{d}y}{\mathrm{d}x}$ 是一个整体符号，它表示的是函数 y 关于 x 的导数，在运算过程中，不能把它们分离开来.

上面链式法则的表示形式，是为了帮助读者记住法则的运算关系，从形式上来看，就是分别在分子、分母同乘了 $\mathrm{d}u,\mathrm{d}v,\mathrm{d}w$ 等，从数学意义上来说，并没有这么简单，在这里我们就不做更深入的讨论了.

【例 14】 设 $y=\ln(1+\sqrt{1+x^2})$，求 $\dfrac{\mathrm{d}y}{\mathrm{d}x}$.

解 因为 $y=\ln(1+\sqrt{1+x^2})$ 可以看作 $y=\ln u,u=1+\sqrt{v},v=1+x^2$ 复合而成的，于是

$$\frac{\mathrm{d}y}{\mathrm{d}x}=\frac{\mathrm{d}y}{\mathrm{d}u}\cdot\frac{\mathrm{d}u}{\mathrm{d}v}\cdot\frac{\mathrm{d}v}{\mathrm{d}x}=\frac{1}{u}\cdot\frac{1}{2\sqrt{v}}\cdot(2x)=\frac{x}{(1+\sqrt{1+x^2})\sqrt{1+x^2}}.$$

由以上例子可以看出，求复合函数的导数时，首先要分析所给的函数可看作由哪些基本初等函数复合而成，而这些基本初等函数的导数我们已经会求，那么应用复合函数求导法则就可以求出所给函数的导数.

运算比较熟练以后，就不必再写出中间变量，只要分析清楚函数的复合关系即可，求导的顺序是由外往里一层一层进行的，可以采用下列例题的方式来进行.

【例 15】 设 $y=\ln\sin x$，求 $\dfrac{\mathrm{d}y}{\mathrm{d}x}$.

解 $\dfrac{\mathrm{d}y}{\mathrm{d}x}=(\ln\sin x)'=\dfrac{1}{\sin x}(\sin x)'=\left(\dfrac{1}{\sin x}\right)\cdot\cos x=\cot x$.

【例 16】 设 $y=\mathrm{e}^{\sin\frac{1}{x}}$，求 $\dfrac{\mathrm{d}y}{\mathrm{d}x}$.

解 $y'=\left(\mathrm{e}^{\sin\frac{1}{x}}\right)'=\mathrm{e}^{\sin\frac{1}{x}}\left(\sin\dfrac{1}{x}\right)'=\mathrm{e}^{\sin\frac{1}{x}}\cos\dfrac{1}{x}\cdot\left(\dfrac{1}{x}\right)'=-\dfrac{1}{x^2}\mathrm{e}^{\sin\frac{1}{x}}\cos\dfrac{1}{x}$.

【例 17】 设 a 为实数，求幂函数 $y=x^a$（$x>0$）的导数.

解 因为 $y=x^a=\mathrm{e}^{a\ln x}$，所以 $y=x^a$ 可看作 $y=\mathrm{e}^u$ 与 $u=a\ln x$ 的复合函数.

由定理 2-5 可知：$y'=(x^a)'=(\mathrm{e}^{a\ln x})'=\mathrm{e}^{a\ln x}\cdot(a\ln x)'=\mathrm{e}^{a\ln x}\cdot\dfrac{a}{x}=x^a\cdot\dfrac{a}{x}=ax^{a-1}$.

2.2.4 基本求导法则与导数公式

根据初等函数的定义可知,初等函数主要由基本初等函数、函数的四则运算和复合运算三部分构成,因此初等函数的求导必须熟悉:基本函数的求导及求导法则、复合函数的分解、复合函数及反函数的求导法则;为了熟练地应用它们,现把这些导数公式和求导法则归纳如下:

(1)常数和基本函数的导数公式:

$(C)' = 0$ $(x^\mu)' = \mu x^{\mu-1}$

$(\sin x)' = \cos x$ $(\cos x)' = -\sin x$

$(\tan x)' = \sec^2 x$ $(\cot x)' = -\csc^2 x$

$(\sec x)' = \sec x \cdot \tan x$ $(\csc x)' = -\csc x \cdot \cot x$

$(a^x)' = a^x \ln a$ $(e^x)' = e^x$

$(\log_a x)' = \dfrac{1}{x \ln a}$ $(\ln x)' = \dfrac{1}{x}$

$(\arcsin x)' = \dfrac{1}{\sqrt{1-x^2}}$ $(\arccos x)' = -\dfrac{1}{\sqrt{1-x^2}}$

$(\arctan x)' = \dfrac{1}{1+x^2}$ $(\operatorname{arccot} x)' = -\dfrac{1}{1+x^2}$

(2)函数的和、差、积、商的求导法则:设 $u = u(x), v = v(x)$ 都可导,则

① $[u(x) \pm v(x)]' = u'(x) \pm v'(x)$;

② $(Cu)' = Cu'$(C 是常数);

③ $[u(x) v(x)]' = u'(x) v(x) + u(x) v'(x)$;

④ $\left[\dfrac{u(x)}{v(x)}\right]' = \dfrac{u'(x) v(x) - u(x) v'(x)}{v^2(x)}$ $(v(x) \neq 0)$.

(3)反函数的求导法则:设 $x = f(y)$ 在 I_y 内单调、可导,且 $f'(y) \neq 0$,则它的反函数 $y = f^{-1}(x)$ 在区间 $I_x = \{x \mid x = f(y), y \in I_y\}$ 内也是单调、可导的,而且

$$[f^{-1}(x)]' = \frac{1}{f'(y)} \text{ 或 } \frac{dy}{dx} = \frac{1}{\dfrac{dx}{dy}}.$$

(3)复合函数的求导法则:设 $y = f(u), u = \varphi(x)$,而 $f(u)$ 及 $\varphi(x)$ 都可导,则复合函数 $y = f[\varphi(x)]$ 的导数为

$$\frac{dy}{dx} = f'(u) \cdot \varphi'(x) \text{ 或 } \frac{dy}{dx} = \frac{dy}{du} \cdot \frac{du}{dx}.$$

下面举例说明:

【例 18】 设 $y = \arcsin(2\cos(x^2-1))$,求 y'.

解 $y' = [\arcsin 2\cos(x^2-1)]'$

$= \dfrac{1}{\sqrt{1-[2\cos(x^2-1)]^2}} \cdot (2\cos(x^2-1))'$

$= \dfrac{1}{\sqrt{1-4\cos^2(x^2-1)}} \cdot 2[-\sin(x^2-1)] \cdot (x^2-1)'$

$= \dfrac{-2\sin(x^2-1)}{\sqrt{1-4\cos^2(x^2-1)}} \cdot 2x = -\dfrac{4x\sin(x^2-1)}{\sqrt{1-4\cos^2(x^2-1)}}$.

【例 19】 设 $y = \dfrac{\arcsin x}{\sqrt{1-x^2}} + \dfrac{1}{2}\ln\dfrac{1-x}{1+x}$，求 y'.

解 因为 $y = \dfrac{\arcsin x}{\sqrt{1-x^2}} + \dfrac{1}{2}[\ln(1-x) - \ln(1+x)]$，

所以
$$y' = \left(\dfrac{\arcsin x}{\sqrt{1-x^2}}\right)' + \dfrac{1}{2}[\ln(1-x) - \ln(1+x)]'$$

$$= \dfrac{\dfrac{1}{\sqrt{1-x^2}} \cdot \sqrt{1-x^2} + \dfrac{x\arcsin x}{\sqrt{1-x^2}}}{1-x^2} + \dfrac{1}{2}\left(-\dfrac{1}{1-x} - \dfrac{1}{1+x}\right)$$

$$= \dfrac{1 + \dfrac{x\arcsin x}{\sqrt{1-x^2}}}{1-x^2} - \dfrac{1}{1-x^2}$$

$$= \dfrac{x\arcsin x}{(1-x^2)^{\frac{3}{2}}}.$$

同步训练 2-2

1. 求下列函数的导数.

(1) $y = 2x^2 + 3\sqrt{x} - \sqrt{2}$；

(2) $y = x^5 + 2\cos x - 3\ln x + \sin 5$；

(3) $y = 3^x + \log_2 x + \sin 2$；

(4) $y = \sqrt{x}\sin x$；

(5) $y = \dfrac{x^2-1}{x^2+1}$；

(6) $y = \cos x \sin x$；

(7) $s = \dfrac{\sin t + 1}{\cos t + 1}$；

(8) $y = (2x+1)^2$；

(9) $y = \ln^3 x$；

(10) $y = \sqrt{1-x^2}$；

(11) $y = e^{\sin^2 x}$；

(12) $y = \cos 2x - 2\sin x$；

(13) $y = \sin(x + x^2)$；

(14) $y = \ln\ln x$；

(15) $y = \arccos\sqrt{1-x^2}$；

(16) $y = \text{arccot}(2x)$；

(17) $y = \left(x - \dfrac{1}{x}\right)^2$；

(18) $y = 2\cos(3x^2+1)$；

(19) $y = \ln(x + \sqrt{1+x^2})$；

(20) $y = \arctan x - \dfrac{1}{2}\ln(1+x^2)$.

2. 求下列函数在给定点的导数.

(1) $y = (2x-3)^2$, $x = 2$；

(2) $y = \cos(2x-1)$, $x = 0$；

(3) $y = \sin x + 3\cos 2x$，求 $y'\Big|_{x=\frac{\pi}{6}}$；

(4) $f(x) = x^2 - 3\ln x$，求 $f'(1)$；

(5) $f(x) = \dfrac{x - \sin x}{\sin x}$，求 $f'\left(\dfrac{\pi}{2}\right)$；

(6) $f(x) = \dfrac{1-\sqrt{x}}{1+\sqrt{x}}$，求 $f'(4)$.

3. 曲线 $y = xe^{-2x}$ 上哪一点的切线是水平的？并求出这条切线的方程.

4. 试求曲线 $y = \sin x$ 过点 $\left(\dfrac{\pi}{6}, \dfrac{1}{2}\right)$ 处的切线方程和法线方程.

5. 已知曲线 $y = \dfrac{1}{x^2}$ 在某点的切线与直线 $2x + y - 1 = 0$ 平行，求该切点的坐标.

2.3　高阶导数、隐函数及参数式方程所确定的函数的导数

2.3.1　高阶导数

设一物体做直线运动，其运动方程为 $s = s(t)$，则由导数的定义和运动方程的意义可知，运动的速度方程为 $v = v(t) = s'(t)$，$v(t)$ 仍然是一个关于 t 的函数，对于这个运动而言，其加速度 $a(t) = v'(t) = [s'(t)]'$，所以加速度 $a(t)$ 可以看作 $s(t)$ 的导数的导数.

函数 $y = f(x)$ 的导数 $y' = f'(x)$ 仍然是 x 的函数，如果 $y' = f'(x)$ 仍然可导，那么我们把 $y' = f'(x)$ 的导数叫作函数 $y = f(x)$ 的二阶导数，记作 y'' 或 $\dfrac{d^2 y}{dx^2}$，即

$$y'' = (y')' \text{ 或 } \dfrac{d^2 y}{dx^2} = \dfrac{d}{dx}\left(\dfrac{dy}{dx}\right).$$

相应地，把 $y = f(x)$ 的导数 $f'(x)$ 叫作函数 $y = f(x)$ 的一阶导数.

类似地，二阶导数的导数，叫作三阶导数，三阶导数的导数叫作四阶导数，…，一般地，$(n-1)$ 阶导数的导数叫作 n 阶导数，分别记作

$$y''', y^{(4)}, \cdots, y^{(n)}$$

或

$$\dfrac{d^3 y}{dx^3}, \dfrac{d^4 y}{dx^4}, \cdots, \dfrac{d^n y}{dx^n}.$$

函数 $y = f(x)$ 具有 n 阶导数，也常说成函数 $f(x)$ 为 n 阶可导. 如果函数 $f(x)$ 在点 x 处具有 n 阶导数，那么 $f(x)$ 在点 x 的某一邻域内必定具有一切低于 n 阶的导数. 二阶及二阶以上的导数统称为**高阶导数**.

由此可见，求高阶导数就是多次接连地求导数. 所以，仍可应用前面学过的求导方法来计算.

【**例 1**】　设 $y = 4x^3 - 7x^2 + 6$，求 y''，y'''，$y^{(4)}$.

解　$y' = 12x^2 - 14x$，$y'' = 24x - 14$，$y''' = 24$，$y^{(4)} = 0$.

【**例 2**】　设 $y = x^2 e^{2x}$，求 y''，y'''.

解　$y' = 2xe^{2x} + x^2 e^{2x} \cdot 2 = 2xe^{2x}(1+x)$，

$y'' = (2e^{2x} + 4xe^{2x})(1+x) + 2xe^{2x}$
　　$= 2e^{2x}(2x^2 + 4x + 1)$,

$y''' = 4e^{2x}(2x^2 + 4x + 1) + 2e^{2x}(4x+4)$
　　$= 4e^{2x}(2x^2 + 6x + 3)$.

【例 3】 求正弦与余弦函数的 n 阶导数.

解 $y = \sin x$,

$$y' = \cos x = \sin\left(x + \frac{\pi}{2}\right),$$

$$y'' = \cos\left(x + \frac{\pi}{2}\right) = \sin\left(x + \frac{\pi}{2} + \frac{\pi}{2}\right) = \sin\left(x + 2 \cdot \frac{\pi}{2}\right),$$

$$y''' = \cos\left(x + 2 \cdot \frac{\pi}{2}\right) = \sin\left(x + 3 \cdot \frac{\pi}{2}\right),$$

$$y^{(4)} = \cos\left(x + 3 \cdot \frac{\pi}{2}\right) = \sin\left(x + 4 \cdot \frac{\pi}{2}\right),$$

一般地,可得

$$y^{(n)} = \sin\left(x + n \cdot \frac{\pi}{2}\right),$$

即

$$(\sin x)^{(n)} = \sin\left(x + n \cdot \frac{\pi}{2}\right).$$

同理可得

$$(\cos x)^{(n)} = \cos\left(x + n \cdot \frac{\pi}{2}\right).$$

【例 4】 求指数函数 $y = e^x$ 的 n 阶导数.

解 $y' = e^x, y'' = e^x, y''' = e^x, y^{(4)} = e^x$. 一般地,可得 $y^{(n)} = e^x$,即 $(e^x)^{(n)} = e^x$.

【例 5】 求对数函数 $\ln(1+x)$ 的 n 阶导数.

解 $y = \ln(1+x), y' = \dfrac{1}{1+x}, y'' = -\dfrac{1}{(1+x)^2}, y''' = \dfrac{1 \cdot 2}{(1+x)^3}, y^{(4)} = -\dfrac{1 \cdot 2 \cdot 3}{(1+x)^4}$,一般地,可得

$$y^{(n)} = (-1)^{n-1}\frac{(n-1)!}{(1+x)^n},$$

即

$$[\ln(1+x)]^{(n)} = (-1)^{n-1}\frac{(n-1)!}{(1+x)^n}.$$

通常规定 $0! = 1$,所以这个公式当 $n=1$ 时也成立.

【例 6】 已知物体做变速直线运动,其运动方程为 $s = A\cos(\omega t + \varphi)$ (A, ω, φ 是常数),求物体运动的加速度.

解

$$v = s' = -A\omega\sin(\omega t + \varphi),$$
$$a = v' = s'' = -A\omega^2\cos(\omega t + \varphi).$$

2.3.2 隐函数的求导法则

前面我们介绍的都是以 $y = f(x)$ 的形式出现的显式函数的求导法则. 但在实际中,有许多函数关系式是隐藏在一个方程中的,这个函数不一定能写成 $y = f(x)$ 的形式,例如,$xy + e^x + e^y - e = 0$ 所确定的函数就不能写成 $y = f(x)$ 的形式. 尽管有时能够表示,但从问题的需要来说没有这个必要.

定义 2-5 由二元方程 $F(x, y) = 0$ 所确定的 y 与 x 的关系式称为隐函数.

隐函数求导法则,就是指不需要从方程 $F(x, y) = 0$ 中解出 y,而求 y'.

具体解法如下:

(1)对方程 $F(x, y) = 0$ 的两端同时关于 x 求导,在求导过程中把 y 看作 x 的函数,也就

是把它作为中间变量来看待.（有时也可以把 x 看作函数，y 看作自变量）

(2)求导之后得到一个关于 y' 的一次方程，解此方程，便得 y' 的表达式.当然，在此表达式内可能会含有 y，这没关系，让它保留在式子中就可以了.

【例 7】 设 $xy+e^x+e^y-e=0$，求 y'.

解 对 $xy+e^x+e^y-e=0$ 两边关于 x 求导得：
$$y+x \cdot y'+e^x+e^y \cdot y'=0,$$
所以 $(x+e^y) \cdot y'=-(y+e^x)$，即
$$y'=-\frac{y+e^x}{x+e^y}.$$

【例 8】 求由方程 $y=\cos(x+y)$ 所确定的 $y=f(x)$ 的导数.

解 两边同时对 x 求导得
$$y'=-\sin(x+y)(1+y'),$$
解得
$$y'=-\frac{\sin(x+y)}{1+\sin(x+y)}.$$

【例 9】 求曲线 $3y^2=x^2(x+1)$ 在点 $(2,2)$ 处的切线方程.

解 方程两边对 x 求导得
$$6yy'=3x^2+2x,\quad y'=\frac{3x^2+2x}{6y}(y\neq 0),$$
$$y'\Big|_{(2,2)}=\frac{4}{3},$$
所求切线方程为
$$y-2=\frac{4}{3}(x-2),$$
$$4x-3y-2=0.$$

2.3.3 对数求导法

在某些情况下，求显函数的导数时会利用两边取自然对数的方法把它化为隐函数来求导，这种方法就是对数求导法.即先对函数 $y=f(x)$ 的两边取自然对数，然后用隐函数的求导法则求出 y'，最后换回显函数.对数求导法是一种较实用，也是一种比较重要的求导方法，下面通过一些具体的例子来介绍这种求导方法的基本思路和使用对象.

【例 10】 设 $y=x^{\sin x}(x>0)$，求 $\dfrac{dy}{dx}$.

这类函数的一般形式为 $y=u(x)^{v(x)}$，其中 $u(x),v(x)$ 都可导，我们称其为**幂指函数**，在我们前面所介绍的公式和法则中，还没有这类函数的导数，下面我们就来解决它.

解 对 $y=x^{\sin x}$ 两边取自然对数，得到 $\ln y=\ln x^{\sin x}=\sin x\ln x$，由隐函数求导法则，方程 $\ln y=\sin x\ln x$ 两边关于 x 求导得 $\dfrac{1}{y}\cdot y'=\cos x\ln x+\dfrac{\sin x}{x}$，于是，
$$y'=y\left(\cos x\ln x+\frac{\sin x}{x}\right)=x^{\sin x}\left(\cos x\ln x+\frac{\sin x}{x}\right).$$

对于一般形式的幂指函数 $y=u(x)^{v(x)}$，其中 $u(x),v(x)$ 关于 x 都可导，且 $u(x)>0$，我们的求导方法为"等式两边先取自然对数，再关于 x 求导数"，用此法后，先得到 $\ln y=v(x)\ln u(x)$，进一步有

$$\frac{1}{y} \cdot y' = v'(x)\ln u(x) + \frac{v(x) \cdot u'(x)}{u(x)},$$

整理后得

$$y' = u(x)^{v(x)}\left[v'(x)\ln u(x) + \frac{v(x) \cdot u'(x)}{u(x)}\right].$$

其实，幂指函数的导数结果稍加整理一下，便有：

$$y' = u(x)^{v(x)} \cdot \ln u(x) \cdot v'(x) + v(x) \cdot u(x)^{v(x)-1} \cdot u'(x).$$

前一部分是把 $u(x)^{v(x)}$ 作为指数函数求导数得到的结果；后一部分是把 $u(x)^{v(x)}$ 作为幂函数求导数得到的结果，因此，可以这么说：幂指函数的导数等于幂函数的导数与指数函数的导数之和。

对幂指函数求导，有时可以直接根据对数的性质以及复合函数的求导法则求导，无须转化为隐函数。

对 $y = x^{\sin x}$ 有另一种简便的解法，因为 $y = x^{\sin x} = (\mathrm{e}^{\ln x})^{\sin x} = \mathrm{e}^{\sin x \ln x}$，所以它是由 $y = \mathrm{e}^u$，$u = \sin x \ln x$ 复合而成的，故

$$y' = \frac{\mathrm{d}y}{\mathrm{d}u} \cdot \frac{\mathrm{d}u}{\mathrm{d}x} = \mathrm{e}^{\sin x \ln x}\left(\cos x \ln x + \sin x \cdot \frac{1}{x}\right) = x^{\sin x}\left(\cos x \ln x + \sin x \cdot \frac{1}{x}\right).$$

【例 11】 设 $y = \dfrac{(x+1)^2(x+3)^3}{(x-1)^3(x-2)^4}$，求 $\dfrac{\mathrm{d}y}{\mathrm{d}x}$。

解 由于

$$\ln|y| = \ln\left|\frac{(x+1)^2(x+3)^3}{(x-1)^3(x-2)^4}\right| = 2\ln|x+1| + 3\ln|x+3| - 3\ln|x-1| - 4\ln|x-2|,$$

上式两边关于 x 求导得

$$\frac{1}{y} \cdot y' = \frac{2}{x+1} + \frac{3}{x+3} - \frac{3}{x-1} - \frac{4}{x-2},$$

所以

$$y' = \frac{(x+1)^2(x+3)^3}{(x-1)^3(x-2)^4}\left(\frac{2}{x+1} + \frac{3}{x+3} - \frac{3}{x-1} - \frac{4}{x-2}\right).$$

需要说明的是：在解题过程中，用取对数方法求导时，在取对数的时候可以不加绝对值符号，隐含着在有意义的范围内进行。

再看一个例子，说明这个问题。

【例 12】 求 $y = \sqrt[5]{\dfrac{(x-1)(x-3)}{(x-2)^3(x-4)}}$ 的导数。

解 两边取自然对数，得

$$\ln y = \frac{1}{5}[\ln(x-1) + \ln(x-3) - 3\ln(x-2) - \ln(x-4)],$$

上式两边同时对 x 求导得

$$\frac{1}{y} \cdot y' = \frac{1}{5}\left(\frac{1}{x-1} + \frac{1}{x-3} - \frac{3}{x-2} - \frac{1}{x-4}\right),$$

$$y' = \frac{1}{5} \cdot \sqrt[5]{\frac{(x-1)(x-3)}{(x-2)^3(x-4)}} \cdot \left(\frac{1}{x-1} + \frac{1}{x-3} - \frac{3}{x-2} - \frac{1}{x-4}\right).$$

此题如果直接用四则运算法则来解就比较麻烦了。

上面的例子，就体现了对数求导法的好处，我们几乎不用打草稿，就能较完整、简捷地写出

导数的结果,如果直接用四则运算法则的话,不打草稿要写出简明的结果是非常困难的事情.

作为这一部分的结束语,我们给出如下提示,供读者们参考:

当函数关系式是由若干个简单函数以及幂指函数经过乘方、开方、乘、除等运算组合而成的时候,应考虑用对数求导法求这类函数的导数.

2.3.4 参数式方程所确定的函数的导数

我们知道,一般情况下参数式方程

$$\begin{cases} x = \varphi(t) \\ y = f(t) \end{cases} \tag{2-3}$$

确定了 y 是 x 的函数. 在实际问题中,有时需要我们求方程(2-3)所确定的函数 y 对 x 的导数. 但从方程(2-3)中消去参数 t 有时会很困难,因此我们要找一种直接由方程(2-3)来求导数的方法.

假设方程(2-3)所确定的函数是 $y=F(x)$,那么函数 $y=f(t)$ 可以看成是由 $y=F(x)$ 和 $x=\varphi(t)$ 复合而成的,即 $y=f(t)=F(\varphi(t))$. 假定 $y=F(x)$ 和 $x=\varphi(t)$ 都可导,且 $\dfrac{\mathrm{d}x}{\mathrm{d}t} \neq 0$,于是根据复合函数的求导法则,就有

$$\frac{\mathrm{d}y}{\mathrm{d}t} = \frac{\mathrm{d}y}{\mathrm{d}x} \cdot \frac{\mathrm{d}x}{\mathrm{d}t},$$

即

$$\frac{\mathrm{d}y}{\mathrm{d}x} = \frac{\dfrac{\mathrm{d}y}{\mathrm{d}t}}{\dfrac{\mathrm{d}x}{\mathrm{d}t}}.$$

【例 13】 已知圆的参数式方程为

$$\begin{cases} x = a\cos\theta \\ y = a\sin\theta \end{cases} \quad (a>0,\theta \text{ 为参数}),$$

求 $\dfrac{\mathrm{d}y}{\mathrm{d}x}$.

解 因为

$$\frac{\mathrm{d}x}{\mathrm{d}\theta} = -a\sin\theta, \frac{\mathrm{d}y}{\mathrm{d}\theta} = a\cos\theta,$$

所以

$$\frac{\mathrm{d}y}{\mathrm{d}x} = \frac{\dfrac{\mathrm{d}y}{\mathrm{d}\theta}}{\dfrac{\mathrm{d}x}{\mathrm{d}\theta}} = \frac{a\cos\theta}{-a\sin\theta} = -\cot\theta.$$

【例 14】 以初速度为 v_0,发射角为 α 发射炮弹,其运动方程为

$$\begin{cases} x = v_0 t\cos\alpha \\ y = v_0 t\sin\alpha - \dfrac{1}{2}gt^2 \end{cases}$$

求:(1)炮弹在时刻 t 的速度大小及方向;

(2)如果中弹点与发射点在同一地平线上,求炮弹的射程(图 2-3).

解 (1)炮弹水平方向与垂直方向的速度分别为

$$v_x = \frac{dx}{dt} = (v_0 t \cos\alpha)' = v_0 \cos\alpha,$$

$$v_y = \frac{dy}{dt} = \left(v_0 t \sin\alpha - \frac{1}{2}gt^2\right)' = v_0 \sin\alpha - gt,$$

所以,在时刻 t,炮弹速度的大小为

$$v = \sqrt{v_x^2 + v_y^2} = \sqrt{(v_0 \cos\alpha)^2 + (v_0 \sin\alpha - gt)^2}$$
$$= \sqrt{v_0^2 - 2v_0 \sin\alpha \cdot gt + g^2 t^2},$$

速度的方向就是弹道的切线方向.设 θ 是切线的倾角,根据导数的几何意义,得

$$\tan\theta = \frac{dy}{dx} = \frac{v_0 \sin\alpha - gt}{v_0 \cos\alpha}.$$

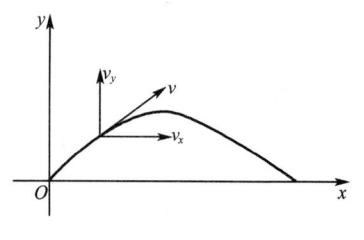

图 2-3

(2)令 $y=0$,即 $v_0 t \sin\alpha - \frac{1}{2}gt^2 = 0$,得从发射到中弹经过的时间 $t_0 = \frac{2v_0 \sin\alpha}{g}$,所以射程为

$$x\bigg|_{t=t_0} = v_0 t_0 \cos\alpha = v_0 \cdot \frac{2v_0 \sin\alpha}{g} \cdot \cos\alpha = \frac{v_0^2}{g}\sin 2\alpha.$$

同步训练 2-3

1. 求下列函数的二阶导数.
   (1) $y = 3x^2 + \ln x$;   (2) $y = (x^3 + 1)^2$;
   (3) $y = e^x \cos x$;   (4) $y = (1+x^2)\arctan x$.

2. 求下列函数的 n 阶导数.
   (1) $y = e^{-x}$;   (2) $y = \ln x$.

3. 求下列方程所确定的隐函数的导数 $\frac{dy}{dx}$.
   (1) $x^3 + y^3 - 3xy = 0$;   (2) $e^y + xy + y = 2$;
   (3) $x \cos y = \sin(2x+y)$;   (4) $e^y + xy = 0$;
   (5) $\sin(xy) = x$;   (6) $y = 1 + xe^y$.

4. 求椭圆 $\frac{x^2}{9} + \frac{y^2}{4} = 1$ 在点 $P\left(1, \frac{4\sqrt{2}}{3}\right)$ 的切线方程.

5. 用对数求导法求下列函数的导数.
   (1) $y = x^x \ (x>0)$;   (2) $y = (1+x^2)^{\tan x}$;
   (3) $y = \sqrt{\frac{(x-1)^2(x-2)}{(x-3)^3(x-4)}} \ (x>4)$;   (4) $y = \sqrt{\frac{x(4x-1)}{(2x-1)(x-2)}} \ (x>2)$.

6. 求下列参数式方程所确定的函数的导数.
   (1) $\begin{cases} x = 1-t^2 \\ y = t-t^3 \end{cases}$;   (2) $\begin{cases} x = \sin t \\ y = t \end{cases}$;
   (3) $\begin{cases} x = a(t-\sin t) \\ y = a(1-\cos t) \end{cases}$ (a 为常数).

7. 求曲线 $\begin{cases} x=1+2t-t^2 \\ y=4t^2 \end{cases}$ 在点 $(1,16)$ 处的切线方程和法线方程.

2.4 变化率问题

工程师想要知道放射性元素的质量随时间变化的速率,医师想要知道药的剂量的变化怎样影响人体对药物的响应,经济学家想研究生产钢的成本怎样随所生产钢的吨数而变化.这些问题都是变化率问题,都可归结为导数.

由导数定义知,$f(x)$ 关于 x 的瞬时变化率就是导数.

【例1】 (**钢棒长度的变化率**)假定某钢棒的长度 L(单位:cm)取决于气温 H(单位:℃).如果气温每升高 $1℃$,长度增加 2 cm,问钢棒长度关于温度的增长速度?

解 由题意,钢棒长度关于温度的增长速度,就是长度关于气温的变化率,即

$$\frac{dL}{dH}=2 \text{ (cm/℃)}.$$

【例2】 (**给气球充气**)球形气球的体积 $V=\dfrac{4}{3}\pi r^3$ 随半径 r 而变化,求当 $r=2$ 米时体积关于半径的变化率为多少?

解 体积关于半径的变化率就是 V 对 r 的导数,$\dfrac{dV}{dr}=4\pi r^2$,当 $r=2$ 米时体积的变化率 $\dfrac{dV}{dr}\bigg|_{r=2}=16\pi$.

路程关于时间的变化率就是物体运动的速度,速度关于时间的变化率就是物体运动的加速度(前面已经介绍,加速度也是路程关于时间的二阶导数),角速度就是角度关于时间的变化率.

【例3】 (**曲柄连杆摆动的角速度**)曲柄连杆机构,如图 2-4 所示,当曲柄 OC 绕点 O 以等角速度 ω 旋转时,求连杆 BC 绕滑块 B 摆动的角速度.

解 如图 2-4 所示,本题即求 $\dfrac{d\beta}{dt}$.

在 $\triangle OBC$ 中,利用正弦定理,有

$$\frac{l}{\sin(\omega t)}=\frac{r}{\sin\beta},$$

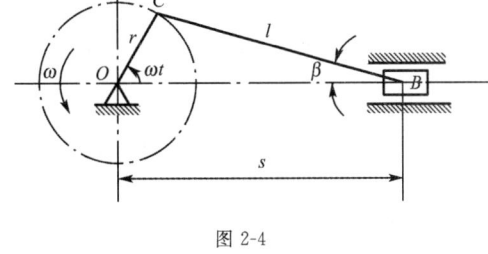

图 2-4

所以

$$\beta=\arcsin\left[\frac{r}{l}\sin(\omega t)\right].$$

因此 $\dfrac{d\beta}{dt}=\dfrac{\lambda\omega\cos(\omega t)}{\sqrt{1-\lambda^2\sin^2(\omega t)}}$,其中 $\lambda=\dfrac{r}{l}$.

思考 如何求滑块 B 的运动速度?

【例4】 (**给水槽加水**)若水以 $2\text{ m}^3/\text{min}$ 的速度灌入高为 10 m,底面半径为 5 m 的圆锥型水槽中(图 2-5),则当水深 6 m 时,水位的上升速度为多少?

解 如图 2-5 所示,设在时间为 t 时水槽中水的体积为 $V=V(t)$,水面半径为 x,水槽中水的深度为 y,则水的体积 $V=\frac{\pi}{3}x^2 y$.

由 $\frac{y}{x}=\frac{10}{5}$,得 $x=\frac{1}{2}y$,从而 $V=\frac{1}{12}\pi y^3$.

两边对时间 t 求导得 $\frac{dV}{dt}=\frac{1}{4}\pi y^2 \frac{dy}{dt}$,即

$$\frac{dy}{dt}=\frac{4}{\pi y^2}\frac{dV}{dt}.$$

由题意,有 $\frac{dV}{dt}=2$,$y=6$. 代入上式,得

$$\frac{dy}{dt}=\frac{4\times 2}{\pi \times 6^2}=\frac{2}{9\pi}\approx 0.071 \text{ m/min},$$

即当水深 6 m 时,水位的上升速度约为 0.071 m/min.

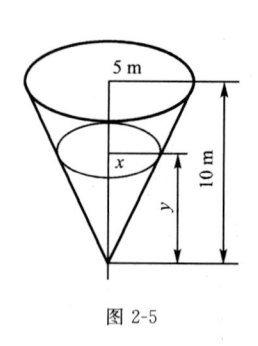

图 2-5

同步训练 2-4

1. 已知质点做直线运动,其运动方程为 $s=t+\frac{1}{t}$,求质点在 $t=3$ 秒时运动的速度与加速度.

2. 一个金属圆盘,当温度为 t 时,半径为 $r=r_0(1+at)$(r_0 与 a 为常数),求温度为 t 时该圆盘面积对温度的变化率.

3. 有一圆锥形容器,高度为 10 m,底半径为 4 m,今以每分钟 5 m³ 的速度把水注入该容器,求当水深 5 m 时,水面上升的速度. 其中,(1)圆锥的顶点朝上;(2)圆锥的顶点朝下.

4. 若以 10 cm³/s 的速率给一个球形气球充气,那么当气球半径为 2 cm 时,它的表面积增加的有多快?

5. 设电量 $Q(t)=2t^2+3\cos t+2^t-1$(C),求 $t=3$(s)时的电流强度 i(A).

6. 在一个电阻为 3 Ω,可变电阻为 R 的电路中的电压为 $V=\frac{6R+25}{R+3}$. 求在 $R=7$ Ω 时电压关于可变电阻 R 的变化率.

7. 某电器厂家在测试某台冰箱的制冷效果时,对冰箱制冷后进行断电测试,t 小时后冰箱的温度为 $T=\frac{2t}{0.05t+1}-20$. 问:

(1) 冰箱温度关于时间的变化率是多少?

(2) $\frac{dT}{dt}$ 的正、负号如何,为什么?

(3) 冰箱断电 6 小时后的温度变化率是多少?

8. 一架飞机沿抛物线 $y=0.1x^2+50$ 的轨道向地面俯冲,如图 2-6 所示,x 轴取在地面上. 飞机到地面的距离以 100 m/s 的固定速度减少. 当飞机离地面 300 米时,飞机影子在地面上运动的速度是多少?(假设太阳光是垂直的)

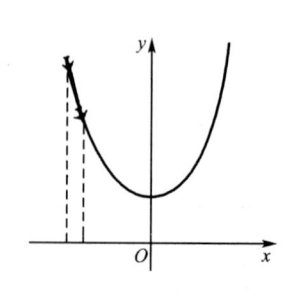

图 2-6

2.5 微 分

本节将介绍微分学中另一个重要的概念——微分.在理论研究和实际应用中,常常会遇到这样的问题:当自变量 x 有微小变化时,求函数 $y=f(x)$ 的微小改变量 $\Delta y=f(x+\Delta x)-f(x)$.这个问题初看似乎只要做减法运算就可以了,然而,对于较复杂的函数 $f(x)$,差值 $f(x+\Delta x)-f(x)$ 却是一个更复杂的表达式,不易求出其值.一个想法是:我们设法将 Δy 表示成 Δx 的线性函数,即线性化,从而把复杂问题化为简单问题.微分就是实现这种线性化的一种数学模型.

2.5.1 微分的概念

【引例3】 一边长为 x 的正方形金属薄片,受热后边长增加 Δx,问其面积增加多少?

分析 由已知可得受热前的面积 $S=x^2$,

那么,受热后面积的增量是:

$$\Delta S=(x+\Delta x)^2-x^2=2x\Delta x+(\Delta x)^2$$

从几何图形(图 2-7)上,可以看出,面积的增量可分为两个部分,一是两个矩形的面积总和 $2x\Delta x$(阴影部分),它是 Δx 的线性部分;二是右上角的正方形的面积 $(\Delta x)^2$,它是 Δx 的高阶无穷小部分.这样一来,当 Δx 非常微小的时候,面积增量的主要部分就是 $2x\Delta x$,而 $(\Delta x)^2$ 可以忽略不计,也就是说,可以用 $2x\Delta x$ 来代替面积的增量.

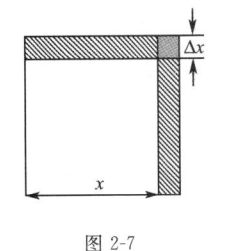

从函数的角度来说,函数 $S=x^2$ 具有这样的特征:任给自变量一个增量 Δx,相应函数值的增量 Δy 可表示成关于 Δx 的线性部分(即 $2x\Delta x$)与高阶无穷小部分[即 $(\Delta x)^2$]的和.

图 2-7

人们把这种特征从具体意义中抽象出来,再赋予它一个数学名词——可微,从而产生了微分的概念.

定义 2-6 设函数 $y=f(x)$ 在点 x_0 的某邻域 $U(x_0,\delta)$ 内有定义,任给 x_0 一个增量 Δx $(x_0+\Delta x \in U(x_0,\delta))$,得到相应函数值的增量 $\Delta y=f(x_0+\Delta x)-f(x_0)$,如果存在常数 A,使得 $\Delta y=A\cdot\Delta x+o(\Delta x)$,其中 $o(\Delta x)$ 是比 Δx 高阶的无穷小.那么称函数 $y=f(x)$ 在点 x_0 处是可微的,称 $A\cdot\Delta x$ 为 $y=f(x)$ 在点 x_0 处的微分.记作:$dy\big|_{x=x_0}=A\Delta x$ 或 $df(x)\big|_{x=x_0}=A\Delta x$.

$A\cdot\Delta x$ 通常称为 $\Delta y=A\cdot\Delta x+o(\Delta x)$ 的线性主要部分."线性"是因为 $A\cdot\Delta x$ 是 Δx 的一次函数,"主要"是因为另一项 $o(\Delta x)$ 是比 Δx 更高阶的无穷小,在等式中它几乎不起作用,而 $A\cdot\Delta x$ 在等式中起主要作用.

解决了微分的概念之后,接下来就要解决如何求微分的问题了.我们已经知道了关系式 $dy\big|_{x=x_0}=A\Delta x$,可 A 是一个什么东西?怎么求呢?下面我们介绍一个定理,这个定理就有我们要的答案.

定理 2-6 函数 $f(x)$ 在点 x_0 处可微的充要条件是:函数 $f(x)$ 在点 x_0 处可导,并且 $\Delta y=A\Delta x+o(\Delta x)$ 中的 A 与 $f'(x_0)$ 相等.

证明 〔必要性〕 因为 $f(x)$ 在点 x_0 处可微，由定义 2-6 可知，存在常数 A，使得：$\Delta y = A \cdot \Delta x + o(\Delta x)$. 等式两边同时除以 Δx 得：$\dfrac{\Delta y}{\Delta x} = A + \dfrac{o(\Delta x)}{\Delta x}$，再令 $\Delta x \to 0$，取极限得：$f'(x_0) = \lim\limits_{\Delta x \to 0} \dfrac{\Delta y}{\Delta x} = \lim\limits_{\Delta x \to 0} \left(A + \dfrac{o(\Delta x)}{\Delta x}\right) = A$，所以 $f(x)$ 在点 x_0 处可导且 $f'(x_0) = A$.

〔充分性〕 因为 $f(x)$ 在点 x_0 处可导，所以 $\lim\limits_{\Delta x \to 0} \dfrac{\Delta y}{\Delta x} = f'(x_0)$.

所以 $\dfrac{\Delta y}{\Delta x} = f'(x_0) + a$（其中当 $\Delta x \to 0$ 时，$a \to 0$）.

所以 $\Delta y = f'(x_0) \cdot \Delta x + a \cdot \Delta x = f'(x_0) \cdot \Delta x + o(\Delta x)$.

其中 $f'(x_0)$ 是与 Δx 无关的常数，$o(\Delta x)$ 是比 Δx 高阶的无穷小，由定义 2-6 可知，函数 $f(x)$ 在点 x_0 处可微.

定理 2-6 说明一个事实：函数 $f(x)$ 在点 x_0 处可导和可微是等价的. 函数 $y = f(x)$ 在点 x_0 处的微分可表示为：$\mathrm{d}y \big|_{x=x_0} = f'(x_0) \Delta x$.

若函数 $y = f(x)$ 在定义域中任意点 x 处可微，则称函数 $f(x)$ 是可微函数，它在 x 处的微分记作：$\mathrm{d}y$ 或 $\mathrm{d}f(x)$. 即 $\mathrm{d}y = f'(x) \cdot \Delta x$.

为了便于讨论，在数学上有一个约定：自变量 x 的增量等于自变量的微分，即 $\Delta x = \mathrm{d}x$.

因此函数 $y = f(x)$ 的微分通常记为：

$$\mathrm{d}y = f'(x)\mathrm{d}x. \tag{2-4}$$

注意到导数的一种表示符号为 $\dfrac{\mathrm{d}y}{\mathrm{d}x}$. 现在，函数的导数可以赋予一种新的解释：导数就是函数的微分 $\mathrm{d}y$ 与自变量的微分 $\mathrm{d}x$ 的商. 因此，导数也叫作微商.

【例 1】 求 $y = x^3$ 在 $x = 1, \Delta x = 0.01$ 处的微分，并求相应的函数值的增量 Δy.

解 因为 $y' \big|_{x=1} = 3x^2 \big|_{x=1} = 3$，所以

$$\mathrm{d}y \big|_{x=1} = 3 \times 0.01 = 0.03.$$

$$\Delta y \big|_{\substack{x=1 \\ \Delta x = 0.01}} = (1 + 0.01)^3 - 1^3 = 0.03 + 0.000\,301 = 0.030\,301.$$

【例 2】 设 $y = x^3 \ln x + \mathrm{e}^x \sin x$，求 $\mathrm{d}y$.

解 因为

$$y' = (x^3 \ln x + \mathrm{e}^x \sin x)' = (x^3 \ln x)' + (\mathrm{e}^x \sin x)'$$
$$= 3x^2 \ln x + x^2 + \mathrm{e}^x \sin x + \mathrm{e}^x \cos x$$
$$= x^2(3\ln x + 1) + \mathrm{e}^x(\sin x + \cos x),$$

所以

$$\mathrm{d}y = y'\mathrm{d}x = [x^2(3\ln x + 1) + \mathrm{e}^x(\sin x + \cos x)]\mathrm{d}x.$$

2.5.2 微分的几何意义

如图 2-8 所示，设曲线方程为 $y = f(x)$，PT 是曲线上点 $P(x,y)$ 处的切线，且设 PT 的倾斜角为 α，则 $\tan\alpha = f'(x)$.

在曲线上取一点 $Q(x + \Delta x, y + \Delta y)$，则 $PM = \Delta x$，$MQ = \Delta y$，$MN = PM \cdot \tan\alpha$，所以 $MN = \Delta x \cdot f'(x) = \mathrm{d}y$，因此函

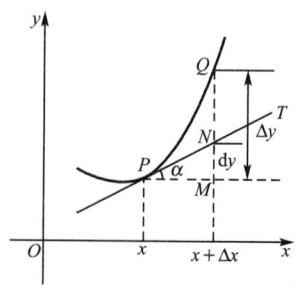

图 2-8

数的微分 $\mathrm{d}y = f'(x) \cdot \Delta x$ 是：当 x 改变了 Δx 时，曲线过点 P 的切线纵坐标的改变量，这就是微分的几何意义.

2.5.3 微分的运算法则

从微分与导数的关系 $\mathrm{d}y = f'(x)\mathrm{d}x$ 可知，只要求出 $y = f(x)$ 的导数 $f'(x)$，即可以求出 $y = f(x)$ 的微分 $\mathrm{d}y = f'(x)\mathrm{d}x$. 由此我们可得到下列微分的基本公式和微分的运算法则：

1. 基本初等函数的微分公式

(1) $\mathrm{d}C = 0$；

(2) $\mathrm{d}(x^\alpha) = \alpha x^{\alpha-1}\mathrm{d}x$；

(3) $\mathrm{d}(a^x) = a^x \ln a\, \mathrm{d}x$；

(4) $\mathrm{d}(\mathrm{e}^x) = \mathrm{e}^x \mathrm{d}x$；

(5) $\mathrm{d}(\log_a x) = \dfrac{1}{x \ln a}\mathrm{d}x$；

(6) $\mathrm{d}(\ln x) = \dfrac{1}{x}\mathrm{d}x$；

(7) $\mathrm{d}(\sin x) = \cos x\, \mathrm{d}x$；

(8) $\mathrm{d}(\cos x) = -\sin x\, \mathrm{d}x$；

(9) $\mathrm{d}(\tan x) = \sec^2 x\, \mathrm{d}x$；

(10) $\mathrm{d}(\cot x) = -\csc^2 x\, \mathrm{d}x$；

(11) $\mathrm{d}(\sec x) = \sec x \tan x\, \mathrm{d}x$；

(12) $\mathrm{d}(\csc x) = -\csc x \cot x\, \mathrm{d}x$；

(13) $\mathrm{d}(\arcsin x) = \dfrac{1}{\sqrt{1-x^2}}\mathrm{d}x$；

(14) $\mathrm{d}(\arccos x) = -\dfrac{1}{\sqrt{1-x^2}}\mathrm{d}x$；

(15) $\mathrm{d}(\arctan x) = \dfrac{1}{1+x^2}\mathrm{d}x$；

(16) $\mathrm{d}(\mathrm{arccot}\, x) = -\dfrac{1}{1+x^2}\mathrm{d}x$.

2. 函数四则运算的微分法则

若 $u = u(x)$，$v = v(x)$ 可微，则

(1) $\mathrm{d}(u \pm v) = \mathrm{d}u \pm \mathrm{d}v$；

(2) $\mathrm{d}(Cu) = C\mathrm{d}u$；

(3) $\mathrm{d}(uv) = v\mathrm{d}u + u\mathrm{d}v$；

(4) $\mathrm{d}\left(\dfrac{u}{v}\right) = \dfrac{v\mathrm{d}u - u\mathrm{d}v}{v^2} \quad (v \neq 0)$.

3. 微分形式不变性

设 $y = f(u)$，$u = \varphi(x)$ 都可微，则复合函数 $y = f[\varphi(x)]$ 的微分为：
$$\mathrm{d}y = \{f[\varphi(x)]\}'\mathrm{d}x = f'(u)\varphi'(x)\mathrm{d}x = f'(u)\mathrm{d}u.$$

上式与式(2-4)在形式上是一样的，可见不论 u 是自变量还是中间变量，函数 $y = f(x)$ 的微分总保持同一形式，这个性质称为微分形式不变性. 这一性质在复合函数求微分时非常有用.

【例3】 设 $y = x^3 \ln x + \mathrm{e}^x \sin x$，求 $\mathrm{d}y$.

解 $\mathrm{d}y = \mathrm{d}(x^3 \ln x) + \mathrm{d}(\mathrm{e}^x \sin x)$
$= \ln x \cdot \mathrm{d}(x^3) + x^3 \cdot \mathrm{d}(\ln x) + \sin x \cdot \mathrm{d}(\mathrm{e}^x) + \mathrm{e}^x \cdot \mathrm{d}(\sin x)$
$= 3x^2 \ln x\, \mathrm{d}x + x^2 \mathrm{d}x + \mathrm{e}^x \sin x\, \mathrm{d}x + \mathrm{e}^x \cos x\, \mathrm{d}x$
$= [x^2(3\ln x + 1) + \mathrm{e}^x(\sin x + \cos x)]\mathrm{d}x$.

【例4】 设函数 $y = \ln \sin(\mathrm{e}^x + 1)$，求 $\mathrm{d}y$.

解 $\mathrm{d}y = \mathrm{d}[\ln \sin(\mathrm{e}^x + 1)] = \dfrac{1}{\sin(\mathrm{e}^x + 1)}\mathrm{d}\sin(\mathrm{e}^x + 1)$

$$= \frac{1}{\sin(e^x+1)} \cos(e^x+1) d(e^x+1) = e^x \cot(e^x+1) dx.$$

【例 5】 在下列等式左端的括号中填入适当的函数使等式成立.

(1) d(　　) $= x^2 dx$；　　(2) d(　　) $= \cos x dx$.

解 （1）因为 $d(x^3) = 3x^2 dx$，可见 $x^2 dx = \frac{1}{3} d(x^3) = d\left(\frac{x^3}{3}\right)$，即 $d\left(\frac{x^3}{3}\right) = x^2 dx$，一般地有，$d\left(\frac{x^3}{3} + C\right) = x^2 dx$（$C$ 为任意常数）.

（2）因为 $d(\sin x) = \cos x dx$，一般地有，$d(\sin x + C) = \cos x dx$（$C$ 为任意常数）.

2.5.4 微分在近似计算中的应用

在实际问题中，经常会遇到一些复杂的计算，下面我们利用微分来近似，它可以使计算简便. 由前面的讨论知道，当 $|\Delta x|$ 很小时，函数 $y = f(x)$ 在点 x_0 处的改变量 Δy 可以用函数的微分 dy 来近似，即

$$\Delta y = f(x_0 + \Delta x) - f(x_0) \approx f'(x_0) \Delta x = dy, \tag{2-5}$$

于是得近似计算公式：

$$f(x_0 + \Delta x) \approx f(x_0) + f'(x_0) \Delta x \quad （当 |\Delta x| 很小时），\tag{2-6}$$

以上结果在近似计算中被广泛地应用，公式(2-5)常用来近似计算函数 $y = f(x)$ 在点 x_0 附近函数值的改变量，公式(2-6)常用来近似计算函数 $y = f(x)$ 在点 x_0 附近的点的函数值.

如果在式(2-6)中令 $x_0 = 0$，有

$$f(x) \approx f(0) + f'(0) x, \tag{2-7}$$

由式(2-7)可推出工程上常用的几个近似公式（设 $|x|$ 很小）：

(1) $\sqrt[n]{1+x} \approx 1 + x$；

(2) $\sin x \approx x$（弧度）；

(3) $\tan x \approx x$（弧度）；

(4) $e^x \approx 1 + x$；

(5) $\ln(1+x) \approx x$.

【例 6】 求 $\sqrt{26}$ 的近似值.

解 作函数 $f(x) = \sqrt{x}$，取 $x_0 = 25, \Delta x = 1, f'(x) = \frac{1}{2\sqrt{x}}$，所以

$$\sqrt{26} = f(25) + f'(25) \times 1 = \sqrt{25} + \frac{1}{2 \times \sqrt{25}} = 5.1.$$

【例 7】 有一批半径为 1 cm 的铜球，为了提高球表面的光洁度，要镀上一层厚度为 0.01 cm 的铜. 已知铜的密度为 8.9 g/cm³，试估计每个球需用多少克铜？

解 这是求体积增量近似值的问题，可应用式(2-5).

因为球体积 $V = \frac{4}{3} \pi R^3, R_0 = 1, \Delta R = 0.01$，故

$$\Delta V \approx dV = V'\Big|_{R=R_0} \cdot \Delta R = \left(\frac{4}{3}\pi R^3\right)'\Big|_{R=R_0} \cdot \Delta R,$$

即

$$\Delta V \approx 4\pi R_0^2 \Delta R \approx 4\times 3.14\times 1^2 \times 0.01 \approx 0.13(\text{cm}^3).$$

于是,镀每个球需用铜 $0.13\times 8.9 \approx 1.16(\text{g})$.

【例8】 某家有一机械挂钟,钟摆的周期为 1 秒. 在冬季,摆长缩短了 0.01 厘米,这只挂钟每天大约快多少时间?

解 由单摆周期公式 $T=2\pi\sqrt{\dfrac{l}{g}}$（$l$ 为摆长,单位:厘米）,g 为重力加速度（$=980$ 厘米/秒^2）,得 $dT = \dfrac{\pi}{\sqrt{gl}}\Delta l$.

据题设,摆的周期为 1 秒,即 $1=2\pi\sqrt{\dfrac{l}{g}}$,得 $l_0=\dfrac{g}{4\pi^2}$,又 $\Delta l=-0.01$,代入得到摆的周期的相应改变量是 $\Delta T\approx dT = \dfrac{\pi}{\sqrt{g\dfrac{g}{4\pi^2}}}\times(-0.01)\approx -0.000\ 2(\text{秒}).$

这就是说,由于摆长缩短了 0.01 厘米,钟摆的周期便相应缩短了约 0.000 2 秒,即每秒约快 0.000 2 秒,从而每天约快 $0.000\ 2\times 24\times 60\times 60 = 17.28$ 秒.

同步训练 2-5

1. 求函数 $y=x^2-2x$ 在点 $x=3$ 处当 $\Delta x=0.02$ 时的微分与函数值的增量.

2. 求下列函数的微分.

(1) $y=2x^3-x^2+1$； (2) $y=\sin x+\cos x$；

(3) $y=\dfrac{1}{\sqrt{x}}\ln x$； (4) $y=\dfrac{1}{x}e^x$；

(5) $y=\ln\sqrt{1-x^2}$； (6) $y=1-xe^{2x}$.

3. 在括号内填入适当的函数,使等式成立.

(1) $x\,dx = d(\quad)$； (2) $\sec x\tan x\,dx = d(\quad)$；

(3) $\dfrac{1}{x}dx = d(\quad)$； (4) $\dfrac{1}{\sqrt{x}}dx = d(\quad)$.

4. 正方体的棱长为 10 cm,如果棱长增加 0.1 cm,求此正方体体积增加的精确值和近似值.

5. 一平面圆环,其内半径为 10 cm,宽为 0.1 cm,求面积的近似值.

6. 求下列各式的近似值.

(1) $\sqrt{65}$； (2) $\ln 0.98$.

学习指导

1. 基本要求

(1) 理解导数和微分的概念及其几何意义,会用导数(变化率)描述一些简单的实际问题.

(2) 熟练掌握导数和微分的四则运算法则和基本初等函数导数公式.

(3) 熟练掌握复合函数、隐函数以及参数式方程所确定的函数的一阶导数求法.

(4) 了解高阶导数的概念,熟练掌握初等函数的二阶导数求法.

(5) 理解函数可导、可微、连续之间的关系.

2. 常见题型与解题指导

(1) 用导数的定义求函数的导数.

导数是特殊形式的极限,注意区分导数定义的几种形式;用某点导数来求极限;求分段函数的导数时,除了在分段点处用导数定义求之外,其余点可按求导公式求.

(2) 用基本初等函数的导数公式和四则运算的求导法则求函数的导数.

(3) 复合函数求导数.

复合函数求导法是函数求导的灵魂,也是隐函数求导法、对数求导法、参数式方程求导法等的基础.

复合函数求导法的关键是:将一个比较复杂的函数分解成几个比较简单的函数的复合形式.在分解过程中要正确设置中间变量,及由外及里逐步地设置中间变量,使分解后的函数成为基本初等函数或简单函数,最后逐一求导.求导时要分清是对中间变量还是对自变量求导,对中间变量求导后,切记要乘以该中间变量对下一个中间变量(或自变量)的导数.当熟练掌握该方法后,函数分解过程可不必写出.

(4) 对数求导法.

对数求导法适合两类函数的求导.一类是幂指函数,另一类是由几个初等函数经过乘、除、乘方、开方等运算构成的函数.

(5) 隐函数求导数.

隐函数求导法是方程 $F(x,y)=0$ 两边对自变量 x 求导,求导过程中时刻注意 y 是 x 的函数,得到一个关于 y' 的方程,解出即得 y'.

(6) 由参数式方程所确定的函数的求导.

求由参数式方程 $\begin{cases} x=\varphi(t) \\ y=f(t) \end{cases}$ 所确定的函数的导数时,可以先求出微分 dy、dx,然后作比值 $\dfrac{dy}{dx}$.

(7) 求函数的微分.

求函数微分可利用微分的定义,微分的运算法则,一阶微分形式不变性等.

(8) 利用微分求近似值.

利用公式 $f(x_0+\Delta x)\approx f(x_0)+f'(x_0)\Delta x$ 计算函数近似值时,关键是构建函数 $f(x)$ 及正确选取 x_0、Δx.一般要求 $f(x_0)$ 及 $f'(x_0)$ 便于计算,$|\Delta x|$ 越小,计算出函数的近似值与精确值越接近.另外,在计算三角函数的近似值时,Δx 必须换成弧度.

(9) 求曲线的切线方程和法线方程.

求切线方程和法线方程的关键是求切线的斜率,就是曲线在切点处的导数.

(10) 求函数的变化率.

对于求变化率的模型,要先根据几何、物理等知识建立变量之间的函数关系式.求变化率时要注意复合函数的链式法则,弄清是对哪个变量求导数.

单元测试 2

一、判断题

1. $f(x)$ 在 $x=x_0$ 处不连续,则一定在 x_0 处不可导. ( )
2. 若 $f(x)$ 在点 x_0 处可导,则 $|f(x)|$ 在点 x_0 处一定可导. ( )
3. 初等函数在其定义域内一定可导. ( )
4. 若 $y=f(x)$ 在 $(-a,a)$ 可导且为奇(偶)函数,则在该区间内,$f'(x)$ 为偶(奇)函数. ( )
5. 若 $y=f(x)$ 在点 x_0 处可微,则 $f(x)$ 在点 x_0 处也一定可导. ( )

二、选择题

1. $y=|x-1|$ 在 $x=1$ 处( ).
   A. 连续 B. 不连续 C. 可导 D. 可微

2. $y=x^x (x>0)$ 的微分为( ).
   A. $xx^{x-1}dx$
   B. $x^x \ln x dx$
   C. $(xx^{x-1}+x^x \ln x)dx$
   D. $x^x(\ln x+1)dx$

3. 下列函数中( )的导数等于 $\frac{1}{2}\sin 2x$.
   A. $\frac{1}{2}\sin^2 x$ B. $\frac{1}{2}\cos 2x$ C. $\frac{1}{2}\sin 2x$ D. $\frac{1}{2}\cos^2 x$

4. 若 $f(u)$ 可导,且 $y=f(e^x)$,则有( ).
   A. $dy=f'(e^x)dx$
   B. $dy=f'(e^x)e^x dx$
   C. $dy=f(e^x)e^x dx$
   D. $dy=[f(e^x)]'e^x dx$

5. 已知 $y=\sin x$,则 $y^{(10)}=$( ).
   A. $\sin x$ B. $\cos x$ C. $-\sin x$ D. $-\cos x$

三、填空题

1. 曲线 $y=\ln x$ 上点 $(1,0)$ 处的切线方程为_____.
2. 做变速直线运动物体的运动方程为 $s(t)=t^2+2t$,则其运动速度为 $v(t)=$_____,加速度为 $a(t)=$_____.
3. 已知 $f'(3)=2$,则 $\lim\limits_{h \to 0}\dfrac{f(3-h)-f(3)}{2h}=$_____.
4. $\ln(1+x)=$_____ dx.
5. 若 $f(u)$ 可导,则 $y=f(\sin\sqrt{x})$ 的导数为_____.
6. $dx=\dfrac{1}{2}d$_____,$3xdx=d$_____.
7. $\sin x dx=d$_____,$\cos x dx=d$_____,$d(\sin x)=$_____ dx.
8. $e^x dx=d$_____,$e^{2x}d(2x)=d$_____.

9. $\cos x^2 \mathrm{d}(x^2) = \mathrm{d}$ _____, $\mathrm{d}(\sin^2 x) =$ _____.

10. $\mathrm{d}(\sin x^2) = \cos x^2 \mathrm{d}$ _____ = _____ $\mathrm{d}x$.

四、求下列函数的导数.

1. $y = (x + \sin^2 x)^5$.

2. $y = e^x(x^2 - 2x + 7)$.

3. $y = \cos x \cdot e^{-x}$.

4. $y = (1 + x^2)\operatorname{arccot} x$.

5. $y = x^a + a^x$.

6. $y = x^3 \sin \dfrac{1}{x}$.

7. $y = \sin x \ln x^2$.

8. $y = \sqrt{1 + x^2} + \ln \cos x + e^2$.

五、求下列方程所确定的隐函数的导数.

1. $\cos(xy) = x$.

2. $e^x + e^y = \sin(xy)$.

六、1. 已知 $x^2 + 2xy - y^2 = 2x$,求 $\dfrac{\mathrm{d}y}{\mathrm{d}x}\bigg|_{\substack{x=2\\y=4}}$.

2. 求 $x^{\frac{3}{2}} + y^{\frac{3}{2}} = 2$ 在点 $(1,1)$ 处的切线方程.

七、求下列函数的二阶导数.

1. $y = 4^x + \ln x$.

2. $y = x \ln x$.

3. $y = \ln \cos x$.

4. $y = x^2 \sin x$.

八、求下列函数的微分.

1. $y = (4x^3 + 2x^2 - 1)^2$.

2. $y = \sin^3 x - \sin 3x$.

3. $y = e^x \arctan x$.

4. $y = \sqrt{1 + x^2}$.

5. $y = \sqrt{\ln x}$.

6. $y = 5^{\ln \tan x}$.

九、 一个球体半径为 5 m,当半径增加 2 cm 时,求体积增加的近似值.

十、 一个正方体铁箱外沿为 1 m,若铁皮厚 4 mm,求铁箱容积的近似值.

第3章 导数的应用

学习目标

1. 理解罗尔(Rolle)定理和拉格朗日(Lagrange)中值定理,了解柯西(Cauchy)中值定理.
2. 掌握用洛必达法则求 $\dfrac{0}{0}$ 型或 $\dfrac{\infty}{\infty}$ 型等未定式极限的方法.
3. 理解函数极值的概念,掌握用导数判断函数的单调性和求极值的方法.
4. 会求简单的最值问题.
5. 会用二阶导数判断函数的凹凸性,会求函数的拐点,会描绘一些函数的图形.

只有将数学应用于社会科学的研究之后,才能使得文明社会的发展成为可控制的现实.

——怀特黑德

导致微分学产生的第三类问题是"求最大值和最小值"的问题. 此类问题在当时的生产实践中具有深刻的应用背景,例如,求炮弹从炮管里射出后运行的水平距离(即射程),其依赖于炮筒对地面的倾斜角(即发射角). 又如,在天文学中,求行星离太阳的最远和最近距离等. 一直以来,导数作为函数的变化率,在研究函数变化的性态中有着十分重要的意义,因而在自然科学、工程技术,以及社会科学等领域中都有广泛的应用.

在第2章中,我们介绍了微分学的两个基本概念——导数与微分及其计算方法. 本章首先介绍微分学的基本定理——微分中值定理,并以此为基础,给出计算未定式极限的洛必达法则,进一步利用导数来研究函数的性态及其图形,并运用这些性态解决一些实际问题.

3.1 微分中值定理

拉格朗日(Lagrange,1736—1813)青年时代,在数学家雷维利(Revelli)指导下开始学习几何学,萌发了他的数学兴趣,17 岁开始专攻当时迅速发展的数学分析.他的学术生涯可分为三个时期:都灵时期(1766 年以前)、柏林时期(1766—1786)、巴黎时期(1787—1813).

拉格朗日在数学、力学和天文学三个学科中都有历史性的贡献,但他主要是数学家,研究力学和天文学的目的是表明数学分析的威力.他的全部著作、论文、学术报告记录、学术通讯超过 500 篇.

拉格朗日在把数学分析的基础脱离几何与力学方面起了决定性的作用.使数学的独立性更为清楚,而不仅是其他学科的工具.由于历史的局限,严密性不够妨碍了他取得更多成果.

拉格朗日

本节介绍的三个定理统称为微分中值定理,中值定理揭示了函数在某区间上的整体性质与函数在该区间某一点的导数之间的关系,中值定理既是用微分学知识解决应用问题的理论基础,又是解决微分学自身发展的一种理论性模型,因而称为微分中值定理.

3.1.1 罗尔定理

观察图 3-1 所示的连续光滑曲线,可以发现当 $f(a)=f(b)$ 时,在 (a,b) 内总存在横坐标为 ξ_1,ξ_2 的 C 点与 D 点,它们的切线为水平切线.

定理 3-1 (**罗尔定理**)如果函数 $f(x)$ 在闭区间 $[a,b]$ 上连续,在开区间 (a,b) 内可导,且 $f(a)=f(b)$,那么在 (a,b) 内至少存在一点 $\xi\in(a,b)$,使得 $f'(\xi)=0$.

注意 若罗尔定理的三个条件中有一个不满足,其结论可能不成立.

例如,$f(x)=|x|,x\in[-2,2]$,在 $[-2,2]$ 上除 $f'(0)$ 不存在外,满足罗尔定理的一切条件,但在区间 $(-2,2)$ 内找不到一点能使 $f'(x)=0$.

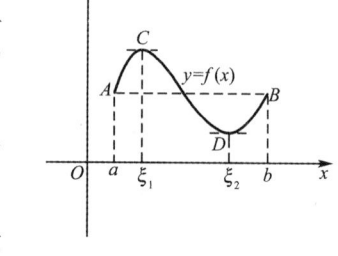

图 3-1

【**例 1**】 证明:方程 $5x^4-4x+1=0$ 在 0 与 1 之间至少有一个实根.

证明 不难发现方程左端 $5x^4-4x+1$ 是函数 $f(x)=x^5-2x^2+x$ 的导数

$$f'(x)=5x^4-4x+1.$$

函数 $f(x)=x^5-2x^2+x$ 在 $[0,1]$ 上连续,在 $(0,1)$ 内可导,且 $f(0)=f(1)$,由罗尔定理可知,在 0 与 1 之间至少有一点 c,使得 $f'(c)=0$,即方程 $5x^4-4x+1=0$ 在 0 与 1 之间至少有一个实根.

3.1.2 拉格朗日中值定理

在罗尔定理中,第三个条件 $f(a)=f(b)$,对一般的函数,不易满足,现将该条件去掉,保留前两个条件,这样,结论相应地要改变,这就是拉格朗日中值定理.

在图 3-1 中,将 AB 弦右端抬高一点,便成为如图 3-2 所示的形状,此时存在切线 l_1 与 l_2 平行于 AB,即至少存在一点 $\xi \in (a,b)$,有
$$\frac{f(b)-f(a)}{b-a}=f'(\xi).$$

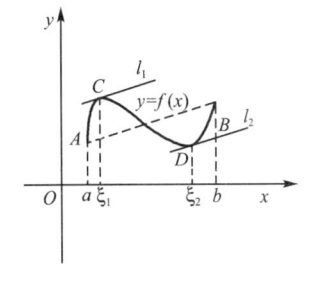

图 3-2

定理 3-2 （拉格朗日中值定理）如果函数 $f(x)$ 在闭区间 $[a,b]$ 上连续,在开区间 (a,b) 内可导,那么至少存在一点 $\xi \in (a,b)$,使得 $f(b)-f(a)=f'(\xi)(b-a)$.

结论也可写成: $\dfrac{f(b)-f(a)}{b-a}=f'(\xi).$

拉格朗日公式精确地表达了函数在一个区间上的增量与函数在这个区间内某点处的导数之间的关系.

设在点 x 处有一个增量 Δx,得到点 $x+\Delta x$,在以 x 和 $x+\Delta x$ 为端点的区间上应用拉格朗日中值定理,有
$$f(x+\Delta x)-f(x)=f'(x+\theta \Delta x)\cdot \Delta x \quad (0<\theta<1)$$
即 $\Delta y=f'(x+\theta \Delta x)\cdot \Delta x$. 这准确地表达了 Δy 和 Δx 这两个增量之间的关系,故该定理又称为**微分中值定理**.

作为拉格朗日中值定理的应用,我们证明如下推论.

推论 1 如果函数 $f(x)$ 在区间 I 内的导数恒为零,那么 $f(x)$ 在 I 内是一个常数.

证明 在 I 内任取一点 x_0,然后再取一个异于 x_0 的任一点 x,在以 x_0,x 为端点的区间 J 上,$f(x)$ 满足:(1)连续;(2)可导,从而在 J 内存在一点 ξ,使得
$$f(x)-f(x_0)=f'(\xi)(x-x_0)$$
又因为在 I 上,$f'(x)\equiv 0 \Rightarrow f'(\xi)=0$,所以 $f(x)-f(x_0)=0 \Rightarrow f(x)=f(x_0)$.

可见,$f(x)$ 在 I 上的每一点都有,$f(x)=C$.

【**例 2**】 证明 $\arcsin x+\arccos x=\dfrac{\pi}{2}(-1\leqslant x\leqslant 1)$.

证明 令 $f(x)=\arcsin x+\arccos x$,因为 $f'(x)=\dfrac{1}{\sqrt{1-x^2}}-\dfrac{1}{\sqrt{1-x^2}}=0$,由推论 1 知 $f(x)=C$,再由 $f(0)=\dfrac{\pi}{2}$,故
$$\arcsin x+\arccos x=\frac{\pi}{2}.$$

推论 2 如果 $f'(x)-g'(x)\equiv 0$,则 $f(x)\equiv g(x)+C$(C 为常数).

证明 令 $F(x)=f(x)-g(x)$,因为 $F'(x)=f'(x)-g'(x)\equiv 0$,则 $F(x)=f(x)-g(x)\equiv C$,即 $f(x)\equiv g(x)+C$.

【**例 3**】 证明:当 $x>0$ 时,$\dfrac{x}{1+x}<\ln(1+x)<x$.

证明 设 $f(x)=\ln(1+x)$,$f(x)$ 在 $[0,x]$ 上满足拉格朗日中值定理的条件,所以
$$f(x)-f(0)=f'(\xi)(x-0) \quad (0<\xi<x),$$

又
$$f(0)=0, f'(x)=\frac{1}{1+x},$$
所以
$$\ln(1+x)=\frac{x}{1+\xi},$$
又因为
$$0<\xi<x, 1<1+\xi<1+x, \frac{1}{1+x}<\frac{1}{1+\xi}<1,$$
所以
$$\frac{x}{1+x}<\frac{x}{1+\xi}<x,$$
即 $x>0$ 时，
$$\frac{x}{1+x}<\ln(1+x)<x.$$

用拉格朗日中值定理证明不等式，关键是构造一个辅助函数，并给出适当的区间，使该辅助函数在所给的区间上满足定理的条件，然后放大和缩小 $f'(\xi)$，推出要证的不等式.

案例研究

某人从一路口开车进入高速，见沿途没有摄像头，于是一路飙车，从另一高速口出来时被交警拦住，开了一张超速罚单，此人觉得很冤枉，又没有摄像头，交警是如何知道我超速的？交警说你进高速是 12 点，出高速是 14 点，此段高速全程 210 公里，你的平均速度为 105，超过限定速度 80，所以违反交规. 交警按平均速度超速开罚单合理吗？

解 依据拉格朗日中值定理：函数 $f(x)$ 在闭区间 $[a,b]$ 上连续；在开区间 (a,b) 内可导. 则在 (a,b) 内至少存在一点 $\xi(a<\xi<b)$，使得 $\frac{f(b)-f(a)}{b-a}=f'(\xi)$. 此定理在运动学里表示整体的平均速度等于某一内点处的瞬时速度. 如果 $f(x)$ 表示此人在高速上行驶的路程函数，那么此人在此段高速行驶的平均速度超速，则此人在某一时刻肯定超速了，所以交警的罚款是合理的.

3.1.3 柯西中值定理

定理 3-3 若 $f(x), F(x)$ 满足：在 $[a,b]$ 上连续；在 (a,b) 内可导；$F'(x)$ 在 (a,b) 内恒不为 0；$F(a)\neq F(b)$；则在 (a,b) 内至少存在一点 ξ，使得
$$\frac{f'(\xi)}{F'(\xi)}=\frac{f(b)-f(a)}{F(b)-F(a)}.$$

注意 (1) 拉格朗日中值定理是罗尔中值定理的推广；若拉格朗日中值定理中 $f(a)=f(b)$，就是罗尔中值定理，所以罗尔中值定理是拉格朗日中值定理的特例；

(2) 柯西中值定理是拉格朗日中值定理的推广，事实上，令 $F(x)=x$，那么 $F(b)-F(a)=b-a, F'(x)=1$，此时柯西中值公式就可以写成：
$$f(b)-f(a)=f'(\xi)(b-a) \quad (a<\xi<b),$$
这就变成了拉格朗日中值公式.

同步训练 3-1

1. 验证罗尔中值定理对函数 $y = \ln\sin x$ 在区间 $\left[\dfrac{\pi}{6}, \dfrac{5\pi}{6}\right]$ 上的正确性.

2. 验证拉格朗日中值定理对函数 $y = x^3$ 在区间 $[0,4]$ 上的正确性.

3. 证明:对函数 $y = px^2 + qx + r$ 应用拉格朗日中值定理时所求得的点 ξ 总是位于区间的正中间.

4. 代数学基本定理告诉我们,n 次多项式至多有 n 个实根,利用此结论及罗尔中值定理,不求出函数 $f(x) = (x-1)(x-2)(x-3)(x-4)$ 的导数,说明方程 $f'(x) = 0$ 有几个实根,并指出它们所在的区间.

5. 证明不等式:$|\arctan a - \arctan b| \leqslant |a - b|$.

3.2 洛必达法则

前面章节介绍过一些极限的运算方法,本节将借助导数介绍一种新的求极限的方法——洛必达法则.

洛必达(L'Hospital,1661—1704)是法国数学家,法国科学院院士.青年时期一度任骑兵军官,因眼睛近视自行告退,转而从事学术研究.

洛必达很早即显示出其数学才华,15 岁时就解决了帕斯卡所提出的一个摆线难题.他是莱布尼茨微积分的忠实信徒,并且是约翰·伯努利的高足,成功地解答过伯努利提出的"最速降线"问题.

洛必达的最大功绩是撰写了世界上第一本系统的微积分教程《用于理解曲线的无穷小分析》,这部著作出版于 1696 年,后来多次修订再版,为在欧洲大陆,特别是在法国普及微积分起了重要作用.这本书追随欧几里得和阿基米德古典范例,以定义和公理为出发点,同时得益于他的老师约翰·伯努利的著作,其经过是这样的:约翰·伯努利在 1691—1692 年间写了两篇关于微积分的短论,但未发表.不久以后,他答应为年轻的洛必达讲授微积分,定期领取薪金.作为答谢,他把自己的数学发现传授给洛必达,并允许他随时利用.于是洛必达根据伯努利的传授和未发表的论著以及自己的学习心得,撰写了该书.

洛必达

案例研究

两个物种不考虑种群竞争,随时间变化的种群数量分别为 $s_1 = 3t^2 + 2t + 1$ 及 $s_2 = t^2 + t$,如何比较两个物种种群数量的变化趋势?

解 可以对它们的比式求极限,如下:

$$\lim_{t \to +\infty} \dfrac{3t^2 + 2t + 1}{t^2 + t} = \lim_{t \to +\infty} \dfrac{(3t^2 + 2t + 1)'}{(t^2 + t)'} = \lim_{t \to +\infty} \dfrac{6t + 2}{2t + 1} = \lim_{t \to +\infty} \dfrac{(6t + 2)'}{(2t + 1)'} = \lim_{t \to +\infty} \dfrac{6}{2} = 3.$$

利用求导的方法把"快速"变化过程变成"慢镜头",容易"看"出变化趋势.从结果看,两物种的种群数量增长趋势差不多(同阶无穷大),物种一比物种二的种群数量增长稍多一些.

如果当 $x \to a$（或 $x \to \infty$）时，两个函数 $f(x)$ 与 $g(x)$ 都趋于零或都趋于无穷大，那么 $\lim\limits_{\substack{x \to a \\ (x \to \infty)}} \dfrac{f(x)}{g(x)}$ 可能存在，也可能不存在，通常把这种极限称为 $\dfrac{0}{0}$（或 $\dfrac{\infty}{\infty}$）型未定式.

例如，$\lim\limits_{x \to 0} \dfrac{\tan x}{x}$ 属于 $\dfrac{0}{0}$ 型未定式，$\lim\limits_{x \to 0} \dfrac{\ln \sin ax}{\ln \sin bx}$ 属于 $\dfrac{\infty}{\infty}$ 型未定式.

对于这样的极限，即使极限存在也不一定能用极限的运算法则来做，就算能做，也往往需要经过适当的变形转化成可以利用极限运算法则或两个重要极限的形式.而这种方法有时很难把握，所以我们介绍一种针对性强的、简便、可行，具有一般性的求未定式极限的方法.但同时注意，这种方法也不是万能的.

3.2.1 "$\dfrac{0}{0}$"型未定式

洛必达法则 1 如果 $f(x), g(x)$ 在点 x_0 的某去心邻域内可导，$g'(x) \neq 0$，且满足条件：

(1) $\lim\limits_{x \to x_0} f(x) = \lim\limits_{x \to x_0} g(x) = 0$；

(2) $\lim\limits_{x \to x_0} \dfrac{f'(x)}{g'(x)}$ 存在或为 ∞；

那么 $\lim\limits_{x \to x_0} \dfrac{f(x)}{g(x)} = \lim\limits_{x \to x_0} \dfrac{f'(x)}{g'(x)}$.

洛必达法则求极限的方法就是在一定条件下通过对 $\dfrac{0}{0}$（或 $\dfrac{\infty}{\infty}$）型未定式的分子、分母分别求导再求极限，来确定未定式的极限值.

3.2.2 "$\dfrac{\infty}{\infty}$"型未定式

洛必达法则 2 如果 $f(x), g(x)$ 在点 x_0 的某去心邻域内可导，$g'(x) \neq 0$，且满足条件：

(1) $\lim\limits_{x \to x_0} f(x) = \lim\limits_{x \to x_0} g(x) = \infty$；

(2) $\lim\limits_{x \to x_0} \dfrac{f'(x)}{g'(x)}$ 存在或为 ∞；

那么 $\lim\limits_{x \to x_0} \dfrac{f(x)}{g(x)} = \lim\limits_{x \to x_0} \dfrac{f'(x)}{g'(x)}$.

说明 (1) 如果 $\lim\limits_{x \to x_0} \dfrac{f'(x)}{g'(x)}$ 仍属 $\dfrac{0}{0}$（或 $\dfrac{\infty}{\infty}$）型未定式，且 $f'(x), g'(x)$ 满足定理的条件，可以继续使用洛必达法则，即

$$\lim_{x \to x_0} \dfrac{f(x)}{g(x)} = \lim_{x \to x_0} \dfrac{f'(x)}{g'(x)} = \lim_{x \to x_0} \dfrac{f''(x)}{g''(x)};$$

(2) 当 $x \to x_0$ 改成 $x \to x_0^+, x \to x_0^-, x \to \infty, x \to +\infty, x \to -\infty$ 时，只要把定理条件相应改动，结论仍成立.

【例 1】 求 $\lim\limits_{x \to 0} \dfrac{x - \sin x}{x^3}$.

当 $x \to 0$ 时，$x - \sin x \to 0$，$x^3 \to 0$，这是 $\dfrac{0}{0}$ 型未定式，可用洛必达法则求极限.

解 $\lim\limits_{x \to 0} \dfrac{x - \sin x}{x^3} = \lim\limits_{x \to 0} \dfrac{(x - \sin x)'}{(x^3)'} = \lim\limits_{x \to 0} \dfrac{1 - \cos x}{3x^2} = \lim\limits_{x \to 0} \dfrac{\sin x}{6x} = \dfrac{1}{6}$.

【例 2】 求 $\lim\limits_{x\to\infty}\dfrac{\dfrac{\pi}{2}-\arctan x}{\dfrac{1}{x}}$.

当 $x\to\infty$ 时，$\dfrac{\pi}{2}-\arctan x\to 0$，$\dfrac{1}{x}\to 0$，这是 $\dfrac{0}{0}$ 型未定式，可用洛必达法则计算.

解 $\lim\limits_{x\to\infty}\dfrac{\dfrac{\pi}{2}-\arctan x}{\dfrac{1}{x}}=\lim\limits_{x\to\infty}\dfrac{-\dfrac{1}{1+x^2}}{-\dfrac{1}{x^2}}=\lim\limits_{x\to\infty}\dfrac{x^2}{1+x^2}=1.$

【例 3】 求 $\lim\limits_{x\to+\infty}\dfrac{\ln x}{x^n}(n>0)$.

当 $x\to+\infty$ 时，$\ln x\to\infty$，$x^n\to\infty$，这是 $\dfrac{\infty}{\infty}$ 型未定式，可用洛必达法则计算.

解 $\lim\limits_{x\to+\infty}\dfrac{\ln x}{x^n}=\lim\limits_{x\to+\infty}\dfrac{\dfrac{1}{x}}{nx^{n-1}}=\lim\limits_{x\to+\infty}\dfrac{1}{nx^n}=0.$

注意 使用洛必达法则时，$\dfrac{0}{0}$ 型与 $\dfrac{\infty}{\infty}$ 型可能交替出现.

洛必达法则是求未定式的一种有效方法，但与其他求极限方法结合使用，效果更好.

【例 4】 求 $\lim\limits_{x\to 0}\dfrac{\tan x-x}{x^3}$.

解 $\lim\limits_{x\to 0}\dfrac{\tan x-x}{x^3}=\lim\limits_{x\to 0}\dfrac{\sec^2 x-1}{3x^2}=\lim\limits_{x\to 0}\dfrac{2\sec^2 x\tan x}{6x}$

$=\dfrac{1}{3}\lim\limits_{x\to 0}\dfrac{\tan x}{x}=\dfrac{1}{3}.$

【例 5】 求 $\lim\limits_{x\to 0^+}\dfrac{\ln\sin x}{\ln x}$.

解 这是 $\dfrac{0}{0}$ 型未定式，由洛必达法则得

$$\lim\limits_{x\to 0^+}\dfrac{\ln\sin x}{\ln x}=\lim\limits_{x\to 0^+}\dfrac{\dfrac{\cos x}{\sin x}}{\dfrac{1}{x}}=\lim\limits_{x\to 0^+}\dfrac{x\cos x}{\sin x}$$

$$=\lim\limits_{x\to 0^+}\dfrac{x}{\sin x}\cdot\lim\limits_{x\to 0^+}\cos x=1.$$

3.2.3 "$0\cdot\infty$""$\infty-\infty$"型未定式

对于这两类未定式，可通过恒等变形转化为 $\dfrac{0}{0}$ 型或 $\dfrac{\infty}{\infty}$ 型未定式，然后运用洛必达法则计算.

【例 6】 求 $\lim\limits_{x\to 0^+}x\ln x$.

解 这是 $0\cdot\infty$ 型未定式. 将其转化为 $\dfrac{\infty}{\infty}$ 型未定式，然后用洛必达法则计算.

$$\lim_{x\to 0^+} x\ln x = \lim_{x\to 0^+}\frac{\ln x}{\frac{1}{x}} = \lim_{x\to 0^+}\frac{\frac{1}{x}}{-\frac{1}{x^2}} = \lim_{x\to 0^+}(-x) = 0.$$

【例 7】 求 $\lim\limits_{x\to 1}\left(\dfrac{1}{\ln x}-\dfrac{1}{x-1}\right)$.

解 这是 $\infty-\infty$ 型未定式. 通分化为 $\dfrac{0}{0}$ 型未定式, 然后用洛必达法则计算.

$$\lim_{x\to 1}\left(\frac{1}{\ln x}-\frac{1}{x-1}\right) = \lim_{x\to 1}\frac{x-1-\ln x}{(x-1)\ln x} = \lim_{x\to 1}\frac{1-\frac{1}{x}}{\ln x+\frac{x-1}{x}}$$

$$= \lim_{x\to 1}\frac{x-1}{x\ln x+x-1} = \lim_{x\to 1}\frac{1}{\ln x+2} = \frac{1}{2}.$$

3.2.4 "0^0""∞^0""1^∞"型未定式

"0^0""∞^0""1^∞"型未定式是幂指形式 u^v, 可通过恒等变形 $u^v = e^{v\ln u}$ 化为指数式, 使其出现 $0\cdot\infty$ 型未定式, 再把它化为 $\dfrac{0}{0}$ 型或 $\dfrac{\infty}{\infty}$ 型未定式, 然后运用洛必达法则求解.

【例 8】 求 $\lim\limits_{x\to 0^+}x^{\sin x}$.

解 这是 0^0 型未定式.

$$\lim_{x\to 0^+}x^{\sin x} = \lim_{x\to 0^+}e^{\sin x\cdot\ln x},$$

$$\lim_{x\to 0^+}\sin x\cdot\ln x = \lim_{x\to 0^+}\frac{\ln x}{\csc x} = \lim_{x\to 0^+}\frac{\frac{1}{x}}{-\csc x\cdot\cot x}$$

$$= \lim_{x\to 0^+}\frac{-\sin^2 x}{x\cos x} = -\lim_{x\to 0^+}\frac{x}{\cos x} = 0,$$

所以 $\lim\limits_{x\to 0^+}x^{\sin x} = 1$.

【例 9】 $\lim\limits_{x\to+\infty}\dfrac{x+\sin x}{x-\sin x}$ 能否用洛必达法则求解?

解 若用洛必达法则, 则有 $\lim\limits_{x\to+\infty}\dfrac{x+\sin x}{x-\sin x} = \lim\limits_{x\to+\infty}\dfrac{1+\cos x}{1-\cos x}$ 不存在, 但

$$\lim_{x\to+\infty}\frac{x+\sin x}{x-\sin x} = \lim_{x\to+\infty}\frac{1+\frac{\sin x}{x}}{1-\frac{\sin x}{x}} = \frac{1+0}{1-0} = 1.$$

这说明对本题洛必达法则不适用.

注意 (1) 洛必达法则虽然是求未定式的一种有效方法, 但若能与其他求极限的方法结合使用, 效果会更好;

(2) 运算中如能化简时, 应尽可能先化简; 可以应用等价无穷小代换或重要极限时, 应尽可能应用, 以使运算简捷.

同步训练 3-2

1. 用洛必达法则求下列极限.

(1) $\lim\limits_{x\to 0}\dfrac{\ln(1+x)}{2x}$；

(2) $\lim\limits_{x\to 0}\dfrac{e^x-e^{-x}}{\sin x}$；

(3) $\lim\limits_{x\to a}\dfrac{\sin x-\sin a}{x-a}$；

(4) $\lim\limits_{x\to \pi}\dfrac{\sin 3x}{\tan 5x}$；

(5) $\lim\limits_{x\to \pi}\dfrac{\sin x}{\pi-x}$；

(6) $\lim\limits_{x\to 0} x\cot 3x$；

(7) $\lim\limits_{x\to 1}\left(\dfrac{2}{x^2-1}-\dfrac{1}{x-1}\right)$；

(8) $\lim\limits_{x\to \frac{\pi}{2}}(\sec x-\tan x)$；

(9) $\lim\limits_{x\to 0^+}(\tan x)^{\sin x}$；

(10) $\lim\limits_{x\to 0^+}\left(\dfrac{1}{x}\right)^{\tan x}$.

2. 验证极限 $\lim\limits_{x\to\infty}\dfrac{x+\sin x}{x}$ 存在,但不能用洛必达法则得出.

3. 验证极限 $\lim\limits_{x\to 0}\dfrac{x^2\sin\dfrac{1}{x}}{\sin x}$ 存在,但不能用洛必达法则得出.

3.3 函数的单调性

3.3.1 函数单调性判别法

一个函数在某个区间的单调增减性变化规律,是我们研究函数图像时首先要考虑的,第一章已经介绍了单调性的定义,现在介绍利用导数判定函数单调性的方法.

从几何直观上分析,如图 3-3 所示,当曲线上的任一点的切线与 x 轴的夹角都是锐角,切线的斜率大于零,也就是说 $f(x)$ 导数大于零时,曲线是上升的;如图 3-4 所示,当曲线上的任一点的切线与 x 轴的夹角都是钝角,切线的斜率小于零,也就是说 $f(x)$ 导数小于零时,曲线是下降的. 由此可见,函数的单调性与导数的符号有着密切的关系. 我们可以用导数的符号来判定函数的单调性.

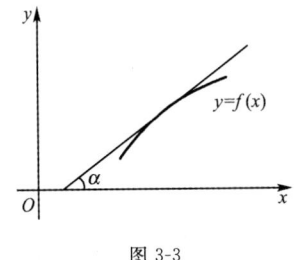

图 3-3

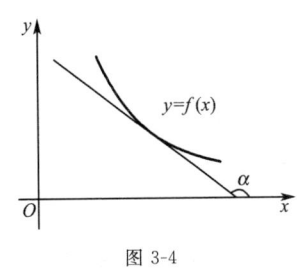

图 3-4

定理 3-4 （函数单调性判别法）

设函数在 $[a,b]$ 上连续,在 (a,b) 内可导.

(1) 如果在 (a,b) 内有 $f'(x)>0$,则 $f(x)$ 在 (a,b) 内单调增加；

(2) 如果在 (a,b) 内有 $f'(x)<0$，则 $f(x)$ 在 (a,b) 内单调减少．

证明 只证(1)[(2)可类似证得]

在 $[a,b]$ 上任取两点 $x_1,x_2(x_1<x_2)$，应用拉格朗日中值定理，得
$$f(x_2)-f(x_1)=f'(\xi)(x_2-x_1) \quad (x_1<\xi<x_2).$$

由于 $x_2-x_1>0$，因此，如果在 (a,b) 内有 $f'(x)>0$，那么也有 $f'(\xi)>0$，于是
$$f(x_2)-f(x_1)=f'(\xi)(x_2-x_1)>0,$$

从而 $f(x_1)<f(x_2)$，因此函数在 (a,b) 内单调增加．

【例 1】 讨论 $y=e^x-x-1$ 的单调性．

解 因函数的定义域为 $(-\infty,+\infty)$，且 $y'=e^x-1$，

在 $(-\infty,0)$ 内，$y'<0$，$y=e^x-x-1$ 在 $(-\infty,0)$ 内单调减少；

在 $(0,+\infty)$ 内，$y'>0$，$y=e^x-x-1$ 在 $(0,+\infty)$ 内单调增加．

函数的单调性是一个区间上的性质，要用导数在这一区间上的符号来判定，而不能用一点处的导数符号来判别函数在一个区间上的单调性．

案例研究

横梁的强度和它的矩形断面的宽成正比，并和高的平方也成正比，要将直径为 $d=\sqrt{3}$ 的圆木锯成强度最大的横梁，问断面的宽和高应各为多少？

解 设断面的宽和高分别为 x 和 y，则横梁的强度 $T=kxy^2(k>0)$，又 $y^2=d^2-x^2$，则
$$T=kx(3-x^2)(k>0),$$

要使横梁强度最大，只要确定 $f(x)=x(3-x^2)$ 的最大值即可．

用 MATLAB 软件作出 $f(x)$ 的图像（图 3-5），可以看出当 $x\in[0,1]$ 时，$f'(x)=3-3x^2\geqslant 0$，$f(x)$ 单调递增；当 $x\in[1,\sqrt{3}]$ 时，$f'(x)=3-3x^2\leqslant 0$，$f(x)$ 单调递减．

图 3-5

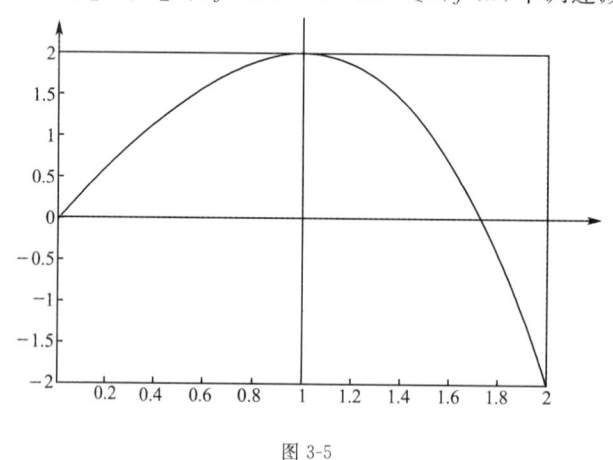

因此，当 $x=1,y=\sqrt{2}$，即横梁的宽为 1，高为 $\sqrt{2}$ 时，横梁的强度最大．

3.3.2 单调区间求法

如例 1，函数在定义区间上不是单调的，但在各个部分区间上单调．

定义 3-1 若函数在其定义域的某个区间内是单调的，则该区间称为函数的单调区间．

导数等于零的点和不可导点，可能是单调区间的分界点．用 $f'(x)=0$ 及 $f'(x)$ 不存在的

点来划分 $f(x)$ 的定义区间,然后判断区间内导数的符号. 就能保证 $f'(x)$ 在各个部分区间内保持固定的符号,因而函数 $f(x)$ 在每个部分区间上单调.

【例2】 确定函数 $f(x)=(2x-5)x^{\frac{2}{3}}$ 的单调区间.

解 函数的定义域为 $(-\infty,+\infty)$,$f'(x)=\dfrac{10}{3}x^{\frac{2}{3}}-\dfrac{10}{3}x^{-\frac{1}{3}}=\dfrac{10}{3}(x-1)x^{-\frac{1}{3}}$ $(x\neq 0)$,当 $x=0$ 时,导数不存在;当 $x=1$ 时,$f'(x)=0$.

用 $x=0$ 及 $x=1$ 将 $(-\infty,+\infty)$ 划分为三部分: $(-\infty,0),(0,1),(1,+\infty)$.

现将每个部分区间上导数的符号与函数单调性列表 3-1 讨论.

表 3-1

x	$(-\infty,0)$	0	$(0,1)$	1	$(1,+\infty)$
$f'(x)$	+	不存在	−	0	+
$f(x)$	↗		↘		↗

由上表讨论知,该函数在 $(-\infty,0),(1,+\infty)$ 上是增函数,在 $(0,1)$ 上是减函数.

【例3】 证明:当 $x>1$ 时,$e^x>ex$.

证明 设 $f(x)=e^x-ex$,当 $x>1$ 时,有 $f'(x)=e^x-e>0$,所以 $f(x)$ 在 $(1,+\infty)$ 内单调增加. 又 $f(x)$ 在 $[1,+\infty)$ 内连续,从而有:当 $x>1$ 时,$f(x)>f(1)=0$. 因此,当 $x>1$ 时,$e^x>ex$.

注意 (1)函数单调性判别定理对任意的区间都适用;函数的单调性是一个区间上的性质,如果有个别点导数为 0,不影响单调性的判定.

(2)确定函数的单调区间时,先求出使导数等于零的点或使导数不存在的点,并用这些点将函数的定义域划分为若干个子区间,然后逐个判断函数的导数 $f'(x)$ 在各子区间的符号,从而确定函数 $f(x)$ 在各子区间上的单调性.

同步训练 3-3

1. 判定下列函数的单调性.

(1) $y=x-\ln(1+x^2)$；

(2) $y=\sin x-x$.

2. 求下列函数的单调区间.

(1) $y=\dfrac{x^2}{1+x}$；

(2) $y=2x^2-\ln x$；

(3) $y=(x-1)^2(x+1)^3$；

(4) $y=x-\dfrac{3}{2}x^{\frac{2}{3}}$.

3. 利用单调性证明下列不等式.

(1) 当 $x>0$ 时,$1+\dfrac{1}{2}x>\sqrt{1+x}$；

(2) 当 $0<x<\dfrac{\pi}{2}$ 时,$\sin x+\tan x>2x$.

3.4 函数的极值与最值

> **案例研究**

1992年巴塞罗那夏季奥运会开幕式上的奥运火炬是由射箭铜牌获得者安东尼奥·雷波罗用一枝燃烧的箭点燃的,奥运火炬位于高约 21 米的火炬台顶端的圆盘中,假定雷波罗在地面以上 2 米距火炬台顶端圆盘约 70 米处的位置射出火箭,若火箭恰好在达到其最大飞行高度 1 秒后落入火炬圆盘中,试确定火箭的发射角 α 和初速度 v_0.(假定火箭射出后在空中的运动过程中受到的阻力为零,且 $g=10 \text{ m/s}^2$,$\arctan\dfrac{22}{20.9}\approx 46.5°$,$\sin 46.5°\approx 0.725$)

解 建立如图 3-6 所示的坐标系,设火箭被射向空中的初速度为 v_0 米/秒,即 $v_0=(v_0\cos\alpha, v_0\sin\alpha)$,则火箭在空中运动 t 秒后的位移方程为

$$s(t)=(x(t),y(t))$$
$$=(v_0\cos\alpha t, 2+v_0\sin\alpha t-5t^2).$$

火箭在其速度的竖直分量为零时达到最高点,故有

$$\dfrac{\mathrm{d}y(t)}{\mathrm{d}t}=(2+v_0\sin\alpha t-5t^2)'$$
$$=v_0\sin\alpha-10t=0\Rightarrow t=\dfrac{v_0}{10}\sin\alpha,$$

于是可得出当火箭达到最高点 1 秒后时其水平位移和竖直位移分别为

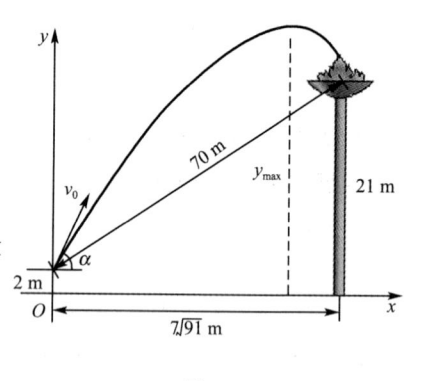

$$x(t)\Big|_{t=\frac{v_0\sin\alpha}{10}+1}=v_0\cos\alpha\left(\dfrac{v_0}{10}\sin\alpha+1\right)$$
$$=3.2v_0\cos\alpha$$
$$=\sqrt{70^2-21^2},$$

图 3-6

$$y(t)\Big|_{t=\frac{v_0\sin\alpha}{10}+1}=\dfrac{v_0^2\sin^2\alpha}{20}-3=21,$$

解得:$v_0\sin\alpha\approx 22$,$v_0\cos\alpha\approx 20.9$,从而

$$\tan\alpha=\dfrac{22}{20.9}\Rightarrow \alpha\approx 46.5°,$$

又

$$v_0\sin\alpha\approx 22, \alpha\approx 46.5°\Rightarrow v_0\approx 30.3(\text{米/秒}),$$

所以,火箭的发射角 α 和初速度 v_0 分别约为 46.5°和 30.3 米/秒.

3.4.1 函数的极值及其求法

1. 函数极值的定义

定义 3-2 设 $y=f(x)$ 的在 x_0 的某邻域内有定义,若对于该邻域内的任一点 $x(x\neq x_0)$,都有 $f(x)<f(x_0)(f(x)>f(x_0))$,则称 $f(x_0)$ 是 $f(x)$ 的一个**极大值**(**极小值**),点 x_0 是

$f(x)$ 的**一个极大值点**(**极小值点**).极大值、极小值统称为**极值**,极大值点、极小值点统称为**极值点**.如图 3-7 所示,x_1,x_3,x_5 是函数 $y=f(x)$ 的极小值点,x_2,x_4 是 $y=f(x)$ 的极大值点.

应当指出函数的极值是一个局部概念,它只代表与极值点邻近的点的函数值相比是较大或较小,而不意味着在整个区间是最大或最小值.有时极大值比极小值还要小,如图 3-7 所示,x_5 处的函数值 $f(x_5)$ 比 x_2 处的函数值 $f(x_2)$ 还要大.

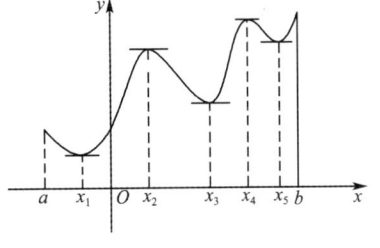

图 3-7

2. 极值的判定与求法

定理 3-5 (**极值存在的必要条件**) $f(x)$ 在点 x_0 可导,且在 x_0 取得极值,则 $f'(x_0)=0$.

通常把 $f'(x_0)=0$ 的点,即导数为零的点称为**驻点**.

关于定理的说明:

(1) $f'(x_0)=0$ 只是 $f(x)$ 在点 x_0 存在极值的必要条件,而不是充分条件.事实上,我们知道 $y=x^3$ 在 $x=0$ 时,导数等于零,但该点不是极值点.

(2) 定理的条件之一是函数在 x_0 可导,而导数不存在的点也可能取得极值.例如,$y=x^{\frac{2}{3}},y=|x|$,显然 $f'(0)$ 不存在,但在 $x=0$ 取得极小值 $f(x_0)=0$.

极值点(导数存在)是驻点,但驻点不一定是极值点.

定理 3-6 (**第一充分条件**) 设 $f(x)$ 在点 x_0 处连续,在 x_0 的某一邻域内可导.
(1) 如果当 $x<x_0$ 时,$f'(x)>0$;而当 $x>x_0$ 时,$f'(x)<0$,则 $f(x)$ 在 x_0 处取得极大值.
(2) 如果当 $x<x_0$ 时,$f'(x)<0$;而当 $x>x_0$ 时,$f'(x)>0$,则 $f(x)$ 在 x_0 处取得极小值.
(3) 如果在 x_0 的左右两侧,$f'(x)$ 符号相同,则 $f(x)$ 在 x_0 处无极值.

定理 3-7 (**第二充分条件**) 设 $f(x)$ 在点 x_0 处具有二阶导数,且 $f'(x_0)=0,f''(x_0)\neq 0$,则
(1) 当 $f''(x_0)<0$ 时,$f(x)$ 在点 x_0 处取得极大值;
(2) 当 $f''(x_0)>0$ 时,$f(x)$ 在点 x_0 处取得极小值.

关于定理 3-7 的说明:

(1) 如果函数 $f(x)$ 在驻点 x_0 处的二阶导数 $f''(x_0)\neq 0$,那么该点 x_0 一定是极值点,并可以按 $f''(x_0)$ 的符号来判定 $f(x_0)$ 是极大值还是极小值.但如果 $f''(x_0)=0$,定理 3-7 就不能应用了.

(2) 当 $f''(x_0)=0$ 时,$f(x)$ 在点 x_0 处不一定取得极值,此时仍用定理 3-6 判断.

根据上面的两个定理,可知求极值的步骤为:

(1) 确定函数的定义域;
(2) 求导数 $f'(x)$;
(3) 求驻点(即 $f'(x)=0$ 的根)或导数不存在的点;
(4) 应用定理 3-6 或定理 3-7,判断极值点;
(5) 计算极值.

【**例 1**】 求函数 $f(x)=x^3-3x^2-9x+5$ 的极值.

解 (1) $f(x)$ 的定义域为 $(-\infty,+\infty)$;
(2) $f'(x)=3x^2-6x-9$;

(3) 令 $f'(x)=0$,得驻点 $x_1=-1,x_2=3$;

(4) 列表 3-2 讨论:

表 3-2

x	$(-\infty,-1)$	-1	$(-1,3)$	3	$(3,+\infty)$
$f'(x)$	+	0	−	0	+
$f(x)$	↗	极大值 $f(-1)=10$	↘	极小值 $f(3)=-22$	↗

【例 2】 求函数 $f(x)=(x^2-1)^3+1$ 的极值.

解 $f'(x)=6x(x^2-1)^2$,令 $f'(x)=0$,得驻点 $x_1=-1,x_2=0,x_3=1$.

又 $f''(x)=6(x^2-1)(5x^2-1)$,所以 $f''(0)=6>0$.

因此 $f(x)$ 在 $x=0$ 处取得极小值,极小值为 $f(0)=0$.

因为 $f''(-1)=f''(1)=0$,所以用定理 3-7 无法判别. 而 $f(x)$ 在 $x=-1$ 处的左右两旁均有 $f'(x)<0$,所以 $f(x)$ 在 $x=-1$ 处没有极值;同理,$f(x)$ 在 $x=1$ 处也没有极值.

3.4.2 函数的最大值与最小值

在工农业生产、工程技术及科学实验中,常常会遇到这样一类问题:在一定条件下,怎样使"产品最多""用料最省""成本最低""效率最高"等,这类问题在数学上有时可归结为求某一函数的最大值或最小值问题.

对于一个闭区间上的连续函数 $f(x)$,它的最大值与最小值只能在极值点和端点处取得,因此,只要求出所有的极值及端点值,它们之中最大的就是最大值,最小的就是最小值.

求函数最大(小)值的步骤:

(1) 求驻点和不可导点;

(2) 求区间端点及驻点和不可导点的函数值,比较大小,最大者就是最大值,最小者就是最小值.

【例 3】 求函数 $y=2x^3+3x^2-12x+14$ 在 $[-3,4]$ 上的最大值与最小值.

解 令 $f'(x)=6(x+2)(x-1)=0$,得驻点 $x_1=-2,x_2=1$.

$$f(-3)=23, f(-2)=34, f(1)=7, f(4)=142,$$

比较得最大值为 $f(4)=142$,最小值为 $f(1)=7$.

特别值得指出的是:若 $f(x)$ 在一个区间(有限或无限,开或闭)内可导且只有一个驻点 x_0,并且这个驻点 x_0 是函数 $f(x)$ 的极值点,那么,当 $f(x_0)$ 是极大值时,$f(x_0)$ 就是 $f(x)$ 在该区间上的最大值(图 3-8);当 $f(x_0)$ 是极小值时,$f(x_0)$ 就是 $f(x)$ 在该区间上的最小值(图 3-9).

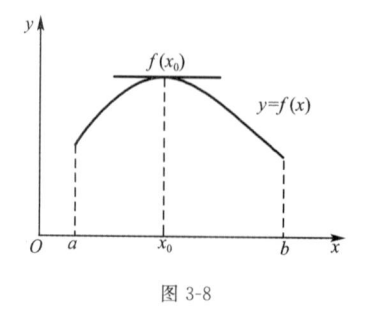

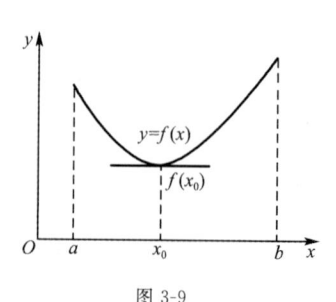

图 3-8

图 3-9

实际问题中,往往根据问题的性质就可以断定函数 $f(x)$ 确有最大值或最小值,而且一定在定义区间内取得. 这时如果 $f(x)$ 在定义区间内只有一个驻点 x_0,那么不必讨论 $f(x_0)$ 是否是极值,就可以断定 $f(x_0)$ 是最大值或最小值.

【例 4】 边长为 a 的正方形铁皮,各角剪去同样大小的方块,做无盖长方体盒子,如何剪盒子的容积最大.

解 设剪去的正方形的边长为 x,其体积为 V.
$$V = x(a-2x)^2 \left(0 < x < \frac{a}{2}\right),$$
$$V' = (a-2x)^2 + x \cdot 2(a-2x)(-2) = (a-2x)(a-6x),$$

令 $V' = 0$,得唯一驻点 $x = \frac{a}{6}$.

由问题本身可知,它一定有最大值,故 $V\big|_{x=\frac{a}{6}} = \frac{2}{27}a^3$ 是最大值. 所以,当各角剪去边长为 $\frac{a}{6}$ 的小正方形时,能使无盖长方体铁盒的容积最大.

【例 5】 如图 3-10 所示,工厂铁路线上 AB 段的距离为 100 km. 工厂 C 距 A 处为 20 km,AC 垂直于 AB. 为了运输需要,要在 AB 线上选定一点 D 向工厂修筑一条公路. 已知铁路每公里货运的运费与公路每公里货运的运费之比为 $3:5$. 为了使货物从供应站 B 运到工厂 C 的运费最省,问点 D 应选在何处?

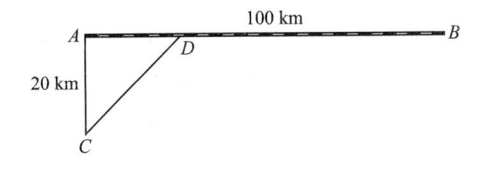

图 3-10

解 设 $AD = x(\text{km})$,则 $DB = 100 - x$,$CD = \sqrt{20^2 + x^2} = \sqrt{400 + x^2}$.

设从点 B 到点 C 的总运费为 y,那么 $y = 5k \cdot CD + 3k \cdot DB$($k$ 是某个正数),即
$$y = 5k\sqrt{400 + x^2} + 3k(100 - x) \quad (0 \leqslant x \leqslant 100).$$

现在,问题就归结为:x 在 $[0, 100]$ 内取何值时 y 的值最小.

先求 y 对 x 的导数:
$$y' = k\left(\frac{5x}{\sqrt{400 + x^2}} - 3\right).$$

解方程 $y' = 0$,得 $x = 15(\text{km})$.

由于 $y\big|_{x=0} = 400k$,$y\big|_{x=15} = 380k$,$y\big|_{x=100} = 500k\sqrt{1 + \frac{1}{5^2}}$,其中 $y\big|_{x=15} = 380k$ 最小,因此,当 $AD = x = 15 \text{ km}$ 时,总运费最省.

注意 (1) 函数的不可导点,也可能是函数的极值点.

(2) 对于闭区间 $[a, b]$ 上的连续函数 $f(x)$,如果在这个区间上 $y' > 0$,则 $f(a)$ 为最小值,$f(b)$ 为最大值;如果 $y' < 0$,则 $f(a)$ 为最大值,$f(b)$ 为最小值.

(3)求实际问题的最值时,建立正确的函数关系式并且确定出符合实际的定义域是解决问题的关键.

同步训练 3-4

1. 判断下列各题是否正确.

(1)若 x_0 为极值点,则 $f'(x_0)=0$;

(2)若 $f'(x_0)=0$,则 x_0 为极值点;

(3)若 x_0 为极值点且 $f'(x_0)$ 存在,则 $f'(x_0)=0$;

(4)极值点可以是端点;

(5)在区间(a,b)上,函数 $f(x)$ 是单调增加的,且导数存在,则 $f'(x)>0$;

(6)极大值一定大于极小值;

(7)闭区间上连续函数的最大(或最小)值就是函数在该区间上各极值中的最大(或最小)者.

2. 求下列函数的极值.

(1)$f(x)=x^4-10x^2+5$;   (2)$f(x)=x^2 e^{-x}$.

3. 设函数 $f(x)=a\ln x+bx^2+x$ 在 $x=1, x=2$ 时都取得极值,试求 a 与 b 的值.

4. 求下列函数在所给区间上的最大值和最小值.

(1)$f(x)=2x^3+3x^2-12x+14, [-3,4]$;

(2)$f(x)=\sin x+\cos x, [0,2\pi]$.

5. 在半径为 r 的半圆内,做一个内接梯形,其底为半圆的直径,其他三边为半圆的弦.问怎样做法,梯形的面积最大?

6. 求曲线 $y^2=x$ 上的点,使其到点 $A(3,0)$ 的距离最短.

7. 某农场需要围建一个面积为 512 m² 的矩形晒谷场,一边可以利用原有的石条墙,其余三边需砌石条墙,问晒谷场的长和宽各为多少时,才能使石条墙用料最少?

3.5 曲线的凹凸性及拐点

案例研究

在研究函数曲线的变化时,了解它的单调性当然是很重要的,但这在许多实际问题中还是不够.我们来看一下如图 3-11(a)所示的成本函数 $C(x)$ 的曲线,这里 x 表示产品数量,$C(x)$ 表示当产品数量为 x 时的总成本.

从图中曲线走向可粗略知道,当产品数量 $x<x_0$ 时,成本沿着 x 轴正向增长越来越慢,而当 $x>x_0$ 时,成本沿着 x 轴正向增长越来越快.而图 3-11(b)所示的成本函数 $C(x)$ 的曲线,则反映了另一种情况.开始成本沿着 x 轴正向增长越来越快,而当 $x>x_0$ 时,成本增长逐渐变慢.这两条成本函数曲线都是单调上升的曲线,但在成本分析中意义却是不同的.前一条曲线告诉我们,产品产量增加到一定时候需加以限制,因为这时成本增加很快.而另一条曲线则告

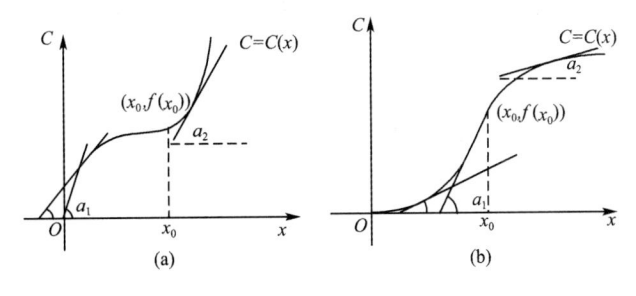

图 3-11

诉我们,在一定时候,可尽量增加产品产量(当然是在可销售的情形下),这时产量增加较多,其成本却增加很少.

仔细分析图形曲线特征,我们把曲线弯曲形状分为两类,称为曲线的凹凸性,由此我们给出如下定义.

3.5.1 凹凸性的概念

如图 3-12 所示,曲线弧是向上弯曲的,曲线位于切线的上方;如图 3-13 所示,曲线弧是向下弯曲的,曲线位于切线的下方.

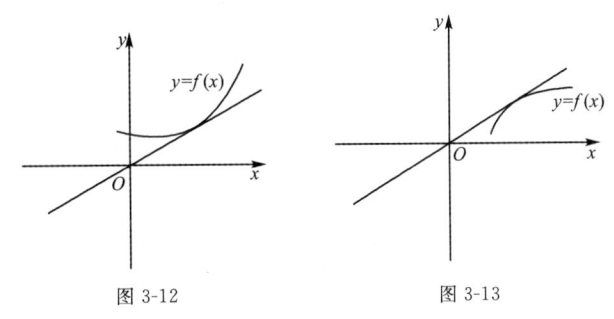

图 3-12 图 3-13

关于曲线的弯曲方向,给出如下定义:

定义 3-3 在某一区间内如果曲线弧总是位于其任一点切线的上方,则称这条曲线弧在该区间内是凹的;如果曲线弧总是位于其任一点切线的下方,则称这条曲线弧在该区间内是凸的.

3.5.2 凹凸性的判别法

定理 3-8 设函数 $f(x)$ 在 (a,b) 内具有二阶导数.

(1) 如果在 (a,b) 内,$f''(x)>0$,那么曲线在 (a,b) 内是凹的;

(2) 如果在 (a,b) 内,$f''(x)<0$,那么曲线在 (a,b) 内是凸的.

【例 1】 判断曲线 $y=x^3$ 的凹凸性.

解 因为 $y'=3x^2$,$y''=6x$,所以当 $x\in(-\infty,0)$ 时,$y''<0$,此时曲线是凸的;当 $x\in(0,+\infty)$ 时,$y''>0$,此时曲线是凹的.

定义 3-4 连续曲线 $y=f(x)$ 上凹的曲线弧与凸的曲线弧的分界点,称为曲线 $y=f(x)$ 的**拐点**.

例如,$(0,0)$ 是曲线 $y=x^3$ 的拐点.

由上述定理可知,通过 $f''(x)$ 的符号可以判断曲线的凹凸. 如果 $f''(x)$ 连续,那么当 $f''(x)$ 的符号由正变负或由负变正时,必定有一点 x_0,使 $f''(x_0)=0$,点 $(x_0,f(x_0))$ 就是曲线的一个拐点.另外,二阶导数不存在的点对应曲线上的点也可能为拐点.

判定曲线 $y=f(x)$ 的拐点的一般步骤:

(1)确定 $y=f(x)$ 的定义域;

(2)求 $f'(x),f''(x)$,令 $f''(x)=0$ 或 $f''(x)$ 不存在,求出所有可能的拐点 x_0;

(3)考察 $f''(x)$ 在每个可能拐点 x_0 左右两侧的符号,如果 $f''(x)$ 的符号相反,则点 $(x_0,f(x_0))$ 是拐点,否则就不是.

【例2】 求 $y=3x^4-4x^3+1$ 的凹凸性与拐点.

解 $y'=12x^3-12x^2, y''=36x\left(x-\dfrac{2}{3}\right)$.

令 $y''=0$,解得 $x_1=0, x_2=\dfrac{2}{3}$.

列表3-3讨论:

表 3-3

x	$(-\infty,0)$	0	$\left(0,\dfrac{2}{3}\right)$	$\dfrac{2}{3}$	$\left(\dfrac{2}{3},+\infty\right)$
y''	+	0	−	0	+
曲线 $y=f(x)$	凹的	拐点 $(0,1)$	凸的	拐点 $\left(\dfrac{2}{3},\dfrac{11}{27}\right)$	凹的

【例3】 曲线 $y=x^4$ 是否有拐点?

解 $y'=4x^3, y''=12x^2$.

当 $x\neq 0$ 时,$y''>0$,在区间 $(-\infty,+\infty)$ 内曲线是凹的,因此曲线无拐点.

【例4】 求曲线 $y=\sqrt[3]{x}$ 的拐点.

解 函数的定义域为 $(-\infty,+\infty)$,

$$y'=\dfrac{1}{3\sqrt[3]{x^2}}, y''=-\dfrac{2}{9x\sqrt[3]{x^2}};$$

无二阶导数为零的点,二阶导数不存在的点为 $x=0$;

所以当 $x<0$ 时,$y''>0$;当 $x>0$ 时,$y''<0$.因此,点 $(0,0)$ 是曲线的拐点.

注意 (1)函数凹凸性判别定理对任意的区间都适用;函数的凹凸性是一个区间上的性质,如果有个别点 $y''=0$,不影响凹凸性的判定.

(2)确定函数的凹凸区间时,先求出使二阶导数等于零的点或二阶导数不存在的点,并用这些点将函数的定义域划分为若干个子区间,然后逐个判断函数的二阶导数 $f''(x)$ 在各个子区间的符号,从而确定出函数 $y=f(x)$ 在各子区间上的凹凸性.

(3)拐点 $(x_0,f(x_0))$ 是凹曲线与凸曲线的分界点.

同步训练 3-5

1.求下列曲线的凹凸区间和拐点.

(1) $y=x^3-3x^2+1$; (2) $y=x\cdot e^{-x}$;

(3) $y=\ln(1+x^2)$; (4) $y=x^3(1-x)$.

2.a 与 b 为何值时,点 $(1,-2)$ 为曲线 $y=ax^3+bx^2$ 的拐点?

3.6 函数图形的描绘

> **案例研究**

心理学研究表明,小学生对概念的接受能力 G(即学习兴趣、注意力、理解力的某种度量)随时间 t 的变化规律为

$$G(t)=-0.1t^2+2.6t+43, t\in[0,30]$$

问 t 为何值时学生兴趣增加或减退？何时学习兴趣最大？

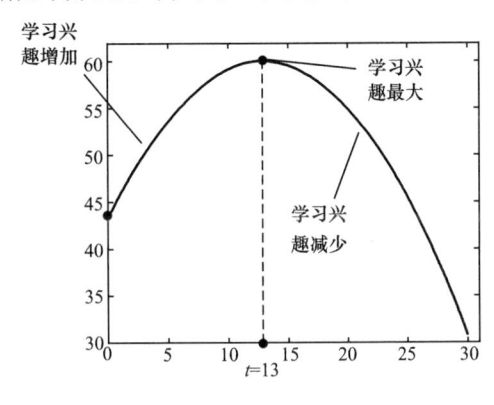

图 3-14

解 由图 3-14 可以很明显看出讲课开始 13 分钟后,小学生学习兴趣最大.在此时刻之前学习兴趣递增,在此时刻之后学习兴趣递减.

3.6.1 渐近线

有些函数的定义域和值域都是有限区间,此时函数的图像局限于一定的范围之内,如圆、椭圆等,而有些函数的定义域是无穷区间,此时函数的图像向无穷远处延伸,如双曲线、抛物线等.有些向无穷远处延伸的曲线会无限接近某一条直线.

如果曲线上的一点沿着曲线趋于无穷远时,该点与某条直线 l 的距离趋于零,则称直线 l 为该曲线的一条**渐近线**.用极限定义如下：

1. 垂直渐近线（垂直于 x 轴的渐近线）

定义 3-5 如果 $\lim\limits_{x\to x_0}f(x)=\infty$（或 $\lim\limits_{x\to x_0^+}f(x)=\infty$, $\lim\limits_{x\to x_0^-}f(x)=\infty$）,则称直线 $x=x_0$ 为曲线 $y=f(x)$ 的一条**垂直渐近线**.

2. 水平渐近线

定义 3-6 如果 $\lim\limits_{x\to\infty}f(x)=b$（或 $\lim\limits_{x\to+\infty}f(x)=b$, $\lim\limits_{x\to-\infty}f(x)=b$）（$b$ 为常数）,则称直线 $y=b$ 为曲线 $y=f(x)$ 的一条**水平渐近线**.

【例 1】 求曲线 $y=\dfrac{1}{(x+2)(x-3)}$ 的渐近线.

解 因为
$$\lim_{x \to -2} \frac{1}{(x+2)(x-3)} = \infty,$$
$$\lim_{x \to 3} \frac{1}{(x+2)(x-3)} = \infty,$$

所以有垂直渐近线 $x=-2, x=3$.

又 $\lim\limits_{x \to \infty} \dfrac{1}{(x+2)(x-3)} = 0$, 所以有水平渐近线 $y=0$.

该函数的图像如图 3-15 所示.

【例 2】 求曲线 $y = \arctan x$ 的渐近线.

解 $\lim\limits_{x \to -\infty} \arctan x = -\dfrac{\pi}{2}$, 所以有水平渐近线 $y = -\dfrac{\pi}{2}$.

$\lim\limits_{x \to +\infty} \arctan x = \dfrac{\pi}{2}$, 所以有水平渐近线 $y = \dfrac{\pi}{2}$.

该函数的图像如图 3-16 所示.

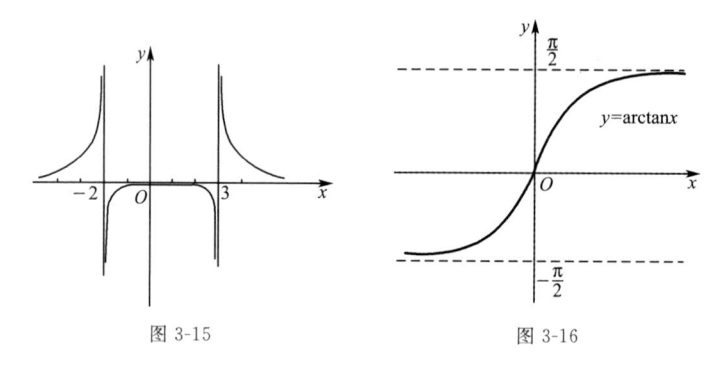

图 3-15

图 3-16

3.6.2 函数图像的描绘

利用函数特性描绘函数图像,其步骤为:

1. 确定函数 $f(x)$ 的定义域,对函数进行奇偶性、周期性等性态的讨论;
2. 求出函数一阶导数 $f'(x)$ 和二阶导数 $f''(x)$,求出方程 $f'(x)=0$ 和 $f''(x)=0$ 在函数定义域内的全部实根,用这些根和函数的间断点或导数不存在的点把函数的定义域分为若干个子区间,列表确定函数在各子区间上的单调性、凹凸性、函数的极值点、曲线的拐点;
3. 确定函数图像的渐近线;
4. 有时根据需要,要补充一些辅助点;
5. 根据上述讨论,在直角坐标平面上画出渐近线,标出曲线上的极值点、拐点,以及所补充的辅助点,再依曲线的单调性、凹凸性,将这些点用光滑的曲线连接起来.

【例 3】 画出函数 $y = x^3 - x^2 - x + 1$ 的图形.

解 (1) 函数的定义域为 $(-\infty, +\infty)$;

(2) $y' = 3x^2 - 2x - 1 = (3x+1)(x-1)$, $y'' = 6x - 2 = 2(3x-1)$.

令 $y' = 0$ 得 $x = -\dfrac{1}{3}, 1$, 再令 $y'' = 0$ 得 $x = \dfrac{1}{3}$.

(3) 列表 3-4 分析:

表 3-4

x	$\left(-\infty,-\dfrac{1}{3}\right)$	$-\dfrac{1}{3}$	$\left(-\dfrac{1}{3},\dfrac{1}{3}\right)$	$\dfrac{1}{3}$	$\left(\dfrac{1}{3},1\right)$	1	$(1,+\infty)$
y'	+	0	−	−	−	0	+
y''	−	−	−	0	+	+	+
y	∩↗	极大值	∩↘	拐点	∪↘	极小值	∪↗

(4) 因为当 $x\to +\infty$ 时, $y\to +\infty$; 当 $x\to -\infty$ 时, $y\to -\infty$. 故无水平渐近线.

(5) 计算特殊点: $f\left(-\dfrac{1}{3}\right)=\dfrac{32}{27}, f\left(\dfrac{1}{3}\right)=\dfrac{16}{27}, f(1)=0, f(0)=1, f(-1)=0, f\left(\dfrac{3}{2}\right)=\dfrac{5}{8}$.

(6) 描点连线画出图形 3-17.

【例 4】 作函数 $f(x)=\dfrac{4(x+1)}{x^2}-2$ 的图像.

解 $D=\{x\mid x\neq 0\}$, $y=f(x)$ 为非奇非偶函数, 且无对称性.

$$f'(x)=-\dfrac{4(x+2)}{x^3}, f''(x)=\dfrac{8(x+3)}{x^4}.$$

令 $f'(x)=0$, 得驻点 $x=-2$.

令 $f''(x)=0$, 得拐点 $x=-3$.

图 3-17

列表 3-5 确定函数的升降区间、凹凸区间及极值点和拐点:

表 3-5

x	$(-\infty,-3)$	-3	$(-3,-2)$	-2	$(-2,0)$	0	$(0,+\infty)$
$f'(x)$	−	−	−	0	+	不存在	−
$f''(x)$	−	0	+	+	+	不存在	+
$f(x)$	∩↘	拐点 $\left(-3,-\dfrac{26}{9}\right)$	∪↘	极小值	∪↗	间断点	∪↘

$\lim\limits_{x\to\infty}f(x)=\lim\limits_{x\to\infty}\left[\dfrac{4(x+1)}{x^2}-2\right]=-2$, 得水平渐近线 $y=-2$; $\lim\limits_{x\to 0}f(x)=\lim\limits_{x\to 0}\left[\dfrac{4(x+1)}{x^2}-2\right]=+\infty$, 得垂直渐近线 $x=0$.

补充点 $(1-\sqrt{3},0), (1+\sqrt{3},0), A(-1,-2), B(1,6), C(2,1)$. 作图, 如图 3-18 所示.

图 3-18

注意 (1) 函数的渐近线有可能是双侧的, 也可能是单侧的, 要注意判断, 不要遗漏;

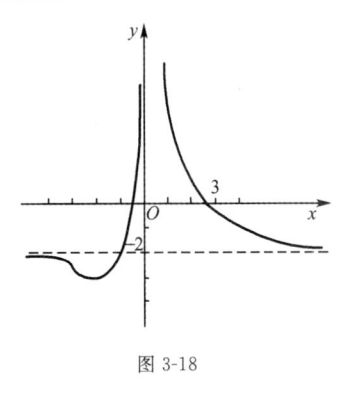

(2) 求垂直渐近线时, 首先要确定函数的间断点, 在间断点处寻求垂直渐近线;

(3) 描绘函数图像有时还需适当补充一些辅助作图点, 一般取函数与坐标轴的交点和曲线的端点等便于确定函数走势的点.

同步训练 3-6

1. 求下列曲线的垂直渐近线与水平渐近线.

(1) $y = \dfrac{1}{x-2}$;

(2) $y = \dfrac{\ln x}{x}$;

(3) $y = \dfrac{e^x}{1+x}$;

(4) $y = \dfrac{\ln x}{x(x-1)}$.

2. 作下列函数的图像.

(1) $y = x^3 + 3x^2 - 9x + 1$;

(2) $y = \dfrac{1}{\sqrt{2\pi}} e^{-\frac{x^2}{2}}$;

(3) $y = \dfrac{2x-1}{(x-1)^2}$;

(4) $y = \dfrac{x}{x^2+1}$.

3.7 曲线的曲率

在建筑设计、土木施工和机械制造中,常需要考虑曲线的弯曲程度.这里先对曲线的弯曲程度给出定量的表达式,即曲率的概念,然后给出其计算方法.

3.7.1 曲率的概念

看下面两图,图 3-19 中,$\stackrel{\frown}{AB} = \stackrel{\frown}{AC}$,$A$,$B$,$C$ 都是切点,而 $\Delta\alpha_2 > \Delta\alpha_1$,显然 AB 弧比 AC 弧弯曲程度大,这表明当弧长一定时,切线转角越大时,曲线弧弯曲程度越大;图 3-20 中,转角 $\Delta\alpha$ 一定时,AB 弧长小于 CD 弧长,显然 AB 弧比 CD 弧弯曲程度大,这表明当转角一定时,转过的弧长越长,曲线弧弯曲程度越小.

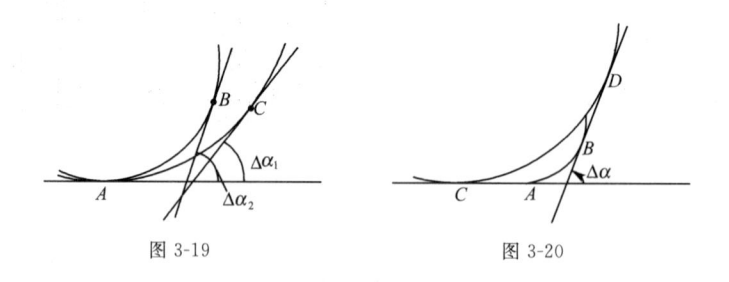

图 3-19

图 3-20

综上所述,曲线弧的弯曲程度与切线的转角有关,也与曲线弧的长度有关.我们认为:如果曲线弧的长度不变,那么,弯曲程度与转角成正比;如果曲线弧的转角不变,那么弯曲程度与弧长成反比.因此我们用 $\dfrac{\Delta\alpha}{\Delta s}$ 来表示上述图中弧 AB 的平均弯曲程度.而点 A 的平均弯曲程度则用极限 $\lim\limits_{B \to A} \dfrac{\Delta\alpha}{\Delta s}$ 表示,称为在点 A 的**曲率** k.

3.7.2 曲率计算公式

$$k = \left| \frac{y''}{(1+y'^2)^{\frac{3}{2}}} \right| \tag{3-1}$$

【例1】 求半径为 R 的圆的曲率.

解 用定义来做,因为圆每个点的曲率是一样的,所以平均曲率为在该点的曲率,我们取整圆,对应的弧长为 $2\pi R$,所转过的角为 2π,所以

$$k = \frac{\Delta \alpha}{\Delta s} = \frac{2\pi}{2\pi R} = \frac{1}{R}.$$

也可以用公式来做,曲率应也是 $\frac{1}{R}$. 由此可见,圆的半径越大,曲率越小,直线如果作为一种特殊的圆,曲率为零.

【例2】 计算双曲线 $xy=1$ 在点 $(1,1)$ 处的曲率.

解 由 $y = \frac{1}{x}$,得

$$y' = -\frac{1}{x^2}, \quad y'' = \frac{2}{x^3}.$$

因此

$$y'\big|_{x=1} = -1, \quad y''\big|_{x=1} = 2.$$

曲线 $xy=1$ 在点 $(1,1)$ 处的曲率为

$$k = \frac{|y''|}{(1+y'^2)^{\frac{3}{2}}} = \frac{2}{(1+(-1)^2)^{\frac{3}{2}}} = \frac{1}{\sqrt{2}} = \frac{\sqrt{2}}{2}.$$

在工程结构中考虑直梁的微小弯曲时,由于沿垂直于梁轴线方向的变形 y 很小,所以梁的挠曲线 $y=f(x)$ 的切线与 x 轴的夹角也很小,即 $y'=\tan\alpha$ 很小,因而 $(y')^2$ 可以略去不计,得 $k \approx |y''|$.

这表明挠曲线 $y=f(x)$ 二阶导数的绝对值近似地反映了直梁挠曲线的弯曲程度,由此得:工程上常用的曲率近似计算公式

$$k \approx |y''|. \tag{3-2}$$

【例3】 有一个长度为 L 的悬臂直梁,一端固定在墙上,另一端自由,当自由端有集中力 P 作用时,直梁发生微小的弯曲,如图3-21选择坐标系,其挠曲线方程为

$$y = \frac{P}{EI}\left(\frac{1}{2}lx^2 - \frac{1}{6}x^3\right),$$

其中,EI 为确定的常数,试求该梁的挠曲线 $x=0, \frac{l}{2}, l$ 处的曲率.

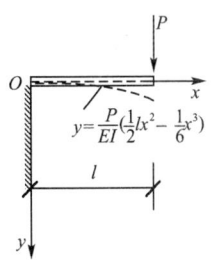

图 3-21

解 $y' = \frac{P}{EI}\left(lx - \frac{1}{2}x^2\right), \quad y'' = \frac{P}{EI}(l-x).$

由于梁的弯曲变形很小,由公式(3-2),得 $k \approx |y''| = \frac{P}{EI}|l-x|.$

(1)当 $x=0$ 时,$k \approx \frac{Pl}{EI}$;

(2)当 $x=\dfrac{l}{2}$ 时,$k\approx\dfrac{Pl}{2EI}$;

(3)当 $x=l$ 时,$k\approx 0$.

计算结果表明,当悬臂梁的自由端有集中荷载作用时,越靠近固定端弯曲越厉害,自由端几乎不弯曲,对弯曲厉害的部分,设计与施工时必须注意加强强度.

3.7.3 曲率圆与曲率半径

用曲率来描述曲线的弯曲程度,能够给出一个数字特征,k 越大,说明弯曲的程度越大,但是曲率不能给出一个弯曲的直观形象,为此我们引入曲率圆的概念.

考虑到圆在每一点的曲率都是常数 $\dfrac{1}{R}$,即半径的倒数,因此我们可以对照圆的弯曲程度来考虑在该点的弯曲程度,所以我们定义曲线在某点的曲率半径 R 为曲线在该点的曲率 k 的倒数,即 $R=\dfrac{1}{k}$.

曲线上点 M 处的曲率圆圆心定义在曲线在该点的法线上,且处于曲线弧的凹向一侧.

如图 3-22 所示,该圆为 $y=f(x)$ 在 B 的曲率圆,l 为 $y=f(x)$ 在点 B 的切线,AB 为 $y=f(x)$ 在 B 的法线,其中 AB(即圆的半径)为 $y=f(x)$ 在点 B 的曲率的倒数.

注意 (1)直线的曲率处处为 0;

(2)圆上各点处的曲率等于半径的倒数,且半径越小曲率越大;

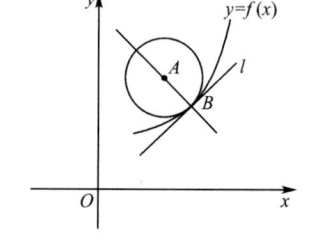

(3)抛物线在顶点的曲率最大;

图 3-22

(4)曲线上一点处的曲率半径与曲线在该点处的曲率互为倒数.曲线上一点处的曲率半径越大,曲线在该点处的曲率越小(曲线越平坦);曲率半径越小,曲率越大(曲线越弯曲).

案例研究

飞机沿抛物线 $y=\dfrac{x^2}{4\,000}$(单位:米)俯冲飞行,在原点处速度为 $v=400$ 米/秒,飞行员体重 70 千克.求俯冲到原点时,飞行员对座椅的压力.

解 飞行员对座椅的压力 $Q=F+P$,其中飞行员的体重 $P=70(\text{kg})$,离心力 $F=\dfrac{mv^2}{\rho}$,由

$$y=\dfrac{x^2}{4\,000}\Rightarrow y'\Big|_{x=0}=\dfrac{x}{2\,000}\Big|_{x=0}=0, y''\Big|_{x=0}=\dfrac{1}{2\,000}.$$

则曲线在原点处曲率为 $k=\dfrac{1}{2\,000}$.曲率半径为 $\rho=2\,000$ 米.所以

$$F=\dfrac{70\times 400^2}{2\,000}=5\,600(\text{牛})\approx 571.4(\text{千克}),$$

所以

$$Q=70+571.4=641.4(\text{千克力}).$$

即飞行员对座椅的压力为 641.4 千克力.

同步训练 3-7

1. 计算直线 $y = ax + b$ 上任一点的曲率.
2. 抛物线 $y = ax^2 + bx + c$ 上哪一点处的曲率最大?
3. 设工件表面的截线为抛物线 $y = 0.4x^2$. 现在要用砂轮磨削其内表面? 问用直径多大的砂轮比较合适?

学习指导

本章在介绍微分中值定理的基础上,讨论了导数在求未定式极限、函数的单调性和极值的判定、函数最值的求法、曲线的凹凸性和拐点的判定,以及函数图形的描绘等方面的应用.

1. 微分中值定理

罗尔定理、拉格朗日定理及柯西定理统称为微分中值定理,是利用导数研究函数性态的理论依据. 所以,应当明确它们的条件、结论、几何解释及其内在联系. 从内容看,柯西定理中取 $F(x) = x \Rightarrow$ 拉格朗日定理, 取 $f(a) = f(b) \Rightarrow$ 罗尔定理;从证明看,用罗尔定理可以证明拉格朗日定理和柯西定理.

2. 未定式极限的计算

洛必达法则是求未定式极限的重要方法,在运用时须注意以下几个问题:

(1) 运用之前判断所求极限是不是 $\dfrac{0}{0}$ (或 $\dfrac{\infty}{\infty}$) 型未定式;

(2) 只要满足条件,洛必达法则可连续使用(每次使用前注意化简);

(3) 对于 "$0 \cdot \infty$" "$\infty - \infty$" "0^0" "∞^0" "1^∞" 型未定式极限,用适当方法将其变形为 $\dfrac{0}{0}$ 型或 $\dfrac{\infty}{\infty}$ 型未定式极限;

(4) 在使用洛必达法则的过程中,配合使用其他极限运算方法(如无穷小性质、等价无穷小代换等),可以简化运算.

3. 函数的单调性和极值及曲线的凹凸性和拐点的判定

(1) 一般步骤:确定函数 $f(x)$ 的定义域 → 求出 $f'(x), f''(x)$ → 求出使 $f'(x) = 0$, $f''(x) = 0$ 及 $f'(x)$ 不存在的点, $f''(x)$ 不存在的点 → 将定义区间划分为若干子区间,列表讨论 $f'(x)$ 和 $f''(x)$ 在各个子区间内的符号,从而判定 $f(x)$ 在各个子区间内的单调性和凹凸性,进而确定 $f(x)$ 的极值点、极值及拐点.

(2) "极值的第二充分条件" 并不适用于所有函数,运用时应首先判断函数是否符合其前提条件.

(3) 判定函数 $y = f(x)$ 的单调性与判定曲线 $y = f(x)$ 的凹凸性在基本思想和步骤上是类似的,不同的是判断的依据,前者是依据 $f'(x)$ 的符号,后者是依据 $f''(x)$ 的符号.

4. 函数最值的求法

若要求连续函数 $y = f(x)$ 在闭区间 $[a, b]$ 上的最大值和最小值,只要求出 $[a, b]$ 上的全部极值点和两个端点处的函数值,然后加以比较,最大的就是最大值,最小的就是最小值.

在实际问题中,若分析得知函数 $y = f(x)$ 确实存在最大值或最小值,而所讨论的区间内

仅有一个极值点 x_0，则 $f(x_0)$ 就是所要求的最大值或最小值.

5. 函数图形的描绘

利用导数研究函数性态，进而描绘函数图形的一般步骤：确定函数的定义域，并考察其奇偶性、周期性等→求出 $f'(x)$, $f''(x)$，令 $f'(x)=0$, $f''(0)=0$，确定所有可能极值点和拐点→列表讨论函数的单调性、极值及函数图形的凹凸性和拐点→讨论函数图形的水平渐近线和垂直渐近线→根据需要补充函数图形上的若干特殊点(如与坐标轴的交点等)→描图.

单元测试 3

一、填空题

1. 函数 $f(x)=x+\dfrac{1}{x}$ 在区间 _____ 内是单调减少的.

2. 函数 $f(x)=\dfrac{1}{3}x^3-x$ 在区间 $(0,2)$ 内的驻点为 $x=$ _____.

3. 当 $x=4$ 时，$y=x^2+px+q$ 取得极值，则 $p=$ _____.

4. 若 $f(x)$ 在 $[a,b]$ 内恒有 $f'(x)<0$，则 $f(x)$ 在 $[a,b]$ 上的最小值为 _____.

5. 曲线 $y=\dfrac{x^3}{2x-1}$ 的渐近线方程是 _____.

6. 函数 $y=x^3-3x^2-9x+7$ 的极大值点为 _____，极小值点为 _____.

7. $\lim\limits_{x\to 0}\dfrac{\sin 7x}{\sin 9x}=$ _____，是 _____ 型未定式.

8. 曲线 $f(x)=x^3-x$ 的拐点是 _____.

9. 曲线 $f(x)=\ln x$ 的凸区间是 _____.

二、选择题

1. 下列函数在指定区间 $(-\infty,+\infty)$ 上单调上升的有（ ）.

A. $\sin x$ B. x^2 C. e^x D. $3-x$

2. 下列结论正确的有（ ）.

A. x_0 是 $f(x)$ 的极值点，且 $f'(x_0)$ 存在，则必有 $f'(x_0)=0$

B. x_0 是 $f(x)$ 的极值点，则 x_0 必是 $f(x)$ 的驻点

C. 若 $f'(x_0)=0$，则 x_0 必是 $f(x)$ 的极值点

D. 使 $f'(x)$ 不存在的点 x_0，一定是 $f(x)$ 的极值点

3. 设函数 $f(x)$ 满足以下条件：当 $x<x_0$ 时，$f'(x)>0$；当 $x>x_0$ 时，$f'(x)<0$，则 x_0 必是函数 $f(x)$ 的（ ）.

A. 驻点 B. 极大值点 C. 极小值点 D. 不能确定

4. 设函数 $f(x)$ 在 $x=x_0$ 处连续，若 x_0 为 $f(x)$ 的极值点，则必有（ ）.

A. $f'(x_0)=0$ B. $f'(x_0)\neq 0$

C. $f'(x_0)=0$ 或 $f'(x_0)$ 不存在 D. $f'(x_0)$ 不存在

5. 若 $\lim\limits_{x\to\infty}f(x)=c$，则（ ）.

A. $y=f(x)$ 有水平渐近线 $y=c$ B. $y=f(x)$ 有垂直渐近线 $x=c$

C. $f(x)=c$ D. $f(x)=\dfrac{1}{3}$ 为有界函数

6. 设 $f(x)$ 在 $x=x_0$ 处连续且 $f'(x_0)$ 不存在,则 $y=f(x)$ 在 $(x_0,f(x_0))$ 处( ).

A. 没有切线

B. 有一条不垂直于 x 轴的切线

C. 有一条垂直于 x 轴的切线

D. 不存在切线或者有一条垂直于 x 轴的切线

7. 函数 $y=\dfrac{x}{\ln x}$ 的单调增加区间为( ).

A. $(0,e)$ B. $(1,e)$ C. $(e,+\infty)$ D. $(0,+\infty)$

8. 函数 $y=x^3+12x+1$ 在定义域内( ).

A. 单调增加 B. 单调减少 C. 图形上凹 D. 图形下凹

9. 条件 $f''(x)=0$ 是 $f(x)$ 的图形在点 $x=x_0$ 处有拐点的( )条件.

A. 必要

B. 充分

C. 充分必要

D. 以上三项都不是

三、用洛比达法则求下列极限.

1. $\lim\limits_{x\to 0}\left(\dfrac{1}{x}-\dfrac{1}{e^x-1}\right)$.

2. $\lim\limits_{x\to 0}\dfrac{x-\arctan x}{x^3}$.

3. $\lim\limits_{x\to 0}\dfrac{\ln(1+x^2)}{\ln(1+x^4)}$.

4. $\lim\limits_{x\to 0^+}\sqrt{x}\ln x$.

四、试问 a 为何值时,函数 $f(x)=a\sin x+\dfrac{1}{3}\sin 3x$ 在 $x=\dfrac{\pi}{3}$ 处取得极值?它是极大值还是极小值?并求此极值.

五、求函数 $f(x)=|x-2|e^x$ 在 $[0,3]$ 上的最大值和最小值.

六、设 $y=\dfrac{x^3+4}{x^2}$,讨论函数的单调区间、极值、凹凸性和拐点.

七、要做一个容积为 V 的圆柱形罐头筒,怎样设计才能使所用材料最省?

八、一个外直径为 10 厘米的球,球壳厚度为 $\dfrac{1}{16}$ 厘米,试求球壳体积的近似值.

第4章 不定积分

> **学习目标**
> 1. 理解原函数和不定积分的概念.
> 2. 熟记不定积分的基本公式.
> 3. 掌握不定积分的换元积分法和分部积分法.

在微分学中,我们讨论了已知函数求导数(或微分)的问题,这一章将讨论与其相反的问题,即已知一个函数的导数(或微分),求出此函数.这种由函数的导数(或微分)求原来的函数的问题是积分学的一个基本问题——不定积分.

4.1 不定积分的概念和性质

4.1.1 原函数与不定积分的概念

微分学中研究的一个基本问题是:求一个已知函数的导函数.在实际问题中还常常会遇到相反的问题,即已知函数的导函数,要求原来的函数.这就形成了"原函数"的概念.

我们先看下面这个引例.

【引例 1】 (自由落体)已知真空中的自由落体在任意时刻 t 的运动速度为
$$v = v(t) = gt,$$
其中 g 是常量,表示重力加速度,又知当时间 $t=0$ 时,位移 $s=0$,求该自由落体的运动规律.

分析 由物理知识我们知道,物体运动的位移 $s=s(t)$ 对时间 t 的导数,就是这一物体的速度 $v=v(t)$,即 $s'(t)=v(t)$,现在我们要解决相反的问题,即已知物体的速度函数 $v(t)$,如何求位移函数 $s=s(t)$?

解 所求运动规律就是指物体的位移 s 与时间 t 之间的函数关系.设所求的运动规律为 $s=s(t)$,于是有 $s'=s'(t)=v(t)=gt$,且 $t=0$ 时,$s=0$,根据导数公式,不难得到,$s=\dfrac{1}{2}gt^2$,这就是我们要求的运动规律.

验证得，$v=s'=\left(\dfrac{1}{2}gt^2\right)'=gt$，并且 $t=0$ 时，$s=0$，因此 $s=\dfrac{1}{2}gt^2$ 即为所求自由落体的运动规律．

上述问题，如果忽略其物理意义，可以归结为一个数学问题，就是已知某函数的导函数，求该函数，即已知 $F'(x)=f(x)$，求 $F(x)$．

定义 4-1　设函数 $f(x)$ 是定义在区间 (a,b) 上的已知函数，如果存在一个函数 $F(x)$，使得对于该区间上的每一个点都满足
$$F'(x)=f(x) \text{ 或 } \mathrm{d}F(x)=f(x)\mathrm{d}x,$$
则称函数 $F(x)$ 是 $f(x)$ 在该区间上的一个**原函数**．

比如在引例 1 中，对于区间 $(0,+\infty)$ 内的每一点 t，因为 $\left(\dfrac{1}{2}gt^2\right)'=gt$，所以 $\dfrac{1}{2}gt^2$ 就是 gt 在区间 $(0,+\infty)$ 内的一个原函数．

又如，因为 $(x^3)'=3x^2$，所以 x^3 是 $3x^2$ 的一个原函数．

可以看出，求已知函数 $f(x)$ 的原函数就是找到一个函数 $F(x)$，使得 $F'(x)=f(x)$．

另外，我们知道，$-\cos x$ 是 $\sin x$ 的一个原函数，不难验证 $-\cos x+1$，$-\cos x+\sqrt{3}$，$-\cos x+C$（其中 C 为任意常数）也都是 $\sin x$ 的原函数．

由以上情况可知，如果一个函数的原函数存在，那么必有无穷多个原函数．如何寻找所有的原函数呢？如果能寻找到原函数之间存在的关系，那么找出所有的原函数也就不难了．下面的定理解决了这个问题．

定理 4-1　如果函数 $f(x)$ 在区间 I 上有原函数 $F(x)$，则
$$F(x)+C \quad (C\text{ 为任意常数})$$
也是 $f(x)$ 在 I 上的原函数，且 $f(x)$ 的任一原函数均可表示成 $F(x)+C$ 的形式．

证明　定理的前一部分结论是显然的，事实上 $(F(x)+C)'=f(x)$．现只证后一部分结论．设 $G(x)$ 是 $f(x)$ 在区间 I 上的任一个原函数，令
$$\varphi(x)=G(x)-F(x),$$
则
$$\varphi'(x)=G'(x)-F'(x).$$
由于 $G'(x)=f(x)$，$F'(x)=f(x)$，从而在 I 上恒有
$$\varphi'(x)=0,$$
得
$$\varphi(x)=C \quad (C\text{ 为任意常数}),$$
即
$$G(x)=F(x)+C.$$

这就是说，只要找到 $f(x)$ 的一个原函数，那么它的全体原函数均能找到．

定义 4-2　若 $F(x)$ 是 $f(x)$ 在区间 I 上的一个原函数，那么表达式
$$F(x)+C \quad (C\text{ 为任意常数})$$
称为 $f(x)$ 在 I 上的**不定积分**，记为
$$\int f(x)\mathrm{d}x,$$
即
$$\int f(x)\mathrm{d}x = F(x)+C,$$
其中，x 称为积分变量，$f(x)$ 称为被积函数，$f(x)\mathrm{d}x$ 称为被积表达式，C 为任意常数，$\int$ 称为积分号．

由定义 4-2 知，求函数 $f(x)$ 的不定积分实际上只需要求出它的一个原函数，再加上任意

常数 C 即可.

【例 1】 求 $\int 2x\,dx$.

解 由于 $(x^2)' = 2x$,所以 x^2 是 $2x$ 的一个原函数.因此
$$\int 2x\,dx = x^2 + C.$$

【例 2】 求 $\int \cos x\,dx$.

解 由于 $(\sin x)' = \cos x$,所以 $\sin x$ 是 $\cos x$ 的一个原函数.因此
$$\int \cos x\,dx = \sin x + C.$$

【例 3】 求 $\int \dfrac{1}{x}\,dx$.

解 当 $x > 0$ 时,$(\ln x)' = \dfrac{1}{x}$;

当 $x < 0$ 时,$[\ln(-x)]' = \dfrac{1}{-x}(-x)' = \dfrac{1}{x}$,所以
$$\int \dfrac{1}{x}\,dx = \ln|x| + C.$$

注意 计算不定积分时,要先分析被积函数的定义域.

当积分常数 C 变动时,不定积分表示的不是一个函数,而是一簇函数.从几何上看,它们代表一簇曲线,称为函数 $f(x)$ 的积分曲线簇.其中任何一条积分曲线都可以由某一条积分曲线沿 y 轴方向向上或向下平移适当位置而得到.另外,在积分曲线簇上横坐标相同的点作切线,这些切线都是彼此平行的,如图 4-1 所示.

【例 4】 求过点 $(1, 4)$,且其切线的斜率为 $3x^2$ 的曲线方程.

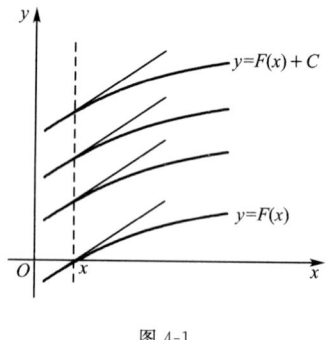

图 4-1

解 由 $\int 3x^2\,dx = x^3 + C$ 得积分曲线簇 $y = x^3 + C$,将 $x = 1, y = 4$ 代入该式,得 $C = 3$.

所以 $y = x^3 + 3$ 即所求曲线方程.

4.1.2 不定积分的性质

性质 1 求不定积分与求导数(或微分)互为逆运算.

$$\left(\int f(x)\,dx\right)' = f(x), \quad d\left(\int f(x)\,dx\right) = f(x)\,dx \tag{4-1}$$

$$\int f'(x)\,dx = f(x) + C, \quad \int df(x) = f(x) + C \tag{4-2}$$

也就是说,不定积分的导数(或微分)等于被积函数(或被积表达式),如
$$\left(\int \sin x\,dx\right)' = (-\cos x + C)' = \sin x.$$

对一个函数的导数(或微分)求不定积分,其结果与此函数仅相差一个积分常数.如

$$\int d(\sin x) = \int \cos x \, dx = \sin x + C.$$

性质 2 不为零的常数因子可以提到积分号之前,即

$$\int k f(x) dx = k \int f(x) dx \quad (常数\ k \neq 0). \tag{4-3}$$

如

$$\int 2e^x dx = 2 \int e^x dx = 2e^x + C.$$

性质 3 两个函数代数和的不定积分等于它们不定积分的代数和,即

$$\int [f(x) \pm g(x)] dx = \int f(x) dx \pm \int g(x) dx. \tag{4-4}$$

如

$$\int (3x^2 + e^x) dx = \int 3x^2 dx + \int e^x dx = x^3 + e^x + C.$$

式(4-4)可以推广到任意有限多个函数的代数和的情形,即

$$\int [f_1(x) \pm f_2(x) \pm \cdots \pm f_n(x)] dx$$
$$= \int f_1(x) dx \pm \int f_2(x) dx \pm \cdots \pm \int f_n(x) dx. \tag{4-5}$$

同步训练 4-1

1. 填空题

(1) 若有 $F'(x) = f(x)$,则函数 $f(x)$ 的所有原函数可表示为_____;

(2) 在积分曲线簇 $y = \int 4x \, dx$ 中,与直线 $y = 2x + 1$ 相切的曲线过点_____,其方程为_____;

(3) $(\quad)' = \sec^2 x, \int \sec^2 x \, dx = (\quad)$;

(4) 一物体由静止开始运动,时刻 t(s) 的速度是 $2t$ m/s,则在 4 s 后物体的位移是_____.

2. 已知平面曲线 $y = f(x)$ 上任一点处的切线斜率为 $2x + 1$,且曲线经过点 $P(1, 3)$,求该曲线的方程.

3. 用不定积分的性质证明:若 $\int f(x) dx = x^2 e^{2x} + C$,则有 $f(x) = 2x e^{2x}(1 + x)$.

4.2 积分的基本公式和法则

【引例 2】 (结冰厚度)图 4-2 所示是某城市结冰的湖面. 该城市常年积雪,湖面结冰的速度为 $\dfrac{dh}{dt} = 2\sqrt{t}$,其中 h 表示从 $t = 0$ 开始结冰到时刻 t 的结冰厚度,求 h 关于时间 t 的函数.

分析 由题意可以知道,结冰厚度 h 关于时间 t 的函数可以表示为

图 4-2

$$h = \int 2\sqrt{t}\, dt = 2\int \sqrt{t}\, dt$$

且有 $h(0)=0$. 若我们能求出上述不定积分,则可得到结冰厚度函数 $h=h(t)$. 因此,我们的重点是研究不定积分的计算问题.

因为求不定积分是求导数的逆运算,所以由基本导数公式可以直接得到基本积分公式. 例如,由导数公式

$$\left(\frac{x^{a+1}}{a+1}\right)' = x^a \quad (a \neq -1),$$

可以得到积分公式

$$\int x^a\, dx = \frac{x^{a+1}}{a+1} + C \quad (a \neq -1).$$

解 引例 2 中的被积函数 $y=\sqrt{t}$ 也可以写成 $y=t^{\frac{1}{2}}$,也是幂函数,应用上述积分公式,可得结冰厚度函数,

$$h = 2\int t^{\frac{1}{2}}\, dt = 2 \cdot \frac{t^{\frac{1}{2}+1}}{\frac{1}{2}+1} + C = \frac{4}{3}\sqrt{t^3} + C,$$

且 $t=0$ 时,$h=0$,即 $h=\frac{4}{3}\sqrt{t^3}$.

验证得, $\frac{dh}{dt}=2\sqrt{t}$.

类似地,可以推导出其他基本积分公式,如下所示.

(1) $\int 0\, dx = C$; (2) $\int dx = x + C$;

(3) $\int x^\alpha\, dx = \frac{1}{\alpha+1}x^{\alpha+1} + C \quad (\alpha \neq -1)$; (4) $\int e^x\, dx = e^x + C$;

(5) $\int a^x\, dx = \frac{1}{\ln a}a^x + C \quad (a>0 \text{ 且 } a \neq 1)$; (6) $\int \frac{1}{x}\, dx = \ln|x| + C$;

(7) $\int \cos x\, dx = \sin x + C$; (8) $\int \sin x\, dx = -\cos x + C$;

(9) $\int \sec^2 x\, dx = \tan x + C$; (10) $\int \csc^2 x\, dx = -\cot x + C$;

(11) $\int \sec x \tan x\, dx = \sec x + C$; (12) $\int \csc x \cot x\, dx = -\csc x + C$;

(13) $\int \dfrac{1}{\sqrt{1-x^2}} dx = \arcsin x + C$;   (14) $\int \dfrac{1}{1+x^2} dx = \arctan x + C$.

以上各基本积分公式是求不定积分的基础,必须熟记.利用不定积分的性质和基本积分公式,可求出一些较简单函数的不定积分,通常把这种积分法称为直接积分法.

【例1】 求 $\int (x^2 + \sqrt[3]{x}) dx$.

解 $\int (x^2 + \sqrt[3]{x}) dx = \int x^2 dx + \int x^{\frac{1}{3}} dx = \dfrac{1}{3}x^3 + \dfrac{3}{4}x^{\frac{4}{3}} + C$.

注意 (1) 在分项积分后,每个不定积分的结果都含有任意常数,但由于任意常数之和仍是任意常数,因此只要总的写出一个任意常数就行了.

(2) 检验积分结果是否正确,只要把结果求导,看它的导数是否等于被积函数就可以了.相等时结果是正确的,否则结果是错误的.

(3) 对于根式函数求积分,可将其转化为 x^a 后,再带入幂函数的积分公式.

【例2】 求 $\int (x+1)^3 dx$.

解
$$\int (x+1)^3 dx = \int (x^3 + 3x^2 + 3x + 1) dx$$
$$= \int x^3 dx + \int 3x^2 dx + 3\int x dx + \int dx$$
$$= \dfrac{1}{4}x^4 + x^3 + \dfrac{3}{2}x^2 + x + C.$$

注意 被积函数中含有括号时,要先去括号.

【例3】 求 $\int \dfrac{dx}{\cos 2x + 1}$.

解 利用倍角公式可得,
$$\int \dfrac{dx}{\cos 2x + 1} = \dfrac{1}{2} \int \dfrac{dx}{\cos^2 x} = \dfrac{1}{2} \tan x + C.$$

注意 在进行不定积分计算时,有时需要把被积函数作适当的变形,再利用基本积分公式及不定积分的性质进行积分.

【例4】 求 $\int \dfrac{x^4}{1+x^2} dx$.

解
$$\int \dfrac{x^4}{1+x^2} dx = \int \dfrac{x^4 - 1 + 1}{1+x^2} dx = \int \dfrac{(x^2-1)(x^2+1)+1}{1+x^2} dx$$
$$= \int x^2 dx - \int dx + \int \dfrac{1}{1+x^2} dx$$
$$= \dfrac{1}{3}x^3 - x + \arctan x + C.$$

【例5】 求 $\int \dfrac{1}{x^2(1+x^2)} dx$.

解
$$\int \dfrac{1}{x^2(1+x^2)} dx = \int \left(\dfrac{1}{x^2} - \dfrac{1}{1+x^2} \right) dx$$

$$= \int x^{-2} dx - \int \frac{1}{1+x^2} dx$$
$$= -x^{-1} - \arctan x + C.$$

【例 6】 求 $\int 4^x e^{2x} dx$.

解
$$\int 4^x e^{2x} dx = \int 4^x (e^2)^x dx = \int (4e^2)^x dx$$
$$= \frac{1}{\ln(4e^2)} (4e^2)^x + C = \frac{1}{2\ln 2 + 2} 4^x e^{2x} + C.$$

同步训练 4-2

1. 计算下列不定积分.

(1) $\int \frac{x^3-1}{x-1} dx$;

(2) $\int \left(x^2 + 2^x + \frac{2}{x}\right) dx$;

(3) $\int \frac{x^2+5x+6}{x+2} dx$;

(4) $\int \frac{\sqrt[3]{x^2}+\sqrt{x}}{\sqrt{x}} dx$;

(5) $\int \sin x\, dx$;

(6) $\int a^x e^x dx$;

(7) $\int \frac{1}{\sqrt{1-x^2}} dx$;

(8) $\int \sqrt{x\sqrt{x}}\, dx$.

2. 计算下列不定积分.

(1) $\int \cos^2 \frac{x}{2} dx$;

(2) $\int \frac{(1-x^2)^{\frac{3}{2}}}{\sqrt{1-x^2}} dx$;

(3) $\int \frac{2^x - 3^x}{4^x} dx$;

(4) $\int \frac{1+2x^2}{x^2(1+x^2)} dx$;

(5) $\int \frac{1}{\sin^2 x \cos^2 x} dx$;

(6) $\int \frac{e^{2x}-1}{e^x - 1} dx$.

4.3 换元积分法

利用直接积分法只能解决某些简单函数的不定积分问题.因此,需要进一步建立求不定积分的方法,这一节和下一节中,我们将分别介绍不定积分的两大积分法:换元积分法和分部积分法.

4.3.1 第一类换元积分法(凑微分法)

【引例 3】 (质子速度)一电场(图 4-3)中质子运动的加速度 $a(t) = -10(1+2t)^{-1}$(单位: m/s²).如果质子的初始速度为 0,即 $v(0) = 0$ m/s,求时刻 t 质子的运动速度函数 $v(t)$.

分析 由物理知识可知,速度关于时间的导数就是加速度,即 $v'(t) = a(t)$.则质子的速

度函数可表示为
$$v(t) = \int -10(1+2t)^{-1} dt = -10 \int \frac{1}{1+2t} dt,$$

且有 $v(0) = 0$. 因此,我们的研究重点就是计算不定积分 $\int \frac{1}{1+2t} dt$.

不定积分 $\int \frac{1}{1+2t} dt$ 的被积函数形式与基本积分公式中 $\int \frac{1}{t} dt = \ln|t| + C$ 的被积函数相似,这是因为被积函数 $\frac{1}{1+2t}$ 是通过 $y = \frac{1}{u}, u = 1+2t$ 复合得到的. 我们可以将积分变量通过适当的变换,然后利用基本积分公式求出所求函数的不定积分. 为了套用基本积分公式,先作如下变形,然后进行计算.

$$\int \frac{1}{1+2t} dt = \frac{1}{2} \int \frac{1}{1+2t} \cdot 2 dt \xrightarrow{2dt = d(2t+1)} \frac{1}{2} \int \frac{1}{1+2t} d(2t+1)$$

$$\xrightarrow{\diamondsuit\, 2t+1 = u} \frac{1}{2} \int \frac{1}{u} du = \frac{1}{2} \ln|u| + C$$

$$\xrightarrow{u = 2t+1} \frac{1}{2} \ln|2t+1| + C.$$

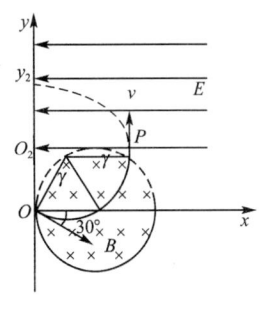

图 4-3

验证:$\left(\frac{1}{2} \ln|2t+1| + C\right)' = \frac{1}{2t+1}$.

所以,$\frac{1}{2} \ln|2t+1| + C$ 是 $\frac{1}{2t+1}$ 的原函数,说明上述方法是正确的. 于是得到质子的速度函数为 $v(t) = -5\ln|2t+1|$.

引例 3 的解法是引入新的变量 $u = 2t+1$,从而把积分变量为 t 的不定积分转化为积分变量为 u 的不定积分,再利用基本积分公式求解. 这样使得基本积分公式的适用范围变得更广泛.

定理 4-2 (**第一类换元积分法**) 若 $\int f(u) du = F(u) + C$,且 $u = \varphi(x)$ 有连续导数,则

$$\int f[\varphi(x)] \varphi'(x) dx = F[\varphi(x)] + C.$$

第一类换元积分法也叫凑微分法,用更具体的式子来表示就是

$$\int h(x) dx = \int f[\varphi(x)] \varphi'(x) dx \xrightarrow{凑微分} \int f[\varphi(x)] d\varphi(x)$$

$$\xrightarrow[\varphi(x) = u]{变量代换} \int f(u) du = F(u) + C$$

$$\xrightarrow[u = \varphi(x)]{变量还原} F[\varphi(x)] + C.$$

上述定理表明,被积表达式中的 $\varphi'(x) dx$ 可以当作变量 u 的微分 du 来对待. 并且计算的关键就是选择适当的变量代换 $\varphi(x) = u$,将函数 $\varphi(x)$ 替换成变量 u,从而将 $h(x)dx$ 凑成 $f(u)du$. 因此,第一类换元积分法又叫**凑微分法**.

【例1】 求 $\int (3x+1)^4 dx$.

解 被积函数 $(3x+1)^4$ 是通过 $y=u^4, u=3x+1$ 复合得到的. 所以将 dx 凑为 $dx = \frac{1}{3}d(3x+1) = \frac{1}{3}du$, 则

$$\int (3x+1)^4 dx = \frac{1}{3}\int (3x+1)^4 \cdot 3 dx = \frac{1}{3}\int (3x+1)^4 d(3x+1)$$

$$\xrightarrow{\diamondsuit 3x+1=u} \frac{1}{3}\int u^4 du = \frac{1}{15}u^5 + C$$

$$= \frac{1}{15}(3x+1)^5 + C.$$

【例2】 求 $\int 2x e^{x^2} dx$.

解 被积函数中含有 e^{x^2} 项, 是通过 $y=e^u, u=x^2$ 复合得到的. 则凑微分得 $2x dx = d(x^2) = du$. 所以,

$$\int 2x e^{x^2} dx = \int e^{x^2} d(x^2) \xrightarrow{\diamondsuit x^2=u} \int e^u du = e^u + C = e^{x^2} + C.$$

【例3】 求 $\int \frac{1}{x \ln x} dx$.

解 因为本题中 $x > 0$, 故设 $\ln x = u$, 则 $\frac{1}{x} dx = d(\ln x) = du$. 所以

$$\int \frac{1}{x \ln x} dx = \int \frac{1}{\ln x} d(\ln x) = \int \frac{1}{u} du = \ln|u| + C = \ln|\ln x| + C.$$

注意 换元的目的是便于使用基本积分公式, 当运算比较熟练之后, 就可以省略中间变量代换和回代这两个步骤, 只须默记在心里. 如例3中的运算过程可以写成

$$\int \frac{1}{x \ln x} dx = \int \frac{1}{\ln x} d(\ln x) = \ln|\ln x| + C.$$

【例4】 求 $\int \frac{e^{\sqrt{x}}}{\sqrt{x}} dx$.

解
$$\int \frac{e^{\sqrt{x}}}{\sqrt{x}} dx = 2\int e^{\sqrt{x}} \cdot \frac{1}{2\sqrt{x}} dx = 2\int e^{\sqrt{x}} d\sqrt{x} = 2e^{\sqrt{x}} + C.$$

【例5】 求 $\int \frac{dx}{x^2 - a^2}$.

解
$$\int \frac{dx}{x^2 - a^2} = \int \frac{dx}{(x+a)(x-a)}$$

$$= \frac{1}{2a}\int \frac{(x+a)-(x-a)}{(x+a)(x-a)} dx$$

$$= \frac{1}{2a}\int \left(\frac{1}{x-a} - \frac{1}{x+a}\right) dx$$

$$= \frac{1}{2a}\left[\int \frac{d(x-a)}{x-a} - \int \frac{d(x+a)}{x+a}\right]$$

$$= \frac{1}{2a}(\ln|x-a| - \ln|x+a|) + C$$

$$= \frac{1}{2a}\ln\left|\frac{x-a}{x+a}\right| + C.$$

【例 6】 求 $\int \frac{\mathrm{d}x}{a^2+x^2}$.

解 $\int \frac{\mathrm{d}x}{a^2+x^2} = \frac{1}{a^2}\int \frac{\mathrm{d}x}{1+\left(\frac{x}{a}\right)^2} = \frac{1}{a}\int \frac{\mathrm{d}\left(\frac{x}{a}\right)}{1+\left(\frac{x}{a}\right)^2} = \frac{1}{a}\arctan\frac{x}{a} + C.$

类似地,可得

$$\int \frac{\mathrm{d}x}{\sqrt{a^2-x^2}} = \arcsin\frac{x}{a} + C \quad (a>0).$$

【例 7】 求 $\int \tan x \, \mathrm{d}x$.

解 $\int \tan x \, \mathrm{d}x = \int \frac{\sin x}{\cos x}\mathrm{d}x = -\int \frac{\mathrm{d}(\cos x)}{\cos x} = -\ln|\cos x| + C.$

类似地,可得

$$\int \cot x \, \mathrm{d}x = \ln|\sin x| + C.$$

【例 8】 求 $\int \sin^2 x \, \mathrm{d}x$.

解
$$\int \sin^2 x \, \mathrm{d}x = \int \frac{1-\cos 2x}{2}\mathrm{d}x$$
$$= \frac{1}{2}\int \mathrm{d}x - \frac{1}{2}\int \cos 2x \, \mathrm{d}x$$
$$= \frac{1}{2}x - \frac{1}{4}\int \cos 2x \, \mathrm{d}(2x)$$
$$= \frac{1}{2}x - \frac{1}{4}\sin 2x + C.$$

类似地,可得

$$\int \cos^2 x \, \mathrm{d}x = \frac{x}{2} + \frac{1}{4}\sin 2x + C.$$

【例 9】 求 $\int \tan x \sec^2 x \, \mathrm{d}x$.

解 $\int \tan x \sec^2 x \, \mathrm{d}x = \int \tan x \, \mathrm{d}(\tan x) = \frac{1}{2}\tan^2 x + C.$

由上面的例子可以看出,不定积分的第一类换元积分法没有一个较为统一的方法,其中有许多技巧,我们不但要熟记基本积分公式,还需要掌握一些常用的凑微分形式,如

$$\mathrm{d}x = \frac{1}{a}\mathrm{d}(ax) = \frac{1}{a}\mathrm{d}(ax+b) \quad (a \neq 0),$$

$$x\,\mathrm{d}x = \frac{1}{2}\mathrm{d}(x^2) = \frac{1}{2a}\mathrm{d}(ax^2+b) \quad (a \neq 0),$$

$$\frac{1}{x}\mathrm{d}x = \mathrm{d}(\ln x) \quad (x>0),$$

$$\frac{1}{\sqrt{x}}dx = 2d\sqrt{x},\quad -\sin x\, dx = d(\cos x),$$

$$\cos x\, dx = d(\sin x),\quad x^{\alpha} dx = \frac{1}{\alpha+1}dx^{\alpha+1}\quad (\alpha \neq -1).$$

第一类换元积分法主要用于被积函数中含有复合函数的不定积分问题，实质上是复合函数求导法则的逆运算.

4.3.2 第二类换元积分法

【引例 4】（太阳能能量）某一太阳能板的能量 $f(x)$ 相对于太阳能接触表面积 x 的变化率为 $f'(x) = \dfrac{0.01}{1+\sqrt{0.01x}}$，并且有 $f(0)=0$，试求太阳能能量 $f(x)$.

分析 题中已明确告知 $f'(x) = \dfrac{0.01}{1+\sqrt{0.01x}}$，因此太阳能能量 $f(x)$ 可表示为

$$f(x) = \int f'(x)dx = \int \frac{0.01}{1+\sqrt{0.01x}}dx,$$

且有 $f(0)=0$. 所以，我们的研究重点就是计算不定积分 $\int \dfrac{0.01}{1+\sqrt{0.01x}}dx$.

上述问题显然无法利用第一类换元积分法得出结果. 为了得到上述不定积分的结果，我们可以令 $\sqrt{0.01x} = t\,(t>0)$，即 $x=100t^2$，使之有理化. 则不定积分 $\int \dfrac{0.01}{1+\sqrt{0.01x}}dx$ 变为：

$$\int \frac{0.01}{1+\sqrt{0.01x}}dx = \int \frac{0.01}{1+t}d(100t^2) = 2\int \frac{t}{1+t}dt,$$

再利用第一类换元积分法可以得到不定积分结果为

$$\int \frac{0.01}{1+\sqrt{0.01x}}dx = 2t - 2\ln|1+t| + C,$$

最后将 $t = \sqrt{0.01x}$ 和 $f(0)=0$ 代入上式，可得太阳能能量

$$f(x) = 2(\sqrt{0.01x} - \ln|1+\sqrt{0.01x}|).$$

验证：$\left[2(\sqrt{0.01x} - \ln|1+\sqrt{0.01x}|)\right]' = \dfrac{0.01}{1+\sqrt{0.01x}}$.

所以，$2(\sqrt{0.01x} - \ln|1+\sqrt{0.01x}|)$ 是 $\dfrac{0.01}{1+\sqrt{0.01x}}$ 的原函数，说明上述方法是正确的. 得到太阳能能量为 $f(x) = 2(\sqrt{0.01x} - \ln|1+\sqrt{0.01x}|)$.

引例 4 的解法是引入新的函数 $x(t) = 100t^2$，从而把积分变量为 x 的不定积分转化为积分变量为 t 的不定积分，再利用前面学习的第一类换元积分法求解.

第一类换元积分法是将 $\int f[\varphi(x)]\varphi'(x)dx$ 的积分通过 $\varphi(x) = u$ 变换成 $\int f(u)du$ 的积分. 而有时候需要将公式反过来使用，即已知 $\int f(u)du$ 不易积分，通过变量代换 $u = \varphi(x)$，将其变成 $\int f[\varphi(x)]\varphi'(x)dx$ 的积分，而这个积分是容易计算的.

定理 4-3 （第二类换元积分法）若 $f(x)$ 是连续函数, $x=\varphi(t)$ 有连续的导数 $\varphi'(t)$, 且 $\varphi'(t)\neq 0$, 又设 $\int f[\varphi(t)]\varphi'(t)dt=F(t)+C$, 则有换元公式:

$$\int f(x)dx=\int f[\varphi(t)]\varphi'(t)dt=F(t)+C=F[\varphi^{-1}(x)]+C.$$

其中, $t=\varphi^{-1}(x)$ 是 $x=\varphi(t)$ 的反函数.

使用第二类换元积分法计算的关键是选择适当的函数代换 $x=\varphi(t)$, 将变量 x 替换成函数 $\varphi(t)$. 通常把这样的积分方法叫作**第二类换元积分法**.

1. 简单根式代换

【例 10】 求 $\int \dfrac{dx}{1+\sqrt{x}}$.

解 积分公式中没有公式可供本题直接套用, 凑微分也不容易. 求这个积分的困难在于被积式中含有根式 $\sqrt{x}$, 为了去掉根式, 可作如下变换

$$t=\sqrt{x},\ t^2=x \quad (t>0),$$
$$x=t^2,\ dx=2tdt,$$

所以

$$\begin{aligned}\int \frac{dx}{1+\sqrt{x}}&=\int \frac{1}{1+t}\cdot 2tdt=2\int\frac{1+t-1}{1+t}dt\\&=2\int dt-2\int\frac{1}{1+t}dt=2t-2\int\frac{1}{1+t}d(1+t)\\&=2t-2\ln|1+t|+C=2\sqrt{x}-2\ln|1+\sqrt{x}|+C.\end{aligned}$$

【例 11】 求 $\int \dfrac{dx}{1+\sqrt[3]{x-1}}$.

解 求这个积分的困难在于被积式中含有根式 $\sqrt[3]{x-1}$, 为了去掉根式, 可作如下变换

$$t=\sqrt[3]{x-1},\ t^3=x-1,$$
$$x=t^3+1,\ dx=3t^2dt,$$

所以

$$\begin{aligned}\int\frac{dx}{1+\sqrt[3]{x-1}}&=\int\frac{1}{1+t}\cdot 3t^2dt\\&=3\int\frac{t^2-1+1}{1+t}dt=3\int(t-1)dt+3\int\frac{1}{1+t}dt\\&=\frac{3}{2}t^2-3t+3\int\frac{1}{1+t}d(1+t)\\&=\frac{3}{2}t^2-3t+3\ln|1+t|+C\\&=\frac{3}{2}\sqrt[3]{(x-1)^2}-3\sqrt[3]{x-1}+3\ln|1+\sqrt[3]{x-1}|+C.\end{aligned}$$

由例 10 和例 11 可以看出, 如果被积函数中含有根式 $\sqrt[n]{ax+b}$ 时, 一般可令 $t=\sqrt[n]{ax+b}$, 即 $x(t)=\dfrac{t^n-b}{a}$, 就可去掉根式.

【引例 5】 （函数曲线）已知一函数 $f(x)$ 的切线斜率 $k(x)=\sqrt{a^2-x^2}\ (a>0)$（图 4-4），并且经过点 $(0,0)$，试求该曲线 $f(x)$ 的函数表达式.

分析 由几何知识可知，曲线中一点的导函数等于该点处的斜率，即 $f'(x)=k(x)$. 则曲线 $f(x)$ 的函数表达式为

$$f(x)=\int f'(x)\mathrm{d}x=\int k(x)\mathrm{d}x=\int \sqrt{a^2-x^2}\,\mathrm{d}x.$$

又因为函数经过原点，即 $f(0)=0$. 因此，我们只要能计算出不定积分 $\int \sqrt{a^2-x^2}\,\mathrm{d}x$ 就可以计算出该曲线的函数表达式.

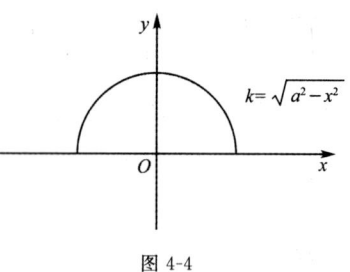

图 4-4

求解这个不定积分的困难也在于被积表达式中有根式 $\sqrt{a^2-x^2}$，我们不能像上面那样令 $a^2-x^2=t^2$ 使之有理化，但可以借用三角函数公式

$$\sin^2 t+\cos^2 t=1$$

来消去根式 $\sqrt{a^2-x^2}$.

解 设 $x=a\sin t\left(-\dfrac{\pi}{2}\leqslant t\leqslant \dfrac{\pi}{2}\right)$，则

$$\mathrm{d}x=a\cos t\,\mathrm{d}t,\ t=\arcsin \frac{x}{a}\quad (a>0),$$

于是有

$$\sqrt{a^2-x^2}=\sqrt{a^2-a^2\sin^2 t}=a\sqrt{1-\sin^2 t}=a\cos t,$$

则

$$\int \sqrt{a^2-x^2}\,\mathrm{d}x=\int a\cos t\cdot a\cos t\,\mathrm{d}t$$

$$=\int a^2\cos^2 t\,\mathrm{d}t=a^2\int \frac{1+\cos 2t}{2}\mathrm{d}t$$

$$=\frac{a^2}{2}\int \mathrm{d}t+\frac{a^2}{2}\cdot \frac{1}{2}\int \cos 2t\cdot 2\mathrm{d}t$$

$$=\frac{a^2}{2}t+\frac{a^2}{4}\sin 2t+C$$

$$=\frac{a^2}{2}t+\frac{a}{2}\cdot a\sin t\cdot \cos t+C$$

$$=\frac{a^2}{2}\arcsin \frac{x}{a}+\frac{a}{2}\cdot x\cdot \frac{\sqrt{a^2-x^2}}{a}+C$$

$$=\frac{a^2}{2}\arcsin \frac{x}{a}+\frac{x}{2}\sqrt{a^2-x^2}+C.$$

注意 为了将 t 还原为 x，可以利用直角三角形的边角关系. 由 $x=a\sin t$，$\sin t=\dfrac{x}{a}$，作一锐角为 t 的三角形，其斜边为 a，对边为 x，如图 4-5 所示.

图 4-5

2. 三角代换

【例 12】 求 $\int \dfrac{1}{(a^2+x^2)^{\frac{3}{2}}} \mathrm{d}x \,(a>0)$.

解 为了去掉被积函数中的根号，利用三角变换 $1+\tan^2 x = \sec^2 x$，令 $x = a\tan t \left(-\dfrac{\pi}{2} < t < \dfrac{\pi}{2}\right)$，则 $(a^2+x^2)^{\frac{3}{2}} = (a^2+a^2\tan^2 t)^{\frac{3}{2}} = a^3\sec^3 t$，$\mathrm{d}x = a\sec^2 t \,\mathrm{d}t$，于是有

$$\int \dfrac{1}{(a^2+x^2)^{\frac{3}{2}}} \mathrm{d}x = \int \dfrac{1}{a^3\sec^3 t} \cdot a\sec^2 t \,\mathrm{d}t = \dfrac{1}{a^2} \int \dfrac{1}{\sec t} \mathrm{d}t = \dfrac{1}{a^2} \int \cos t \,\mathrm{d}t = \dfrac{\sin t}{a^2} + C,$$

根据 $\tan t = \dfrac{x}{a}$，作辅助三角形（图 4-6）可得：

$$\int \dfrac{1}{(a^2+x^2)^{\frac{3}{2}}} \mathrm{d}x = \dfrac{\sin t}{a^2} + C = \dfrac{x}{a^2\sqrt{a^2+x^2}} + C.$$

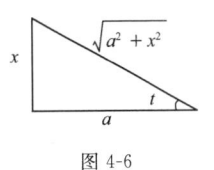

图 4-6

【例 13】 求 $\int \dfrac{1}{(x^2-a^2)^{\frac{3}{2}}} \mathrm{d}x \,(x>a>0)$.

解 和上例类似为了去掉根号，利用三角变换 $\sec^2 x - 1 = \tan^2 x$，作变量代换令 $x = a\sec t \left(0 < t < \dfrac{\pi}{2}\right)$，则 $(x^2-a^2)^{\frac{3}{2}} = (a^2\sec^2 t - a^2)^{\frac{3}{2}} = a^3\tan^3 t$，$\mathrm{d}x = a\sec t\tan t \,\mathrm{d}t$，于是有

$$\int \dfrac{1}{(x^2-a^2)^{\frac{3}{2}}} \mathrm{d}x = \int \dfrac{1}{a^3\tan^3 t} \cdot a\sec t\tan t \,\mathrm{d}t$$

$$= \dfrac{1}{a^2} \int \dfrac{\cos^2 t}{\sin^2 t} \dfrac{1}{\cos t} \mathrm{d}t = \dfrac{1}{a^2} \int \dfrac{\cos t}{\sin^2 t} \mathrm{d}t$$

$$= \dfrac{1}{a^2} \int \dfrac{1}{\sin^2 t} \mathrm{d}(\sin t) = -\dfrac{1}{a^2\sin t} + C.$$

根据 $\sec t = \dfrac{x}{a}$，作辅助三角形（图 4-7）可得：

$$\int \dfrac{1}{(x^2-a^2)^{\frac{3}{2}}} \mathrm{d}x = -\dfrac{1}{a^2\sin t} + C = -\dfrac{x}{a^2\sqrt{x^2-a^2}} + C.$$

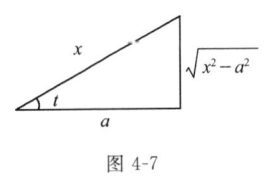

图 4-7

由例 12 和例 13 可以看出，如果被积函数中含有 $\sqrt{a^2-x^2}$、$\sqrt{x^2-a^2}$、$\sqrt{a^2+x^2}$ 时，可分别作 $x(t) = a\sin t$、$x(t) = a\sec t$、$x(t) = a\tan t$ 的变量代换去掉根式，它们统称为**三角代换**.

用第二类换元积分法求不定积分时，不论是简单根式代换还是三角代换，都是将变量 x 替换成函数 $x = \varphi(t)$，把式子中的**根式去掉**，从而使被积函数**有理化**.

第一类换元积分法和第二类换元积分法的区别有以下两点：

(1) 对于初始变量 x 来说，第一类换元积分法中新变量 $u(u = \varphi(x))$ 是因变量，而第二类换元积分法中新变量 $t(x = \varphi(t))$ 处于自变量的地位；

(2) 第一类换元积分法中变量代换和回代这两个步骤，可省略不写，而第二类换元积分法则不能省略.

同步训练 4-3

1. 用第一类换元积分法求下列不定积分.

(1) $\int \sin 3x \, dx$;

(2) $\int \cos 2t \, dt$;

(3) $\int \dfrac{1}{1+2x} dx$;

(4) $\int (1-3x)^8 dx$;

(5) $\int \sqrt{1-2x} \, dx$;

(6) $\int x \sin x^2 \, dx$;

(7) $\int \sin^2 x \cos x \, dx$.

2. 用第二类换元积分法求下列不定积分.

(1) $\int \dfrac{1}{x\sqrt{x-1}} dx$;

(2) $\int \dfrac{1}{\sqrt{9-x^2}} dx$.

3. 用换元积分法求下列不定积分.

(1) $\int \dfrac{dx}{\sqrt{x}(1+x)}$;

(2) $\int \dfrac{x}{\sqrt{x^2+3}} dx$;

(3) $\int \cos^3 x \, dx$;

(4) $\int \dfrac{x}{\sqrt{4-x^2}} dx$.

4.4 分部积分法

【引例6】（电路电量）已知测得某导线在时刻 t（单位：s）的电流为 $I(t) = t\cos t$（图 4-8），且初始时刻的电量为 0，求时刻 t 流过导线的电量 $Q(t)$（单位：C）.

分析 由物理知识可知，时刻 t 电流与电量的关系为 $I(t) = \dfrac{dQ(t)}{dt}$. 则时刻 t 流过导线的电量 $Q(t)$ 的表达式为

$$Q(t) = \int I(t) dt = \int t\cos t \, dt,$$

因此，只要能计算出不定积分 $\int t\cos t \, dt$ 就可以计算出时刻 t 的电量 $Q(t)$.

图 4-8

解 求解这个不定积分的困难在于，被积函数为幂函数 $y = t$ 和三角函数 $y = \cos t$ 的乘积，这与我们之前学过的乘积的微分公式相关.因此，可以借助求导公式

$$(t \sin t)' = \sin t + t \cos t$$

和不定积分的基本性质

$$\int (f(t) + g(t)) dt = \int f(t) dt + \int g(t) dt$$

得到
$$\int (t\sin t)' \mathrm{d}t = \int (\sin t + t\cos t)\mathrm{d}t = \int \sin t\, \mathrm{d}t + \int t\cos t\, \mathrm{d}t,$$
也就是
$$\int t\cos t\, \mathrm{d}t = \int (t\sin t)' \mathrm{d}t - \int \sin t\, \mathrm{d}t = t\sin t + \cos t + C.$$

验证：$(t\sin t + \cos t)' = \sin t + t\cos t - \sin t = t\cos t$.

所以，$t\sin t + \cos t$ 是 $t\cos t$ 的一个原函数，说明上述方法是正确的. 得到时刻 t 流过导线的电量 $Q(t) = t\sin t + \cos t$.

注意 引例 6 中将不定积分 $\int t\cos t\, \mathrm{d}t$ 转化成了不定积分 $\int \sin t\, \mathrm{d}t$，将复杂不定积分转化成了可求解的不定积分，计算出了不同基本初等函数乘积的不定积分.

引例 6 的解法是借助乘积的求导公式和不定积分的基本性质，计算了两类基本初等函数乘积的不定积分. 针对这类问题，本节介绍新的积分方法——**分部积分法**，它是乘积的微分（求导）公式的逆运算.

设函数 $u(x), v(x)$，简写为 u, v，都连续可微，由微分公式可得
$$\mathrm{d}(uv) = u\mathrm{d}v + v\mathrm{d}u,$$
移项得
$$u\mathrm{d}v = \mathrm{d}(uv) - v\mathrm{d}u,$$
两边积分，则有
$$\int u\mathrm{d}v = \int \mathrm{d}(uv) - \int v\mathrm{d}u,$$
即
$$\int u\mathrm{d}v = uv - \int v\mathrm{d}u \text{ 或 } \int uv'\mathrm{d}x = uv - \int vu'\mathrm{d}x.$$

这个公式称为**分部积分公式**，如果右边的积分 $\int v\mathrm{d}u$ 比左边的积分 $\int u\mathrm{d}v$ 容易求得，那么使用此公式就有意义.

下面举例来说明其应用.

【例 1】 求 $\int x\sin x\, \mathrm{d}x$.

解 题中的被积表达式又是两类基本初等函数的乘积，因此利用分部积分法，设 $u = x$，$\mathrm{d}v = \sin x\, \mathrm{d}x = \mathrm{d}(-\cos x)$，于是有
$$\mathrm{d}u = \mathrm{d}x, v = -\cos x,$$
则
$$\int x\sin x\, \mathrm{d}x = \int x\mathrm{d}(-\cos x) = -x\cos x - \left(\int -\cos x\, \mathrm{d}x\right)$$
$$= -x\cos x + \sin x + C.$$

【例 2】 求 $\int x\ln x\, \mathrm{d}x$.

解 设 $u = \ln x, \mathrm{d}v = x\mathrm{d}x = \mathrm{d}\left(\dfrac{x^2}{2}\right)$，于是有
$$\mathrm{d}u = \mathrm{d}(\ln x) = \dfrac{1}{x}\mathrm{d}x, v = \dfrac{x^2}{2},$$

则
$$\int x\ln x\,\mathrm{d}x = \int \ln x\,\mathrm{d}\left(\frac{x^2}{2}\right) = \frac{x^2}{2}\ln x - \int \frac{x^2}{2}\cdot\frac{1}{x}\mathrm{d}x$$
$$= \frac{x^2}{2}\ln x - \int \frac{x}{2}\mathrm{d}x = \frac{x^2}{2}\ln x - \frac{x^2}{4} + C.$$

注意 由例 1 和例 2 可知，当利用分部积分法计算时，被积表达式中包含的基本初等函数不同时，u,v 的选取也要随之改变.

【例 3】 求 $\int \ln x\,\mathrm{d}x$.

解 这里被积函数看作是 $\ln x$ 和 1 的乘积，设 $u = \ln x$，$\mathrm{d}v = \mathrm{d}x$，于是有
$$\mathrm{d}u = \mathrm{d}(\ln x) = \frac{1}{x}\mathrm{d}x, v = x,$$
$$\int \ln x\,\mathrm{d}x = \int \ln x\,\mathrm{d}(x) = x\ln x - \int x\cdot\frac{1}{x}\mathrm{d}x = x\ln x - x + C.$$

当运算熟练之后，分部积分的替换过程可以省略.

【例 4】 求 $\int x^2\cos x\,\mathrm{d}x$.

解
$$\int x^2\cos x\,\mathrm{d}x = \int x^2\,\mathrm{d}(\sin x) = x^2\sin x - \int \sin x\,\mathrm{d}(x^2)$$
$$= x^2\sin x - 2\int x\sin x\,\mathrm{d}x.$$

此时，积分 $\int x\sin x\,\mathrm{d}x$ 仍不能直接求出，还需要再次运用分部积分公式.
$$\int x\sin x\,\mathrm{d}x = \int x\,\mathrm{d}(-\cos x) = -x\cos x - \left(\int -\cos x\,\mathrm{d}x\right)$$
$$= -x\cos x + \sin x + C,$$

所以
$$\int x^2\cos x\,\mathrm{d}x = x^2\sin x + 2x\cos x - 2\sin x + C.$$

由例 4 可以看出，对于某些不定积分，有时需要连续多次运用分部积分公式.

【例 5】 求 $\int \mathrm{e}^x\sin x\,\mathrm{d}x$.

解
$$\int \mathrm{e}^x\sin x\,\mathrm{d}x = \int \sin x\,\mathrm{d}(\mathrm{e}^x) = \mathrm{e}^x\sin x - \int \mathrm{e}^x\cos x\,\mathrm{d}x,$$

对右端积分再用一次分部积分公式.
$$\int \mathrm{e}^x\cos x\,\mathrm{d}x = \int \cos x\,\mathrm{d}(\mathrm{e}^x) = \mathrm{e}^x\cos x + \int \mathrm{e}^x\sin x\,\mathrm{d}x,$$

将 $\int \mathrm{e}^x\cos x\,\mathrm{d}x$ 带入原式得
$$\int \mathrm{e}^x\sin x\,\mathrm{d}x = \mathrm{e}^x\sin x - \mathrm{e}^x\cos x - \int \mathrm{e}^x\sin x\,\mathrm{d}x,$$

移项得
$$2\int \mathrm{e}^x\sin x\,\mathrm{d}x = \mathrm{e}^x\sin x - \mathrm{e}^x\cos x + C,$$

$$\int e^x \sin x \, dx = \frac{e^x \sin x - e^x \cos x}{2} + C.$$

说明：在例5中，连续两次应用分部积分公式，而且第一次取 $u = \sin x$，第二次必须取 $u = \cos x$，即两次所取的 $u(x)$ 一定要是同类函数，假若第二次取的 $u(x)$ 为 e^x，即 $u(x) = e^x$，则计算结果将回到原题。并且在移项之后，等式的右端应补加积分常数 C。

分部积分公式中 $u(x), v(x)$ 的选择是以积分运算简便易求为原则的，即选择的 $v'(x)$ 要容易找到一个原函数，且 $\int v \, du$ 要比 $\int u \, dv$ 容易求积分。

总结上面例子可知，u、v 选取的技巧遵循"反、对、幂、三、指"这样的顺序关系，把排在前面的函数选作 u，排在后面的函数与 dx 凑微分得到 dv。

同步训练 4-4

1. 求下列不定积分。

(1) $\int x e^x \, dx$；

(2) $\int x e^{-x} \, dx$；

(3) $\int t \cos t \, dt$；

(4) $\int \sin \sqrt{x} \, dx$；

(5) $\int \arcsin x \, dx$。

2. 求下列不定积分。

(1) $\int x^2 \sin x \, dx$；

(2) $\int e^x \cos x \, dx$。

4.5 积分表的使用

从上述各节的讨论中，我们已经了解到积分的计算要比导数的计算复杂，难度要大。在实际工作中为了应用方便，把常用的积分公式汇集成表——积分表（附录2）。一般积分表是按照被积函数的类型排列的。求积分时，可根据被积函数的类型直接地或经简单变形后，在表中查得所需的结果。下面通过实例说明积分表的用法。

【例1】 求 $\int \dfrac{dx}{x(2x+3)}$。

解 本例属于表中（一）类含有 $ax + b$ 的积分，按公式9，当 $a = 2, b = 3$ 时，有

$$\int \frac{dx}{x(2x+3)} = -\frac{1}{3} \ln \frac{2x+3}{x} + C.$$

【例2】 求 $\int \dfrac{dx}{4x^2 + 2x - 1}$。

解 本例属于表中（六）类含有 $ax^2 + bx + c$ 的积分，按公式64，当 $a = 4, b = 2, c = -1$ 时，有 $b^2 - 4ac > 0$，于是

$$\int \frac{dx}{4x^2 + 2x - 1} = \frac{\sqrt{5}}{10} \ln \frac{8x + 2 - 2\sqrt{5}}{8x + 2 + 2\sqrt{5}} + C.$$

【例3】 求 $\int \sqrt{4x^2-9}\,dx$.

解 本例属于表中(五)类含有 $\sqrt{ax^2+c}$ 的积分,可按公式40,当 $a=4,c=-9$ 时,有

$$\int \sqrt{4x^2-9}\,dx = \frac{x}{2}\sqrt{4x^2-9} - \frac{9}{4}\ln(2x+\sqrt{4x^2-9}) + C.$$

【例4】 求 $\int \sin^5 x\,dx$.

解 查表中(八)类公式85,有

$$\int \sin^n x\,dx = -\frac{1}{n}\sin^{n-1}x\cos x + \frac{n-1}{n}\int \sin^{n-2}x\,dx.$$

就本例而言,利用这个公式并不能求出最后结果,但是用一次就可以使被积函数的幂次减少2次.那么,重复多次使用这个公式就可以得到最终结果,我们把这样的公式叫作**递推公式**.

运用公式85两次,就可得到结果为

$$\int \sin^5 x\,dx = -\frac{1}{5}\sin^4 x\cos x + \frac{4}{5}\int \sin^3 x\,dx$$

$$= -\frac{1}{5}\sin^4 x\cos x + \frac{4}{5}\left(-\frac{1}{3}\sin^2 x\cos x + \frac{2}{3}\int \sin x\,dx\right)$$

$$= -\frac{1}{5}\sin^4 x\cos x - \frac{4}{15}\sin^2 x\cos x - \frac{8}{15}\cos x + C.$$

同步训练 4-5

1. 求下列不定积分.

(1) $\int \frac{1}{(2x+3)^2}\,dx$;

(2) $\int x^2(2x+3)^3\,dx$;

(3) $\int \sqrt{4x^2+9}\,dx$;

(4) $\int \cos^5 x\,dx$.

学习指导

本章介绍了不定积分的概念,不定积分的基本公式和法则,不定积分的直接积分法、换元积分法(包含两种)、分部积分法和查表法五种基本积分法.

1. 基本要求

(1) 理解原函数、不定积分的概念及其性质.

(2) 掌握不定积分的基本公式.

(3) 掌握不定积分的换元法和分部积分法.

(4) 掌握积分表的使用方法.

(5) 掌握一些常用的积分方法和技巧.

2. 常见题型与解题指导

(1) 利用原函数与不定积分的关系、不定积分的性质的题目.

(2) 计算各种形式的不定积分.

计算不定积分常见的方法有直接积分法、换元积分法(凑微分法、去根号法)和分部

积分法.

第一类换元积分法(凑微分法)可以不明显替换新变量 u,而是隐换,这样省掉了回代过程,更简便.第二类换元积分法(去根号法)常用于消去被积函数中的根号,主要有根式代换法和三角代换法.

应用分部积分法进行积分运算时应注意:v 要用凑微分容易求出,$\int v\mathrm{d}u$ 要比 $\int u\mathrm{d}v$ 容易求.还要掌握一些常见形式不定积分选取 u 的技巧.有时需要多次使用分部积分公式,才能求出积分;有些题在多次使用分部积分公式的过程中,会出现原来的被积函数,这时可以通过移项、合并同类项、解方程的办法,得出结果,而且要注意,移项之后,等式的右端应补加积分常数 C.

3. 学习建议

(1) 本章重点是原函数与不定积分的概念,基本积分公式和换元积分法与分部积分法.难点是第一类换元积分法,其灵活性较大,必须多下功夫,除了熟记基本积分公式外,还要熟记一些常用的微分关系式.

(2) 不定积分的计算要根据被积函数的特征灵活选用积分方法.在具体问题中,常常要针对不同的问题采用不同的积分方法.

如 $\int(\arcsin x)^2\mathrm{d}x$,先换元,令 $t=\arcsin x$,得 $\int t^2\cos t\mathrm{d}t$,再用分部积分法即可.也可以多次使用分部积分公式.

(3) 求不定积分比求导数要难得多,尽管有一些规律可循,但在具体应用时,却十分灵活,因此应通过多做习题来积累经验,熟悉技巧,才能熟练掌握.

单元测试 4

一、判断题

1. 如果函数 $f(x)$ 存在一个原函数,那么它就有无数个原函数. ( )

2. 不定积分 $\int f(x)\mathrm{d}x$ 表示函数 $f(x)$ 的一个原函数. ( )

3. 若 $f'(x)=0$,则 $f(x)=1$. ( )

4. $\int(ax^2+bx+c)'\mathrm{d}x=ax^2+bx+c$. ( )

二、填空题

1. 若 $F(x)$ 是 $f(x)$ 的一个原函数,则 $\int f(ax+b)\mathrm{d}x=$ _____.

2. $\dfrac{\mathrm{d}}{\mathrm{d}x}\int xf(x^2)\mathrm{d}x=$ _____.

3. $\int[xf(x^2)]'\mathrm{d}x=$ _____.

4. $\int \mathrm{e}^{f(x)}f'(x)\mathrm{d}x=$ _____.

5. 设 $2f(x)\cos x=\dfrac{\mathrm{d}}{\mathrm{d}x}[f(x)]^2$,$f(0)=1$,则 $f(x)=$ _____.

三、求下列不定积分.

(1) $\int \dfrac{x+3}{x-3} \mathrm{d}x$；

(2) $\int \dfrac{1-x^2}{1-x} \mathrm{d}x$；

(3) $\int \sin^2 3x \, \mathrm{d}x$；

(4) $\int \dfrac{\arctan^2 x}{1+x^2} \mathrm{d}x$；

(5) $\int \dfrac{x}{\sqrt{2x+3}} \mathrm{d}x$；

(6) $\int \dfrac{x \, \mathrm{d}x}{\sqrt{a^2+x^2}} \ (a>0)$；

(7) $\int \mathrm{e}^x \sin 2x \, \mathrm{d}x$；

(8) $\int x \arctan x \, \mathrm{d}x$.

四、 设 $f(x)$ 的一个原函数是 $\sin x \cdot \ln x$，求 $\int x f'(x) \mathrm{d}x$.

五、 已知某曲线的导函数为 $y' = 2x^2 + 3$，并且过点 $(0,1)$，求该曲线.

第5章

定积分及其应用

学习目标

1. 理解定积分的概念.
2. 理解定积分的基本性质.
3. 掌握变上限定积分的导数计算方法.
4. 熟练运用牛顿-莱布尼茨(Newton-Leibniz)公式计算定积分.
5. 熟练掌握定积分的换元积分法和分部积分法.
6. 会利用定积分计算平面图形的面积.

定积分是积分学的另一基本内容,它在自然科学、工程技术及经济领域中都有广泛的应用.本章先由实际问题引出定积分的概念,讨论定积分的几何意义、性质,然后从揭示定积分与不定积分的关系出发,给出定积分的计算方法,同时将定积分进行推广,给出广义积分的概念和计算方法,最后将定积分应用到几何和物理中.

5.1 定积分的概念与性质

牛顿 1642 年 12 月 25 日生于英国,牛顿在继承和总结了前人的思想和方法的基础上,提出流数理论,建立了一套求导数的方法,他把自己的发现称为"流数术". 牛顿称连续变化的量为流动量或流量,用英文字母表最后几个字母 V,X,Y,Z 等来表示. X 的无限小的增量 ΔX 为 X 的瞬(X 为时间时,无限小的时间间隔为瞬),用小写字母 o 表示. 流量的速度,即流量在无限小的时间间隔内的变化率,称为流数,用带点的字母 $\dot{x},\dot{y}$ 表示. 牛顿的"流数术"就是以流量、流数和瞬为基本概念的微分学,牛顿不仅引入了导数,还明确了导数是增量比极限的思想. 牛顿在 1669 年写的《运用无限多项方程的分析学》(1711 年

牛顿

出版)不仅给出了求一个变量对另一个变量的瞬时变化率的普遍方法,而且还证明了"面积可以由变化率的逆过程得到",这一结论称为牛顿-莱布尼茨定理(微积分基本定理),牛顿引入了分部积分法、变量代换法,1671年制作了积分表,又解决了极值、曲线拐点问题,提出了曲率公式,方程求根的切线法,曲线弧长计算公式,且得到许多重要函数的无穷级数表达式,牛顿为微积分的创立做了划时代的奠基工作.

莱布尼茨1646年生于德国,微积分的思想最早体现在1675年的手稿中,1673—1676年间得到了微积分研究的主要成果.他认识到求曲线的切线依赖于纵坐标、横坐标之差,求积依赖于无限薄矩形面积之和,求和与求差可逆,1675年,他断定一个事实,作为求和的过程的积分是微分的逆(即牛顿-莱布尼茨定理),1677年给出函数的和、差、积、商微分公式,1680年给出弧微分和旋转体体积公式.莱布尼茨发明了许多至今仍在用的符号,如 $\mathrm{d}x, \dfrac{\mathrm{d}y}{\mathrm{d}x}, \int$ 等,他的工作大胆且富有想象力.

牛顿、莱布尼茨的最大功绩是将两个貌似不相关的问题——切线问题和求积问题联系起来,建立了两者的桥梁、这标志着微积分的正式诞生.

莱布尼茨

牛顿对微积分是先发明(1665年),后发表(1711年);莱布尼茨则是后发明(1675年),先发表(1684年、1686年先后发表第一篇微分学、第一篇积分学文章),于是发生了所谓"优先权"的争论.事实上,他们彼此独立地创立了微积分.莱布尼茨称赞牛顿:"从世界开始到牛顿生活的时代的全部数学中,牛顿的工作超过了一半."

5.1.1 引例

【引例1】 曲边梯形的面积

在人类社会的生产活动中,人们经常遇到求不规则的平面图形的面积问题.在中学,我们已经解决了由直线边围成的矩形、三角形、梯形的面积计算问题,也使用过圆的面积计算公式,圆的边界是曲线,那么一般曲线边界围成的面积该如何计算呢?下面让我们来看看微积分思想是如何来解决此类问题的.

曲边梯形 由三条直线(其中有两条是平行直线,且第三条直线与两平行直线垂直)和一条曲线所围成的平面图形(图5-1).

一般曲线所围图形的面积(图5-2)与曲边梯形的面积之间有何关系?请仔细观察.(一般曲线所围图形的面积可以化为两个曲边梯形面积的差).

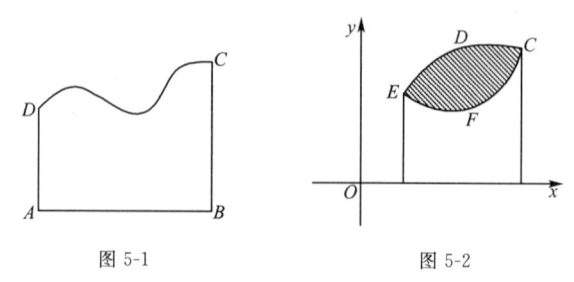

图 5-1

图 5-2

问题 求由曲线 $y=f(x)(f(x)\geqslant 0$ 且 $y=f(x)$ 在 $[a,b]$ 上连续),直线 $x=a, x=b$ 及 x 轴所围成的曲边梯形的面积(图5-3).

分析 我们知道,如果 $f(x)$ 在 $[a,b]$ 上是常数,则曲边梯形是一个矩形,它的面积可按公式:矩形面积=底×高来计算.现在的问题是,顶边不是直边而是曲边,就是说曲边梯形在底边上各点处的高 $f(x)$,在区间 $[a,b]$ 上是变动的,它的面积不能再直接用矩形面积公式来计算了.

然而,由于曲边梯形的高 $f(x)$ 在区间 $[a,b]$ 上是连续变化的,在很小一段区间上变化很小,近似于不变.换句话说,从整体来看,高是变化的,但从局部来看,高近似于不变,即从整体看顶是曲的,但从局部来看,顶是直的.因此把区间 $[a,b]$ 分成许多小区间,在每个小区间上,若用其中某一点处的高来近似代替这个小区间上的窄曲边梯形的变高,那么,算出的这些窄矩形面积就分别是相应窄曲边梯形面积的近似值,从而所有窄矩形面积之和就是曲边梯形面积的近似值.

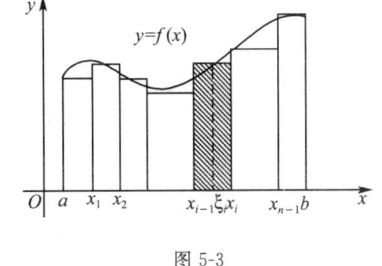

图 5-3

显然,区间 $[a,b]$ 分割越细,近似程度越高,当无限细分时,使每个小曲边梯形的底的长度趋向于零时,所有小矩形的面积之和的极限值就是整个曲边梯形面积的精确值.

解 根据以上分析,可按下面的步骤计算曲边梯形的面积.

(1) 分割

在区间 $[a,b]$ 内任取 $n-1$ 个分点:
$$a=x_0<x_1<x_2<\cdots<x_{n-1}<x_n=b,$$
把 $[a,b]$ 分成 n 个小区间:$[x_0,x_1],[x_1,x_2],\cdots,[x_{n-1},x_n]$,它们的长度分别计为:$\Delta x_i=x_i-x_{i-1}(i=1,2,\cdots,n)$,再过每一分点作平行于 y 轴的直线,把曲边梯形分成 n 个窄曲边梯形.

(2) 近似

在每个小区间 $[x_{i-1},x_i]$ 上任取一点 ξ_i,用底为 Δx_i,高为 $f(\xi_i)$ 的小矩形的面积近似代替相应的窄曲边梯形的面积 ΔA_i,即
$$\Delta A_i \approx f(\xi_i)\Delta x_i.$$

(3) 求和

把 n 个小矩形的面积加起来,就得到整个曲边梯形面积 A 的近似值,即
$$A=\sum_{i=1}^{n}\Delta A_i \approx \sum_{i=1}^{n}f(\xi_i)\Delta x_i.$$

(4) 取极限

当每个小曲边梯形的底的长度无限缩小,即当所有小区间长度的最大值 λ 趋向于零时(这时一定有 $n\to\infty$),上述和式的极限就可作为曲边梯形面积的精确值,即
$$A=\lim_{\lambda\to 0}\sum_{i=1}^{n}f(\xi_i)\Delta x_i.$$

上式表明,求曲边梯形的面积最后归结为求一个和式的极限.

以上步骤可以概括为"分割取近似,作和求极限".

【引例 2】 变速直线运动的路程

一物体做变速直线运动,假设速度 $v=v(t)$ 是时间 t 的连续函数,求物体在时间间隔 $[T_1,T_2]$ 内所经过的路程.

分析 我们知道,对于匀速直线运动,路程=速度×时间,而变速运动求路程的困难在于速度 $v(t)$ 是变化的.速度是连续变化的,在很短一段时间内,它的变化很小,当时间间隔越小

时,速度的变化越小,近似为匀速.因此用类似于求曲边梯形面积的办法来计算路程.

解 (1) 分割

在时间间隔 $[T_1, T_2]$ 内任取 $n-1$ 个分点:
$$T_1 = t_0 < t_1 < t_2 < \cdots < t_{n-1} < t_n = T_2,$$
把 $[T_1, T_2]$ 分成 n 个小区间:
$$[t_0, t_1], [t_1, t_2], \cdots, [t_{n-1}, t_n],$$
它们的长度分别计为:
$$\Delta t_i = t_i - t_{i-1} \quad (i = 1, 2, \cdots, n).$$

(2) 近似

任取一时刻 $\tau_i \in [t_{i-1}, t_i]$,用时刻 τ_i 的速度 $v(\tau_i)$ 近似代替 $[t_{i-1}, t_i]$ 上各时刻的速度,得物体在时间间隔 $[t_{i-1}, t_i]$ 内经过的路程 Δs_i 的近似值,即
$$\Delta s_i \approx v(\tau_i) \Delta t_i \quad (i = 1, 2, \cdots, n).$$

(3) 求和

物体在时间间隔 $[T_1, T_2]$ 内经过的路程 s 的近似值为
$$s = \sum_{i=1}^{n} \Delta s_i \approx \sum_{i=1}^{n} v(\tau_i) \Delta t_i.$$

(4) 取极限

记 $\lambda = \max\limits_{1 \leqslant i \leqslant n} \{\Delta t_i\}$,当 $\lambda \to 0$ 时,上述和式的极限就可作为物体在时间间隔 $[T_1, T_2]$ 内经过的路程 s 的精确值,即
$$s = \lim_{\lambda \to 0} \sum_{i=1}^{n} v(\tau_i) \Delta t_i.$$

上式表明,求变速直线运动的路程最后也归结为求一个和式的极限.

5.1.2 定积分的定义

上面两个例子中所要计算的量的实际意义虽然不同(前者是几何量,后者是物理量),但计算这些量的思想方法与步骤是相同的,它们都归结为求具有相同结构的一种和式的极限,如
$$\text{面积 } A = \lim_{\lambda \to 0} \sum_{i=1}^{n} f(\xi_i) \Delta x_i,$$
$$\text{路程 } s = \lim_{\lambda \to 0} \sum_{i=1}^{n} v(\tau_i) \Delta t_i.$$

许多实际问题都可以归结为计算上述这种和式的极限,因此我们有必要把这种处理问题的方式抽象出来,给出下面的定义:

定义 5-1 设函数 $f(x)$ 在区间 $[a, b]$ 上有定义.任取分点
$$a = x_0 < x_1 < x_2 < \cdots < x_{n-1} < x_n = b,$$
将 $[a, b]$ 分成 n 个子区间 $[x_{i-1}, x_i]$,其长度分别记为 Δx_i,任取一点 $\xi_i \in [x_{i-1}, x_i]$,作乘积 $f(\xi_i) \Delta x_i (i = 1, 2, \cdots, n)$,并作和式
$$S_n = \sum_{i=1}^{n} f(\xi_i) \Delta x_i,$$
记 $\lambda = \max\limits_{1 \leqslant i \leqslant n} \{\Delta x_i\}$,当 $\lambda \to 0$ 时,上述和式极限存在,且该极限值与 $[a, b]$ 的分法以及点 ξ_i 的取法无关,则称函数 $f(x)$ 在区间 $[a, b]$ 上可积,并称该极限值为 $f(x)$ 在区间 $[a, b]$ 上的定积

分,记作 $\int_a^b f(x)\mathrm{d}x$,即

$$\int_a^b f(x)\mathrm{d}x = \lim_{\lambda \to 0} \sum_{i=1}^n f(\xi_i)\Delta x_i,$$

其中,$f(x)$ 称为**被积函数**,$f(x)\mathrm{d}x$ 称为**被积表达式**,x 称为**积分变量**,$[a,b]$ 称为**积分区间**,a 与 b 分别称为**积分下限**与**上限**.

关于定积分的定义做以下说明:

(1) 定积分是和式的极限值,是一个常数,该极限值与 $[a,b]$ 的分法以及点 ξ_i 的取法无关,它与被积函数 $f(x)$ 及积分区间 $[a,b]$ 有关,而与积分变量无关,即有

$$\int_a^b f(x)\mathrm{d}x = \int_a^b f(t)\mathrm{d}t = \int_a^b f(u)\mathrm{d}u.$$

(2) 在定义中假定了 $a < b$,如果 $a > b$,我们规定

$$\int_a^b f(x)\mathrm{d}x = -\int_b^a f(x)\mathrm{d}x.$$

特别地,当 $a = b$ 时,规定 $\int_a^a f(x)\mathrm{d}x = 0$.

(3) 定义中,当 $\lambda \to 0$ 时,必有 $n \to \infty$,但当 $n \to \infty$ 时,未必能保证 $\lambda \to 0$,只有当区间等分时,$n \to \infty$ 才与 $\lambda \to 0$ 的含义相同.

根据定积分的定义,前面两个实际问题可以表述为:

(1) 曲边梯形的面积 A 是曲边函数 $f(x)$ 在底区间 $[a,b]$ 上的定积分,即

$$A = \int_a^b f(x)\mathrm{d}x.$$

(2) 变速直线运动的路程 s 是速度函数 $v(t)$ 在时间区间 $[T_1, T_2]$ 上的定积分,即

$$s = \int_{T_1}^{T_2} v(t)\mathrm{d}t.$$

关于函数 $f(x)$ 在 $[a,b]$ 上的可积性,有如下结论:

定理 5-1　如果 $f(x)$ 在 $[a,b]$ 上可积,则 $f(x)$ 在 $[a,b]$ 上有界.

定理 5-2　如果 $f(x)$ 在 $[a,b]$ 上连续或仅有有限个第一类间断点,则 $f(x)$ 在 $[a,b]$ 上可积.

5.1.3　定积分的几何意义

由前面的讨论知:

(1) 若在 $[a,b]$ 上 $f(x)$ 连续且 $f(x) \geqslant 0$,则 $\int_a^b f(x)\mathrm{d}x$ 在几何上表示由曲线 $y = f(x)$ 与直线 $x = a, x = b$,以及 $y = 0$ 所围成的曲边梯形的面积.

(2) 若在 $[a,b]$ 上 $f(x) < 0$,这时曲边梯形在 x 轴下方,如图 5-4 所示.由于 $f(\xi_i) < 0$,$\Delta x_i > 0$,则

$$\lim_{\lambda \to 0} \sum_{i=1}^n f(\xi_i)\Delta x_i \leqslant 0.$$

此时,$\int_a^b f(x)\mathrm{d}x$ 在几何上表示曲边梯形面积 A 的负值,即

$$\int_a^b f(x)\mathrm{d}x = -A.$$

(3) 当 $f(x)$ 在 $[a,b]$ 上有正有负时,$\int_a^b f(x)\mathrm{d}x$ 在几何上表示几个曲边梯形面积的代数

和,如图 5-5 所示,有 $\int_a^b f(x)\mathrm{d}x = A_1 - A_2 + A_3$.

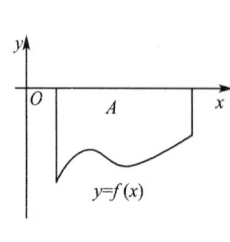

图 5-4

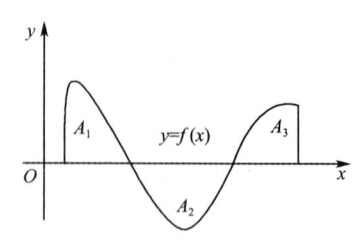

图 5-5

【例1】 用定积分表示图 5-6 中各阴影部分的面积,并根据定积分的几何意义求出其值.

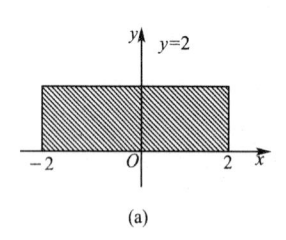

(a)

(b)

图 5-6

解 （1）在图 5-6(a)中,被积函数 $f(x)=2$ 在区间 $[-2,2]$ 上连续,且 $f(x)>0$,根据定积分的几何意义,阴影部分(矩形)的面积为

$$A = \int_{-2}^{2} 2\mathrm{d}x = 2 \times 4 = 8.$$

（2）在图 5-6(b)中,被积函数 $f(x)=x$ 在区间 $[1,2]$ 上连续,且 $f(x)>0$,根据定积分的几何意义,阴影部分(梯形)的面积为

$$A = \int_1^2 x\,\mathrm{d}x = \frac{(1+2)\times 1}{2} = \frac{3}{2}.$$

【例2】 利用定积分的几何意义,求定积分 $\int_{-R}^{R}\sqrt{R^2-x^2}\,\mathrm{d}x$.

解 如图 5-7 所示,被积函数 $y=\sqrt{R^2-x^2}$ 的图形是圆心在坐标原点,半径为 R 的圆周的上半部分.在区间 $[-R,R]$ 对应的面积为 $\frac{1}{2}\pi R^2$,即

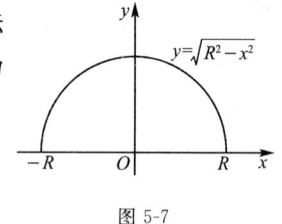

$$\int_{-R}^{R}\sqrt{R^2-x^2}\,\mathrm{d}x = \frac{1}{2}\pi R^2.$$

图 5-7

思考 $\int_0^3 \sqrt{9-x^2}\,\mathrm{d}x = ?$，$\int_{-1}^{3}\sqrt{4-(x-1)^2}\,\mathrm{d}x = ?$

5.1.4 定积分的性质

在下面的讨论中,假定函数 $f(x),g(x)$ 在所讨论的区间上都是可积的.

性质1 两个函数代数和的定积分等于各函数定积分的代数和,即

$$\int_a^b [f(x) \pm g(x)]\mathrm{d}x = \int_a^b f(x)\mathrm{d}x \pm \int_a^b g(x)\mathrm{d}x.$$

性质1可以推广到有限多个函数的代数和的情形.

性质 2　被积函数中的常数因子可以提到积分号外面，即
$$\int_a^b kf(x)\mathrm{d}x = k\int_a^b f(x)\mathrm{d}x.$$

性质 3　（定积分的区间可加性）对于任意的三个数 a,b,c，总有
$$\int_a^b f(x)\mathrm{d}x = \int_a^c f(x)\mathrm{d}x + \int_c^b f(x)\mathrm{d}x.$$

下面根据定积分的几何意义对性质 3 加以说明.

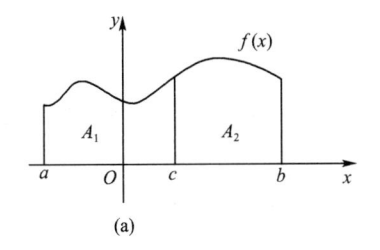

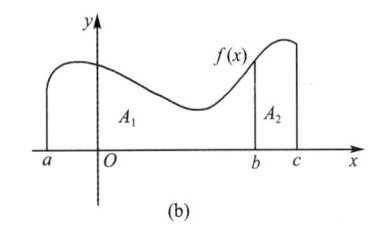

图 5-8

在图 5-8(a) 中，有
$$\int_a^b f(x)\mathrm{d}x = A_1 + A_2 = \int_a^c f(x)\mathrm{d}x + \int_c^b f(x)\mathrm{d}x;$$

在图 5-8(b) 中，因为
$$\int_a^c f(x)\mathrm{d}x = A_1 + A_2 = \int_a^b f(x)\mathrm{d}x + \int_b^c f(x)\mathrm{d}x,$$

所以
$$\int_a^b f(x)\mathrm{d}x = \int_a^c f(x)\mathrm{d}x - \int_b^c f(x)\mathrm{d}x = \int_a^c f(x)\mathrm{d}x + \int_c^b f(x)\mathrm{d}x.$$

性质 4　在 $[a,b]$ 上，若 $f(x) = 1$，则 $\int_a^b \mathrm{d}x = b - a$.（在几何上表示高为 1，底为 $b-a$ 的矩形面积）

性质 5　（保序性）如果在区间 $[a,b]$ 上 $f(x) \geqslant g(x)$，则 $\int_a^b f(x)\mathrm{d}x \geqslant \int_a^b g(x)\mathrm{d}x$. 当且仅当 $f(x) = g(x)$ 时，等号成立.

特别地，在区间 $[a,b]$ 上，若 $f(x) \geqslant 0$，则 $\int_a^b f(x)\mathrm{d}x \geqslant 0$.

例如，$\int_{-1}^3 x^2 \mathrm{d}x \geqslant 0$.

性质 1、2、5 都可直接使用定积分的定义进行证明.

性质 6　（定积分估值定理）设 M 和 m 分别是 $f(x)$ 在区间 $[a,b]$ 上的最大值和最小值，则
$$m(b-a) \leqslant \int_a^b f(x)\mathrm{d}x \leqslant M(b-a).$$

证明　因为 $m \leqslant f(x) \leqslant M, x \in [a,b]$，由性质 5 可得：
$$\int_a^b m\,\mathrm{d}x \leqslant \int_a^b f(x)\mathrm{d}x \leqslant \int_a^b M\,\mathrm{d}x.$$

再由性质 4 知：$m(b-a) \leqslant \int_a^b f(x)\mathrm{d}x \leqslant M(b-a)$.

性质 7　（定积分中值定理）如果函数 $f(x)$ 在闭区间 $[a,b]$ 上连续，则在区间 $[a,b]$ 上至少存在一点 ξ，使得
$$\int_a^b f(x)\mathrm{d}x = f(\xi)(b-a), (a \leqslant \xi \leqslant b).$$

证明 因为 $f(x)$ 在闭区间 $[a,b]$ 上连续,则它在 $[a,b]$ 上有最大值 M 与最小值 m,由性质 6,有 $m(b-a) \leqslant \int_a^b f(x)\mathrm{d}x \leqslant M(b-a)$. 即

$$m \leqslant \frac{1}{b-a}\int_a^b f(x)\mathrm{d}x \leqslant M,$$

由闭区间上连续函数的介值定理,在 $[a,b]$ 上至少存在一点 ξ,使得

$$f(\xi) = \frac{1}{b-a}\int_a^b f(x)\mathrm{d}x,$$

故有 $\int_a^b f(x)\mathrm{d}x = f(\xi)(b-a), (a \leqslant \xi \leqslant b).$

当 $f(x) \geqslant 0 (a \leqslant x \leqslant b)$ 时,定积分中值定理的几何解释是:由曲线 $y=f(x)$,直线 $x=a, x=b, y=0$ 所围成的曲边梯形的面积,等于以区间 $[a,b]$ 为底,以该区间上某一点处的函数值 $f(\xi)$ 为高的矩形的面积(图 5-9).

把 $f(\xi)$ 称为连续曲线 $y=f(x)$ 在 $[a,b]$ 上的平均高度,或称为连续函数 $y=f(x)$ 在 $[a,b]$ 上的平均值. 所以定积分中值定理解决了求一个连续变量的平均值问题,比如平均速度、平均电压、平均电流强度、平均温度、平均寿命等问题都可用定积分来求解.

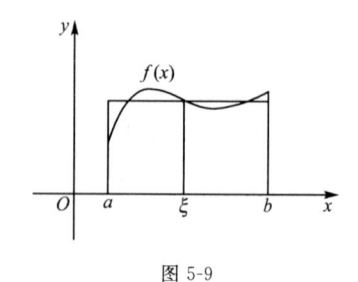

图 5-9

【例 3】 估计定积分 $\int_0^1 \mathrm{e}^{-x^2}\mathrm{d}x$ 的范围.

解 先求出函数 $f(x) = \mathrm{e}^{-x^2}$ 在 $[0,1]$ 上的最小值和最大值,为此,求导数 $f'(x) = -2x\mathrm{e}^{-x^2}$,令 $f'(x)=0$,得驻点 $x=0$,比较 $f(0)=1, f(1)=\mathrm{e}^{-1}$,得最小值 $f(1)=\mathrm{e}^{-1}$,最大值 $f(0)=1$.

由定积分估值定理,得 $\mathrm{e}^{-1} \leqslant \int_0^1 \mathrm{e}^{-x^2}\mathrm{d}x \leqslant 1.$

【例 4】 一物体以速度 $v=2t-1$ 做直线运动,试求该物体在 $t=0$ 到 $t=3$ 这一段时间内的平均速度.

解 根据定积分中值定理,平均速度

$$\bar{v} = \frac{1}{3-0}\int_0^3 (2t-1)\mathrm{d}t = \frac{2}{3}\int_0^3 t\mathrm{d}t - \frac{1}{3}\int_0^3 \mathrm{d}t,$$

由定积分的几何意义可知:

$$\int_0^3 \mathrm{d}t = 3-0 = 3,$$

$$\int_0^3 t\mathrm{d}t = \frac{1}{2}\times 3\times 3 = \frac{9}{2},$$

$$\bar{v} = \frac{2}{3}\int_0^3 t\mathrm{d}t - \frac{1}{3}\int_0^3 \mathrm{d}t = \frac{2}{3}\times\frac{9}{2} - \frac{1}{3}\times 3 = 2.$$

同步训练 5-1

1. 填空题

(1) 定积分 $\int_1^3 \frac{1}{x^2}\mathrm{d}x$ 中,积分上限是 _____,积分下限是 _____,积分区间

是_____；

(2) 由积分曲线 $y=\sin x$ 与直线 $x=0, x=2\pi$ 及 x 轴所围成的曲边梯形的面积,用定积分表示为_____；

(3) $\int_2^2 e^x dx =$ _____；

(4) $\int_1^2 \ln x\, dx$ _____ $\int_1^2 \ln^2 x\, dx$（填"$\leqslant$"或"$\geqslant$"）.

2. 利用定积分表示下列各阴影部分（图 5-10）的面积.

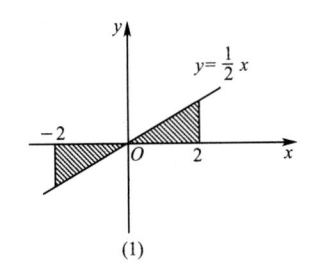

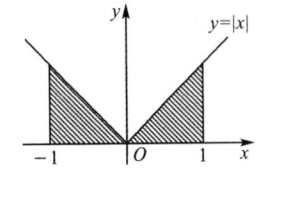

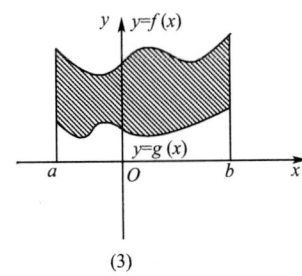

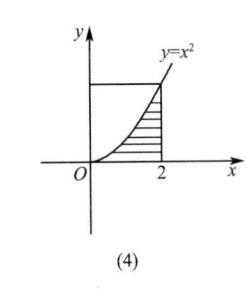

图 5-10

3. 根据定积分的几何意义,求下列各式的值.

(1) $\int_{-2}^3 2\, dx$； (2) $\int_0^4 (x-1)\, dx$.

4. 选择题

(1) 定积分的值与（　　）无关；

A. 被积函数　　　B. 积分区间　　　C. 积分上下限　　　D. 积分变量

(2) $\int_a^d f(x)\, dx =$（　　）（图 5-11）.

A. $A_3 - A_1 + A_2$　　B. $A_1 + A_2 - A_3$　　C. $A_1 - A_2 + A_3$　　D. $A_1 + A_2 + A_3$

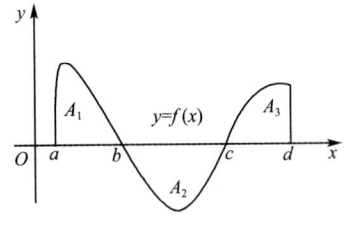

图 5-11

5.2 定积分的基本公式

定积分定义为一种和式的极限,如果按照定义计算定积分,即使被积函数很简单,也是十分繁琐和困难的.因此,有必要寻找计算定积分的简便有效的方法.

现在再来看一下物体做变速直线运动时的路程的计算.

设一物体在时间区间 $[T_1, T_2]$ 上做变速直线运动,路程 $s(t)$ 和速度 $v(t)$ 均是时间 t 的函数,且 $v(t)$ 在区间 $[T_1, T_2]$ 上连续,现要求该物体在时间区间 $[T_1, T_2]$ 上运动的路程 s.

由第一节知,$s = \int_{T_1}^{T_2} v(t) dt$;另一方面,显然这段路程 s 又可以用路程函数 $s(t)$ 在时间区间 $[T_1, T_2]$ 上的增量 $s(T_2) - s(T_1)$ 来表示.于是,显然有

$$\int_{T_1}^{T_2} v(t) dt = s(T_2) - s(T_1).$$

我们注意到 $s'(t) = v(t)$,即路程函数 $s(t)$ 是速度函数 $v(t)$ 的原函数.上式表明,速度 $v(t)$ 在 $[T_1, T_2]$ 上的定积分等于原函数 $s(t)$ 在 $[T_1, T_2]$ 上的增量.

由此,我们可做一个大胆的猜想:若 $F(x)$ 是 $f(x)$ 的一个原函数且 $f(x)$ 在 $[a,b]$ 上连续,那么应该有

$$\int_a^b f(x) dx = F(b) - F(a).$$

为了证明我们的猜想,下面先来研究名为"积分上限函数"的函数.

5.2.1 积分上限函数

设函数 $f(t)$ 在区间 $[a,b]$ 上连续,对于 $[a,b]$ 上任一点 x,由于 $f(t)$ 在 $[a,x]$ 上连续,则定积分 $\int_a^x f(t) dt$ 存在.于是,对 $[a,b]$ 上每一点 x,都有一个唯一确定的值 $\int_a^x f(t) dt$ 与之对应,由此在 $[a,b]$ 上定义了一个函数,称之为积分上限函数,记为 $\Phi(x)$,即

$$\Phi(x) = \int_a^x f(t) dt \quad (a \leqslant x \leqslant b).$$

积分上限函数 $\Phi(x)$ 具有下面定理所阐明的重要性质.

定理 5-3 函数 $f(x)$ 在区间 $[a,b]$ 上连续,则积分上限函数 $\Phi(x) = \int_a^x f(t) dt$ 在 $[a,b]$ 上可导,且

$$\Phi'(x) = \left[\int_a^x f(t) dt \right]' = f(x) \quad (a \leqslant x \leqslant b).$$

证明 按导数的定义,证得对于任意一点 $x \in [a,b]$,均有 $\lim\limits_{\Delta x \to 0} \dfrac{\Delta \Phi}{\Delta x} = f(x)$ 即可.

如图 5-12 所示,给 x 一个增量 Δx,$x + \Delta x \in [a,b]$,由 $\Phi(x)$ 的定义,有

$$\begin{aligned}
\Delta \Phi(x) &= \Phi(x + \Delta x) - \Phi(x) \\
&= \int_a^{x+\Delta x} f(t) dt - \int_a^x f(t) dt \\
&= \int_a^{x+\Delta x} f(t) dt + \int_x^a f(t) dt
\end{aligned}$$

$$= \int_x^{x+\Delta x} f(t)\mathrm{d}t.$$

因为 $f(t)$ 连续,所以由积分中值定理知,在 x 与 $x+\Delta x$ 之间存在点 ξ,使得

$$\Delta \Phi(x) = \int_x^{x+\Delta x} f(t)\mathrm{d}t = f(\xi)\Delta x,$$

由 $f(t)$ 在 $[a,b]$ 上连续,并注意到当 $\Delta x \to 0$ 时,有 $\xi \to x$,得

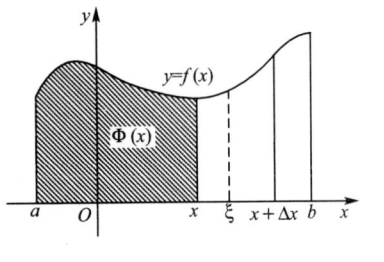

$$\Phi'(x) = \lim_{\Delta x \to 0} \frac{\Delta \Phi}{\Delta x} = \lim_{\xi \to x} f(\xi) = f(x).$$

定理 5-3 表明,如果函数 $f(x)$ 在闭区间 $[a,b]$ 上连续,则 $f(x)$ 在闭区间 $[a,b]$ 上一定有原函数(积分上限函数 $\Phi(x) = \int_a^x f(t)\mathrm{d}t$ 就是 $f(x)$ 的一个原函数).同时,这个定理也初步揭示了定积分与被积函数的原函数之间的关系,使我们前面提出的通过原函数来计算定积分的猜想成为现实.

【例 1】 设 $\Phi(x) = \int_{\frac{\pi}{2}}^{x} t\cos t\,\mathrm{d}t$,求 $\Phi'(x), \Phi'(\pi)$.

解
$$\Phi'(x) = \frac{\mathrm{d}}{\mathrm{d}x}\int_{\frac{\pi}{2}}^{x} t\cos t\,\mathrm{d}t = x\cos x,$$
$$\Phi'(\pi) = \Phi'(x)\Big|_{x=\pi} = \pi \times \cos\pi = -\pi.$$

【例 2】 求下列函数的导数.

(1) $F(x) = \int_x^0 \cos 2t\,\mathrm{d}t$;

(2) $y = F(x) = \int_2^{\sqrt{x}} \sin t^2\,\mathrm{d}t \quad (x>0)$.

解 (1) 由于 x 为下限,不能直接应用定理 5-3 来求导数,需要先将原式变形,再求导数.
$$F'(x) = \frac{\mathrm{d}}{\mathrm{d}x}\left(\int_x^0 \cos 2t\,\mathrm{d}t\right) = \frac{\mathrm{d}}{\mathrm{d}x}\left(-\int_0^x \cos 2t\,\mathrm{d}t\right) = -\cos 2x.$$

(2) $y = F(x)$ 是由函数
$$y = F(u) = \int_2^u \sin t^2\,\mathrm{d}t, u = \sqrt{x}.$$
复合而成的复合函数,所以利用复合函数的求导法则,得
$$\frac{\mathrm{d}y}{\mathrm{d}x} = \frac{\mathrm{d}y}{\mathrm{d}u}\cdot\frac{\mathrm{d}u}{\mathrm{d}x} = \left(\int_2^u \sin t^2\,\mathrm{d}t\right)'_u \cdot (\sqrt{x})'_x = \sin u^2 \cdot \frac{1}{2\sqrt{x}} = \frac{\sin x}{2\sqrt{x}}.$$

【例 3】 设 $y = \int_x^{x^2} \sqrt{1+t^3}\,\mathrm{d}t$,求 $\dfrac{\mathrm{d}y}{\mathrm{d}x}$.

解 因为积分的上、下限都是变量,先把它拆成两个积分之和,然后再求导.
$$\frac{\mathrm{d}y}{\mathrm{d}x} = \left(\int_x^{x^2} \sqrt{1+t^3}\,\mathrm{d}t\right)'_x = \left(\int_x^a \sqrt{1+t^3}\,\mathrm{d}t + \int_a^{x^2} \sqrt{1+t^3}\,\mathrm{d}t\right)'_x$$
$$= -\left(\int_a^x \sqrt{1+t^3}\,\mathrm{d}t\right)'_x + \left(\int_a^{x^2} \sqrt{1+t^3}\,\mathrm{d}t\right)'_x$$
$$= -\sqrt{1+x^3} + \left(\int_a^{x^2} \sqrt{1+t^3}\,\mathrm{d}t\right)'_{x^2} \cdot (x^2)'_x$$

$$= -\sqrt{1+x^3} + 2x\sqrt{1+x^6}.$$

5.2.2 微积分基本公式

定理5-4 设函数 $f(x)$ 在 $[a,b]$ 上连续,且 $F(x)$ 是 $f(x)$ 在 $[a,b]$ 上的一个原函数,则

$$\int_a^b f(x)\mathrm{d}x = F(b) - F(a). \tag{5-1}$$

证明 因为 $F(x)$ 是 $f(x)$ 的一个原函数,又由定理 5-3 可知,函数 $\Phi(x) = \int_a^x f(t)\mathrm{d}t$ 也是 $f(x)$ 的一个原函数,所以,这两个原函数至多相差一个常数 C_0,即

$$\int_a^x f(t)\mathrm{d}t = F(x) + C_0.$$

在上式中,令 $x=a$,得

$$\int_a^a f(t)\mathrm{d}t = F(a) + C_0.$$

因为 $\int_a^a f(t)\mathrm{d}t = 0$,所以 $C_0 = -F(a)$,所以

$$\int_a^x f(t)\mathrm{d}t = F(x) - F(a).$$

在上式中,令 $x=b$,得

$$\int_a^b f(t)\mathrm{d}t = F(b) - F(a).$$

由于定积分的值与积分变量的记号无关,仍用 x 作为积分变量,即得

$$\int_a^b f(x)\mathrm{d}x = F(b) - F(a).$$

公式(5-1)称为牛顿-莱布尼茨公式,也叫**微积分基本公式**. 为书写方便,公式(5-1)中的 $F(b) - F(a)$ 通常记为 $[F(x)]_a^b$ 或 $F(x)\Big|_a^b$. 因此上述公式也可以写成

$$\int_a^b f(x)\mathrm{d}x = [F(x)]_a^b$$

或

$$\int_a^b f(x)\mathrm{d}x = F(x)\Big|_a^b.$$

由牛顿-莱布尼茨公式可知,求 $f(x)$ 在区间 $[a,b]$ 上的定积分,只需求出 $f(x)$ 在区间 $[a,b]$ 上的任一原函数 $F(x)$,并计算它在区间端点处的函数值之差 $F(b) - F(a)$ 即可.

【**例4**】 计算 $\int_0^1 x^2 \mathrm{d}x$.

解 因为 $\int x^2 \mathrm{d}x = \frac{1}{3}x^3 + C$,所以 $\frac{1}{3}x^3$ 是 x^2 的一个原函数,所以

$$\int_0^1 x^2 \mathrm{d}x = \left[\frac{1}{3}x^3\right]_0^1 = \frac{1}{3} \times (1^3 - 0^3) = \frac{1}{3}.$$

【**例5**】 计算 $\int_0^\pi \sin x \mathrm{d}x$.

解 $\int_0^\pi \sin x \mathrm{d}x = -\cos x \Big|_0^\pi = -\cos\pi - (-\cos 0) = 2.$

【例 6】 计算 $\int_0^{\sqrt{a}} x e^{x^2} dx$.

解 $\int_0^{\sqrt{a}} x e^{x^2} dx = \frac{1}{2}\int_0^{\sqrt{a}} e^{x^2} dx^2 = \left[\frac{1}{2} e^{x^2}\right]_0^{\sqrt{a}} = \frac{1}{2}(e^a - 1)$.

【例 7】 计算 $\int_{\frac{1}{2}}^{e} |\ln x| dx$.

解 因为当 $\frac{1}{2} \leqslant x \leqslant 1$ 时,$\ln x \leqslant 0$,$|\ln x| = -\ln x$;当 $1 \leqslant x \leqslant e$ 时,$\ln x \geqslant 0$,$|\ln x| = \ln x$,所以

$$\int_{\frac{1}{2}}^{e} |\ln x| dx = \int_{\frac{1}{2}}^{1} |\ln x| dx + \int_{1}^{e} |\ln x| dx$$
$$= -\int_{\frac{1}{2}}^{1} \ln x dx + \int_{1}^{e} \ln x dx.$$

又因为

$$\int \ln x dx = x \ln x - \int dx = x \ln x - x + C,$$

所以

$$\int_{\frac{1}{2}}^{1} \ln x dx = \left[x \ln x - x\right]_{\frac{1}{2}}^{1} = -\frac{1}{2}(1 - \ln 2),$$

$$\int_{1}^{e} \ln x dx = \left[x \ln x - x\right]_{1}^{e} = 1,$$

因此

$$\int_{\frac{1}{2}}^{e} |\ln x| dx = \frac{3}{2} - \frac{1}{2} \ln 2.$$

【例 8】 计算定积分 $\int_{-1}^{2} f(x) dx$,其中 $f(x) = \begin{cases} x - 1, & -1 \leqslant x \leqslant 1 \\ \dfrac{1}{x}, & 1 < x \leqslant 2 \end{cases}$.

解 由定积分的区间性质,有

$$\int_{-1}^{2} f(x) dx = \int_{-1}^{1} f(x) dx + \int_{1}^{2} f(x) dx = \int_{-1}^{1} (x-1) dx + \int_{1}^{2} \frac{1}{x} dx$$
$$= \left[\frac{x^2}{2} - x\right]_{-1}^{1} + [\ln x]_{1}^{2} = \left(\frac{1}{2} - 1\right) - \left(\frac{1}{2} + 1\right) + \ln 2 - \ln 1 = \ln 2 - 2.$$

【例 9】 某种商品产量 x 件时,边际收入为 $R'(x) = 1\,500 - \dfrac{x}{2}$,试求生产此种商品 $1\,000$ 件的收入和从 $1\,000$ 件增加到 $2\,000$ 件时所增加的收入.

解 产量为 $1\,000$ 件时的收入为

$$R(1\,000) = \int_{0}^{1\,000} R'(x) dx = \int_{0}^{1\,000} \left(1\,500 - \frac{x}{2}\right) dx$$
$$= \left(1\,500 x - \frac{x^2}{4}\right) \Big|_{0}^{1\,000} = 1.5 \times 10^6 - \frac{1}{4} \times 10^6 = 1.25 \times 10^6.$$

产量从 $1\,000$ 件增加到 $2\,000$ 件时所增加的收入为

$$R(2\,000) - R(1\,000) = \int_{1\,000}^{2\,000} R'(x) dx$$
$$= \int_{1\,000}^{2\,000} \left(1\,500 - \frac{x}{2}\right) dx = \left(1\,500 x - \frac{x^2}{4}\right) \Big|_{1\,000}^{2\,000}$$

$$= \left(3 \times 10^6 - \frac{4 \times 10^6}{4}\right) - \left(1.5 \times 10^6 - \frac{10^6}{4}\right) = 7.5 \times 10^5.$$

同步训练 5-2

1. 求下列定积分.

(1) $\int_0^1 (x^2 + 2x - 1) dx$;

(2) $\int_0^\pi \cos x \, dx$;

(3) $\int_0^{\frac{1}{2}} \frac{1}{\sqrt{1-x^2}} dx$;

(4) $\int_4^9 \sqrt{x}(\sqrt{x}+1) dx$;

(5) $\int_{\frac{1}{\pi}}^{\frac{2}{\pi}} \frac{\sin\frac{1}{x}}{x^2} dx$;

(6) $\int_{-1}^1 \frac{e^x}{e^x+1} dx$.

2. 计算 $\int_0^2 |1-x| dx$.

3. 求下列函数的导数.

(1) $\Phi(x) = \int_0^{\sin x} \sqrt{1+t} \, dt$;

(2) $G(x) = \int_x^{x^2} t^2 e^{-t} dt$.

4. 求函数 $\lim\limits_{x \to 0} \dfrac{\int_0^x \ln(t+1) dt}{x^2}$ 的极限.

5.3 定积分的计算

牛顿-莱布尼茨公式把定积分的计算与原函数联系起来,定积分的计算主要是求原函数,因而它的计算方法基本上与不定积分的计算方法相同,但也有不同之处,在学习时一定要注意.

5.3.1 换元积分法

我们先来看一个例子.

【例 1】 计算 $\int_0^4 \dfrac{1}{\sqrt{x}+1} dx$.

分析 本题的难点是:被积函数中含有二次根式 $\sqrt{x}$ 且不能直接积分. 若能设法使被积函数中不含根式,则问题难度就会大大降低. 下面我们采用换元的方法试一试,看有什么效果.

解 设 $\sqrt{x} = t$,则 $x = t^2$,$dx = 2t \, dt$,且当 $x = 0$ 时,$t = 0$;当 $x = 4$ 时,$t = 2$.(注意:因为将积分变量 x 换为 t,所以积分上、下限也作了相应的变化.)

于是,

$$\int_0^4 \frac{1}{\sqrt{x}+1} dx = \int_0^2 \frac{1}{t+1} 2t \, dt = 2\int_0^2 \frac{t+1-1}{t+1} dt$$

$$= 2\int_0^2 \mathrm{d}t - 2\int_0^2 \frac{1}{t+1}\mathrm{d}(t+1)$$
$$= 2[t]_0^2 - 2[\ln(t+1)]_0^2 = 4 - 2\ln 3.$$

检验：设 $\sqrt{x} = t$，则 $x = t^2$，$\mathrm{d}x = 2t\mathrm{d}t$，所以

$$\int \frac{1}{\sqrt{x}+1}\mathrm{d}x = \int \frac{1}{t+1}2t\mathrm{d}t = 2\int \frac{t+1-1}{t+1}\mathrm{d}t$$
$$= 2(t - \ln|t+1|) + C$$
$$= 2[\sqrt{x} - \ln(\sqrt{x}+1)] + C,$$

于是

$$\int_0^4 \frac{1}{\sqrt{x}+1}\mathrm{d}x = [2\sqrt{x} - 2\ln(\sqrt{x}+1)]_0^4 = 4 - 2\ln 3.$$

故前面换元同时换积分上、下限的方法计算定积分所得的结果是正确的,说明此种计算定积分的方法是可行的.

定理 5-5　（**定积分的换元积分法**）假设函数 $f(x)$ 在区间 $[a,b]$ 上连续,函数 $x = \varphi(t)$ 满足条件:

(1) $\varphi(\alpha) = a$，$\varphi(\beta) = b$；

(2) $\varphi(t)$ 在 $[\alpha,\beta]$（或 $[\beta,\alpha]$）上具有连续导数,且其值域不超出区间 $[a,b]$,则有

$$\int_a^b f(x)\mathrm{d}x = \int_\alpha^\beta f(\varphi(t))\varphi'(t)\mathrm{d}t.$$

在应用换元积分法计算定积分时,通过变换 $x = \varphi(t)$ 把原来的积分变量 x 换成新积分变量 t 时,求出原函数后不必把它回代成原变量 x 的函数,只需相应改变积分上、下限.这是定积分换元法与不定积分换元法的区别所在.所以应用定积分换元公式时必须注意:换元的同时也要换限,且下限与下限对应,上限与上限对应.

【**例 2**】　计算 $\int_{-a}^a \sqrt{a^2 - x^2}\,\mathrm{d}x$　$(a > 0)$.

解　令 $x = a\sin t$，则 $\mathrm{d}x = a\cos t\mathrm{d}t$.

当 $x = -a$ 时，$t = -\frac{\pi}{2}$；当 $x = a$ 时，$t = \frac{\pi}{2}$，则有

$$\int_{-a}^a \sqrt{a^2-x^2}\,\mathrm{d}x = a^2\int_{-\frac{\pi}{2}}^{\frac{\pi}{2}} \cos^2 t\,\mathrm{d}t = \frac{a^2}{2}\int_{-\frac{\pi}{2}}^{\frac{\pi}{2}}(1+\cos 2t)\mathrm{d}t$$
$$= \frac{a^2}{2}\left[t + \frac{1}{2}\sin 2t\right]_{-\frac{\pi}{2}}^{\frac{\pi}{2}} = \frac{1}{2}\pi a^2.$$

由上例看出,求含有 $\sqrt{a^2-x^2}$ 形式的被积函数的定积分时,使用定积分换元积分法仍采用了三角代换,但避免了利用辅助直角三角形回代的过程.

【**例 3**】　计算 $\int_0^{\ln 2} \sqrt{\mathrm{e}^x - 1}\,\mathrm{d}x$.

解　令 $\sqrt{\mathrm{e}^x - 1} = t$，则 $x = \ln(t^2+1)$，$\mathrm{d}x = \frac{2t}{t^2+1}\mathrm{d}t$，且当 $x = 0$ 时，$t = 0$；$x = \ln 2$ 时，$t = 1$.

于是

$$\int_0^{\ln 2}\sqrt{\mathrm{e}^x-1}\,\mathrm{d}x = 2\int_0^1 \frac{t^2}{t^2+1}\mathrm{d}t = 2\int_0^1\left(1 - \frac{1}{t^2+1}\right)\mathrm{d}t$$

$$= 2\left[t - \arctan t\right]_0^1 = 2 - \frac{\pi}{2}.$$

【例 4】 计算 $\int_0^1 2x \, e^{-x^2} \, dx$.

解 令 $t = -x^2$，则 $dt = -2x \, dx$，当 $x = 0$ 时，$t = 0$；$x = 1$ 时，$t = -1$，于是

$$\int_0^1 2x \, e^{-x^2} \, dx = -\int_0^{-1} e^t \, dt = -\left[e^t\right]_0^{-1}$$
$$= -(e^{-1} - e^0) = 1 - e^{-1}.$$

在例 4 中，如果不明显地写出新积分变量 t，那么，定积分的上、下限就不必改变，直接用凑微分法来计算会更简单，即

$$\int_0^1 2x \, e^{-x^2} \, dx = -\int_0^1 e^{-x^2} \, d(-x^2)$$
$$= -\left[e^{-x^2}\right]_0^1 = -(e^{-1} - e^0)$$
$$= 1 - e^{-1}.$$

再如，

$$\int_0^{\frac{1}{2}} \frac{x}{\sqrt{1-x^2}} \, dx = -\frac{1}{2} \int_0^{\frac{1}{2}} \frac{1}{\sqrt{1-x^2}} \, d(1 - x^2)$$
$$= -\sqrt{1 - x^2} \Big|_0^{\frac{1}{2}} = 1 - \frac{\sqrt{3}}{2}.$$

【例 5】 设 $f(x)$ 在 $[-a, a]$ 上连续，试证明：

(1) 若 $f(x)$ 为偶函数，则 $\int_{-a}^a f(x) \, dx = 2 \int_0^a f(x) \, dx$；

(2) 若 $f(x)$ 为奇函数，则 $\int_{-a}^a f(x) \, dx = 0$.

(此例题的结论可以作为公式使用，是两个常用的公式，请记住)

证明
$$\int_{-a}^a f(x) \, dx = \int_{-a}^0 f(x) \, dx + \int_0^a f(x) \, dx \tag{5-2}$$

对式(5-2)右端的第一个积分作变换 $x = -t$，得

$$\int_{-a}^0 f(x) \, dx = -\int_a^0 f(-t) \, dt = \int_0^a f(-t) \, dt$$
$$= \int_0^a f(-x) \, dx,$$

(1) 当 $f(-x) = f(x)$ 时，式(5-2) 即为

$$\int_{-a}^a f(x) \, dx = \int_{-a}^0 f(x) \, dx + \int_0^a f(x) \, dx$$
$$= \int_0^a f(x) \, dx + \int_0^a f(x) \, dx$$
$$= 2 \int_0^a f(x) \, dx.$$

(2) 当 $f(-x) = -f(x)$ 时，式(5-2) 即为

$$\int_{-a}^a f(x) \, dx = -\int_0^a f(x) \, dx + \int_0^a f(x) \, dx = 0.$$

上述结论从几何上来理解是很容易的，因为奇函数的图像关于原点对称，偶函数的图像关于 y 轴对称. 利用这两个公式，可以简化奇、偶函数在关于原点对称的对称区间上的定积分的计算，特别是奇函数在对称区间上的积分不经计算就知其积分值为 0.

【例 6】 计算 $\int_{-\pi}^{\pi} x^2 \sin^7 x \, dx$.

解 因为函数 $f(x) = x^2 \sin^7 x$ 在对称区间 $[-\pi, \pi]$ 上是奇函数,所以
$$\int_{-\pi}^{\pi} x^2 \sin^7 x \, dx = 0.$$

5.3.2 分部积分法

在计算不定积分时有分部积分法,相应地,计算定积分也有分部积分法.

定理 5-6 设函数 $u = u(x)$ 与 $v = v(x)$ 在区间 $[a, b]$ 上具有连续导数,则
$$\int_a^b u \, dv = [uv]_a^b - \int_a^b v \, du.$$

我们称上述公式为**定积分的分部积分公式**.

证明 设函数 $u(x), v(x)$ 在区间 $[a, b]$ 上具有连续导数 $u'(x), v'(x)$,则 $(uv)' = u'v + v'u$,于是
$$\int_a^b (uv)' \, dx = \int_a^b u'v \, dx + \int_a^b v'u \, dx,$$
即
$$[uv]_a^b = \int_a^b v \, du + \int_a^b u \, dv.$$
也可以写成
$$\int_a^b u \, dv = [uv]_a^b - \int_a^b v \, du.$$

注意 此公式与不定积分的分部积分法相似,只是每一项都带有积分限.

【例 7】 计算 $\int_0^1 x e^x \, dx$.

解 设 $u = x, dv = e^x \, dx = d(e^x)$,则 $du = dx, v = e^x$,
$$\int_0^1 x e^x \, dx = [x e^x]_0^1 - \int_0^1 e^x \, dx = e - [e^x]_0^1 = 1.$$

【例 8】 计算 $\int_1^e x \ln x \, dx$.

解
$$\begin{aligned}
\int_1^e x \ln x \, dx &= \int_1^e \ln x \, d\left(\frac{x^2}{2}\right) \\
&= \left[\frac{x^2}{2} \ln x\right]_1^e - \int_1^e \frac{x^2}{2} \cdot \frac{1}{x} \, dx \\
&= \frac{e^2}{2} - \frac{1}{2} \int_1^e x \, dx \\
&= \frac{e^2}{2} - \frac{1}{2} \left[\frac{x^2}{2}\right]_1^e = \frac{e^2 + 1}{4}.
\end{aligned}$$

【例 9】 计算 $\int_0^\pi x^2 \cos x \, dx$.

解 利用分部积分法得
$$\int_0^\pi x^2 \cos x \, dx = \int_0^\pi x^2 \, d\sin x$$

$$= [x^2 \sin x]_0^\pi - 2\int_0^\pi x \sin x \, dx$$

$$= 0 + 2\int_0^\pi x \, d\cos x$$

$$= 2[x \cos x]_0^\pi - 2\int_0^\pi \cos x \, dx$$

$$= -2\pi - 2[\sin x]_0^\pi = -2\pi.$$

【例 10】 计算 $\int_0^{\sqrt{3}} \arctan x \, dx$.

解
$$\int_0^{\sqrt{3}} \arctan x \, dx = [x \arctan x]_0^{\sqrt{3}} - \int_0^{\sqrt{3}} x \, d(\arctan x)$$

$$= \sqrt{3} \arctan \sqrt{3} - \int_0^{\sqrt{3}} \frac{x}{1+x^2} dx$$

$$= \frac{\sqrt{3}}{3}\pi - \frac{1}{2}\int_0^{\sqrt{3}} \frac{1}{1+x^2} d(1+x^2)$$

$$= \frac{\sqrt{3}}{3}\pi - \frac{1}{2}[\ln(1+x^2)]_0^{\sqrt{3}}$$

$$= \frac{\sqrt{3}}{3}\pi - \ln 2.$$

【例 11】 计算 $\int_0^{\frac{\pi}{2}} e^x \sin x \, dx$.

解
$$\int_0^{\frac{\pi}{2}} e^x \sin x \, dx = \int_0^{\frac{\pi}{2}} \sin x \, de^x$$

$$= [e^x \sin x]_0^{\frac{\pi}{2}} - \int_0^{\frac{\pi}{2}} e^x \cos x \, dx$$

$$= e^{\frac{\pi}{2}} - \int_0^{\frac{\pi}{2}} \cos x \, de^x$$

$$= e^{\frac{\pi}{2}} - [e^x \cos x]_0^{\frac{\pi}{2}} - \int_0^{\frac{\pi}{2}} e^x \sin x \, dx$$

$$= e^{\frac{\pi}{2}} + 1 - \int_0^{\frac{\pi}{2}} e^x \sin x \, dx,$$

移项,得 $2\int_0^{\frac{\pi}{2}} e^x \sin x \, dx = e^{\frac{\pi}{2}} + 1$,得

$$\int_0^{\frac{\pi}{2}} e^x \sin x \, dx = \frac{1}{2}(e^{\frac{\pi}{2}} + 1).$$

【例 12】 计算 $\int_0^1 e^{\sqrt{x}} \, dx$.

解 先用换元法:

令 $\sqrt{x} = t$,则 $x = t^2$, $dx = 2t \, dt$,且当 $x = 0$ 时, $t = 0$;当 $x = 1$ 时, $t = 1$. 于是

$$\int_0^1 e^{\sqrt{x}} \, dx = 2\int_0^1 t e^t \, dt,$$

再由分部积分法计算上式右端的积分,由于

$$\int_0^1 t e^t \, dt = \int_0^1 t \, d(e^t) = \left[t e^t \right]_0^1 - \int_0^1 e^t \, dt$$
$$= e - \left[e^t \right]_0^1 = 1,$$

所以
$$\int_0^1 e^{\sqrt{x}} \, dx = 2.$$

由以上例子看出,用定积分的分部积分法计算定积分时,可随时把已积出的部分,代入上下限算出结果.这比先求出全部的原函数,再代入上下限算出结果的过程要简单.有些积分需混用换元法和分部积分法才能求出结果.

同步训练 5-3

1. 用换元积分法计算下列定积分.

(1) $\int_4^9 \dfrac{\sqrt{x}}{\sqrt{x}-1} \, dx$;

(2) $\int_{-1}^1 \dfrac{x}{\sqrt{5-4x}} \, dx$;

(3) $\int_0^{\sqrt{2}} \sqrt{2-x^2} \, dx$;

(4) $\int_{\sqrt{2}}^2 \dfrac{1}{x\sqrt{x^2-1}} \, dx$;

(5) $\int_1^{e^2} \dfrac{1}{x\sqrt{1+\ln x}} \, dx$.

2. 用分部积分法计算下列定积分.

(1) $\int_0^{\frac{1}{2}} \arcsin x \, dx$;

(2) $\int_0^{\pi} x \cos x \, dx$;

(3) $\int_1^e x^2 \ln x \, dx$;

(4) $\int_0^1 x^2 e^x \, dx$;

(5) $\int_{-\frac{1}{2}}^{\frac{1}{2}} \dfrac{x \arcsin x}{\sqrt{1-x^2}} \, dx$.

3. 计算下列定积分.

(1) $\int_{-\frac{1}{2}}^{\frac{1}{2}} \dfrac{x^3}{\sqrt{1-x^2}} \, dx$;

(2) $\int_{-\frac{\pi}{2}}^{\frac{\pi}{2}} x^3 \cos x \, dx$.

4. 证明: $\int_0^a x^3 f(x^2) \, dx = \dfrac{1}{2} \int_0^{a^2} x f(x) \, dx$.

5.4 广义积分

前面我们所讨论的定积分,其积分区间都是有限区间,且被积函数都是有界函数,这样的积分也常称为常义积分.但在实际问题中,常常会遇到积分区间是无限区间或者被积函数是无界函数的情形,这两类积分都叫作广义积分.

5.4.1 无穷区间的广义积分

先看下面的例子:

求曲线 $y=\dfrac{1}{x^2}$ 与直线 $y=0, x=1$ 所围的向右无限伸展的"开口曲边梯形"的面积(图 5-13).

由于图形是"开口"的,所以不能直接用定积分计算其面积. 如果任取 $b>1$,则在区间 $[1,b]$ 上的曲边梯形的面积为:

$$\int_1^b \frac{1}{x^2}dx = \left[-\frac{1}{x}\right]_1^b = 1-\frac{1}{b}.$$

显然, b 越大,这个曲边梯形的面积就越接近于所求的"开口曲边梯形"的面积. 因此,当 $b \to +\infty$ 时,曲边梯形面积的极限

$$\lim_{b \to +\infty} \int_1^b \frac{1}{x^2}dx = \lim_{b \to +\infty}\left(1-\frac{1}{b}\right) = 1$$

就表示所求的"开口曲边梯形"的面积.

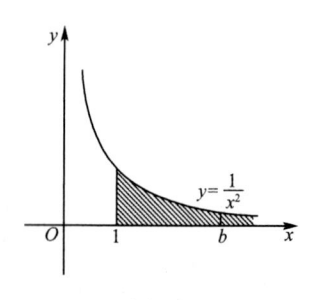

图 5-13

一般地,对于积分区间是无限区间的积分,可定义如下:

定义 5-2 设函数 $f(x)$ 在区间 $[a,+\infty)$ 上连续,任取 $b>a$,如果极限 $\lim\limits_{b \to +\infty}\int_a^b f(x)dx$ 存在,则称此极限为函数 $f(x)$ 在区间 $[a,+\infty)$ 上的广义积分,记作 $\int_a^{+\infty} f(x)dx$,即

$$\int_a^{+\infty} f(x)dx = \lim_{b \to +\infty} \int_a^b f(x)dx,$$

这时也称广义积分 $\int_a^{+\infty} f(x)dx$ **收敛**;如果上述极限不存在,则称广义积分 $\int_a^{+\infty} f(x)dx$ **发散**,这时记号 $\int_a^{+\infty} f(x)dx$ 不再表示数值.

类似地,可定义无限区间 $(-\infty, b]$ 与 $(-\infty,+\infty)$ 上的广义积分:

$$\int_{-\infty}^b f(x)dx = \lim_{a \to -\infty}\int_a^b f(x)dx,$$

$$\int_{-\infty}^{+\infty} f(x)dx = \int_{-\infty}^c f(x)dx + \int_c^{+\infty} f(x)dx$$

$$= \lim_{a \to -\infty}\int_a^c f(x)dx + \lim_{b \to +\infty}\int_c^b f(x)dx \quad (c \text{ 为任意常数}).$$

注意 在上式中,只有当 $\int_{-\infty}^c f(x)dx$ 和 $\int_c^{+\infty} f(x)dx$ 都收敛时,才称 $\int_{-\infty}^{+\infty} f(x)dx$ 收敛,否则,称 $\int_{-\infty}^{+\infty} f(x)dx$ 发散.

【例 1】 计算 $\int_0^{+\infty} e^{-x}dx$.

解
$$\int_0^{+\infty} e^{-x}dx = \lim_{b \to +\infty}\int_0^b e^{-x}dx \quad (b>0)$$
$$= \lim_{b \to +\infty}[-e^{-x}]_0^b = \lim_{b \to +\infty}\left(1-\frac{1}{e^b}\right) = 1.$$

为了书写简便,实际运算过程中常常省去极限记号,而形式地把 ∞ 当成一个"数",直接利用牛顿-莱布尼茨公式的计算格式. 如例 1 可写为

$$\int_0^{+\infty} e^{-x}dx = [-e^{-x}]_0^{+\infty} = 0+1 = 1.$$

一般地

$$\int_a^{+\infty} f(x)dx = [F(x)]_a^{+\infty} = F(+\infty) - F(a),$$

$$\int_{-\infty}^b f(x)dx = [F(x)]_{-\infty}^b = F(b) - F(-\infty),$$

$$\int_{-\infty}^{+\infty} f(x)dx = [F(x)]_{-\infty}^{+\infty} = F(+\infty) - F(-\infty).$$

其中 $F(x)$ 为 $f(x)$ 的一个原函数,记号 $F(\pm\infty)$ 应理解为极限运算

$$F(\pm\infty) = \lim_{x \to \pm\infty} F(x).$$

【例 2】 计算广义积分 $\int_0^{+\infty} \dfrac{1}{1+x^2} dx$.

解 $\int_0^{+\infty} \dfrac{1}{1+x^2} dx = [\arctan x]_0^{+\infty} = \lim\limits_{x\to+\infty} \arctan x - \arctan 0 = \dfrac{\pi}{2}.$

【例 3】 判别广义积分 $\int_{-\infty}^{+\infty} \dfrac{2x}{1+x^2} dx$ 的收敛性.

解 因为 $\int_{-\infty}^{+\infty} \dfrac{2x}{1+x^2} dx = \int_{-\infty}^0 \dfrac{2x}{1+x^2} dx + \int_0^{+\infty} \dfrac{2x}{1+x^2} dx$,而

$$\int_0^{+\infty} \dfrac{2x}{1+x^2} dx = \int_0^{+\infty} \dfrac{1}{1+x^2} d(1+x^2) = [\ln(1+x^2)]_0^{+\infty} = +\infty,$$

即广义积分 $\int_0^{+\infty} \dfrac{2x}{1+x^2} dx$ 发散,所以广义积分 $\int_{-\infty}^{+\infty} \dfrac{2x}{1+x^2} dx$ 发散.

【例 4】 讨论广义积分 $\int_1^{+\infty} \dfrac{1}{x^p} dx$($p$ 为任意常数)的收敛性.

解 当 $p=1$ 时,

$$\int_1^{+\infty} \dfrac{1}{x^p} dx = \int_1^{+\infty} \dfrac{1}{x} dx = [\ln|x|]_1^{+\infty} = +\infty,$$

当 $p \neq 1$ 时,

$$\int_1^{+\infty} \dfrac{1}{x^p} dx = \left[\dfrac{x^{1-p}}{1-p}\right]_1^{+\infty} = \lim_{b\to+\infty} \dfrac{b^{1-p}}{1-p} - \dfrac{1}{1-p} = \begin{cases} +\infty, & p < 1 \\ \dfrac{1}{p-1}, & p > 1 \end{cases},$$

综上所述,当 $p > 1$ 时,$\int_1^{+\infty} \dfrac{1}{x^p} dx$ 收敛,其值为 $\dfrac{1}{p-1}$;当 $p \leqslant 1$ 时,$\int_1^{+\infty} \dfrac{1}{x^p} dx$ 发散.

5.4.2 无界函数的广义积分

定义 5-3 设函数 $f(x)$ 在区间 $(a,b]$ 上连续,且 $\lim\limits_{x\to a^+} f(x) = \infty$,取 $\varepsilon > 0$,如果极限 $\lim\limits_{\varepsilon\to 0^+} \int_{a+\varepsilon}^b f(x)dx$ 存在,则称此极限值为函数 $f(x)$ 在区间 $(a,b]$ 上的广义积分,记作 $\int_a^b f(x)dx$,即

$$\int_a^b f(x)dx = \lim_{\varepsilon\to 0^+} \int_{a+\varepsilon}^b f(x)dx.$$

此时称广义积分收敛;若极限不存在,则称广义积分发散.

类似地，设函数 $f(x)$ 在区间 $[a,b]$ 上连续，且 $\lim\limits_{x \to b^-} f(x) = \infty$，取 $\varepsilon > 0$，定义

$$\int_a^b f(x) \mathrm{d}x = \lim_{\varepsilon \to 0^+} \int_a^{b-\varepsilon} f(x) \mathrm{d}x.$$

当极限存在时，称广义积分收敛；当极限不存在时，称广义积分发散。

设函数 $f(x)$ 在区间 $[a,b]$ 上除点 $c(a<c<b)$ 外连续，且 $\lim\limits_{x \to c} f(x) = \infty$，$\varepsilon > 0$，$\varepsilon' > 0$，定义

$$\int_a^b f(x) \mathrm{d}x = \int_a^c f(x) \mathrm{d}x + \int_c^b f(x) \mathrm{d}x$$

$$= \lim_{\varepsilon \to 0^+} \int_a^{c-\varepsilon} f(x) \mathrm{d}x + \lim_{\varepsilon' \to 0^+} \int_{c+\varepsilon'}^b f(x) \mathrm{d}x,$$

当 $\int_a^c f(x) \mathrm{d}x$ 和 $\int_c^b f(x) \mathrm{d}x$ 都收敛时，称广义积分 $\int_a^b f(x) \mathrm{d}x$ 收敛；否则称广义积分 $\int_a^b f(x) \mathrm{d}x$ 发散。

上述各广义积分统称为**无界函数的广义积分**。在计算过程中，亦可引入牛顿-莱布尼茨公式的记号，记为

$$\int_a^b f(x) \mathrm{d}x = F(x) \Big|_a^b.$$

类似于无限区间上的广义积分，记号的意义根据定义的不同而不同。

【例 5】 证明广义积分 $\int_0^1 \dfrac{1}{x^p} \mathrm{d}x$，当 $p < 1$ 时收敛；当 $p \geq 1$ 时发散。

证明 当 $p = 1$ 时，因为 $\lim\limits_{x \to 0^+} \dfrac{1}{x} = +\infty$，于是有

$$\int_0^1 \frac{\mathrm{d}x}{x^p} = \int_0^1 \frac{\mathrm{d}x}{x} = [\ln x]_0^1 = +\infty,$$

当 $p \neq 1$ 时，有

$$\int_0^1 \frac{\mathrm{d}x}{x^p} = \left[\frac{x^{1-p}}{1-p}\right]_0^1 = \lim_{\varepsilon \to 0^+} \left[\frac{x^{1-p}}{1-p}\right]_{0+\varepsilon}^1$$

$$= \begin{cases} \dfrac{1}{1-p}, & (p < 1) \\ +\infty, & (p > 1) \end{cases},$$

因此，当 $p < 1$ 时广义积分 $\int_0^1 \dfrac{1}{x^p} \mathrm{d}x$ 收敛，其值为 $\dfrac{1}{1-p}$；当 $p \geq 1$ 时广义积分 $\int_0^1 \dfrac{1}{x^p} \mathrm{d}x$ 发散。

【例 6】 计算 $\int_0^1 \dfrac{1}{\sqrt{1-x}} \mathrm{d}x$。

解 因为 $\lim\limits_{x \to 1^-} \dfrac{1}{\sqrt{1-x}} = +\infty$，于是有

$$\int_0^1 \frac{\mathrm{d}x}{\sqrt{1-x}} = -\int_0^1 \frac{\mathrm{d}(1-x)}{\sqrt{1-x}} = -2\sqrt{1-x} \Big|_0^1$$

$$= \lim_{\varepsilon \to 0^+} [-2\sqrt{1-x}]_0^{1-\varepsilon} = 0 - (-2) = 2.$$

【例 7】 计算 $\int_{-1}^{1} \frac{1}{x^2} dx$.

解 因为 $\lim\limits_{x \to 0} \frac{1}{x^2} = +\infty$，于是有

$$\int_{-1}^{1} \frac{dx}{x^2} = \int_{-1}^{0} \frac{dx}{x^2} + \int_{0}^{1} \frac{dx}{x^2} = -\frac{1}{x}\bigg|_{-1}^{0} + \left(-\frac{1}{x}\right)\bigg|_{0}^{1},$$

由 $\lim\limits_{x \to 0} \frac{1}{x} = \infty$ 可知，广义积分 $\int_{-1}^{0} \frac{1}{x^2} dx$ 和 $\int_{0}^{1} \frac{1}{x^2} dx$ 都发散，所以广义积分 $\int_{-1}^{1} \frac{1}{x^2} dx$ 发散.

注意 若没有考虑到 $\lim\limits_{x \to 0} \frac{1}{x^2} = +\infty$，仍然按定积分计算，就会得到以下的错误结果：

$$\int_{-1}^{1} \frac{dx}{x^2} = \left(-\frac{1}{x}\right)\bigg|_{-1}^{1} = -2.$$

同步训练 5-4

1. 计算下列广义积分.

(1) $\int_{1}^{+\infty} \frac{1}{x^4} dx$；

(2) $\int_{-\infty}^{+\infty} \frac{1}{1+x^2} dx$；

(3) $\int_{-1}^{1} \frac{1}{\sqrt{1-x^2}} dx$；

(4) $\int_{0}^{1} \ln \frac{1}{1-x^2} dx$.

5.5 定积分在几何中的应用

前面我们学习了定积分的概念、性质、计算，本节将利用这些知识，解决一些实际问题. 主要介绍用定积分解决实际问题的方法——微元法，以及用定积分计算平面图形的面积、旋转体的体积等.

5.5.1 定积分的微元法

我们先回顾一下求曲边梯形面积 A 的方法与步骤.

(1) 分割：将区间 $[a,b]$ 分成 n 个小区间，相应地得到 n 个小曲边梯形，设第 i 个小曲边梯形的面积为 ΔA_i；

(2) 计算：ΔA_i 的近似值

$$\Delta A_i \approx f(\xi_i) \Delta x_i \quad (x_{i-1} < \xi_i < x_i);$$

(3) 求和：得 A 的近似值

$$A \approx \sum_{i=1}^{n} f(\xi_i) \Delta x_i;$$

(4) 取极限：得

$$A = \lim_{\lambda \to 0} \sum_{i=1}^{n} f(\xi_i) \Delta x_i = \int_{a}^{b} f(x) dx.$$

为简便起见,在第(2)步中省略下标 i,用 ΔA 表示 $[a,b]$ 内任一小区间 $[x,x+\mathrm{d}x]$ 上的小曲边梯形的面积(图 5-14),取 $[x,x+\mathrm{d}x]$ 的左端点为 ξ,那么,以点 x 处的函数值 $f(x)$ 为高、$\mathrm{d}x$ 为底的小矩形面积 $f(x)\mathrm{d}x$ 就是 ΔA 的近似值,即
$$\Delta A \approx f(x)\mathrm{d}x.$$
其中 $f(x)\mathrm{d}x$ 称为面积 A 的微元,记作
$$\mathrm{d}A = f(x)\mathrm{d}x.$$

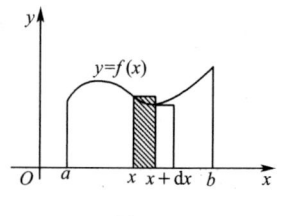

图 5-14

这正好与(4)中定积分 $\int_a^b f(x)\mathrm{d}x$ 的被积表达式 $f(x)\mathrm{d}x$ 相同. 由此可见,可以把上述四步简化为两步:

(1) 选取 x 为积分变量,积分区间为 $[a,b]$,在区间 $[a,b]$ 上任取一子区间 $[x,x+\mathrm{d}x]$. 以 x 处的函数值 $f(x)$ 为高、$\mathrm{d}x$ 为底的小矩形的面积 $f(x)\mathrm{d}x$ 作为 $[x,x+\mathrm{d}x]$ 上小曲边梯形面积 ΔA 的近似值,即
$$\Delta A \approx f(x)\mathrm{d}x,$$
即得面积 A 的微元(也称面积元素)
$$\mathrm{d}A = f(x)\mathrm{d}x.$$

(2) 将面积微元在 $[a,b]$ 上积分,得
$$A = \int_a^b f(x)\mathrm{d}x.$$

一般地,对于某一个所求量 Q,如果选好了积分变量 x 和积分区间 $[a,b]$,求出 Q 的微元 $\mathrm{d}Q = f(x)\mathrm{d}x$,便可求得 $Q = \int_a^b f(x)\mathrm{d}x$. 这种方法称为**定积分的微元法**.

应用这种方法需注意以下两点:

(1) 所求量 Q 对区间 $[a,b]$ 具有可加性,即 Q 可以分解成每个小区间上部分量的和;

(2) 部分量 ΔQ 与微元 $\mathrm{d}Q = f(x)\mathrm{d}x$ 相差一个 $\mathrm{d}x$ 的高阶无穷小(在实际问题中,所求出来的近似值 $f(x)\mathrm{d}x$ 一般都具有这种性质).

5.5.2 平面图形的面积

设平面图形由连续曲线 $y = f(x)$ 与直线 $x = a$,$x = b$ 及 x 轴所围成,求其面积 $A(a < b)$.

取 $x \in [a,b]$ 为积分变量,任取一子区间 $[x,x+\mathrm{d}x]$,相应的部分面积可以用以 $|f(x)|$ 为高,$\mathrm{d}x$ 为底的小矩形的面积近似代替,即面积微元为
$$\mathrm{d}A = |f(x)|\mathrm{d}x.$$
于是,所求的面积为
$$A = \int_a^b \mathrm{d}A = \int_a^b |f(x)|\mathrm{d}x. \tag{5-3}$$

【**例 1**】 求曲线 $y = x^3$ 与直线 $x = -1$,$x = 2$ 及 x 轴所围成的平面图形的面积(图 5-15).

解 由公式(5-3),得
$$A = \int_{-1}^2 |x^3|\mathrm{d}x$$

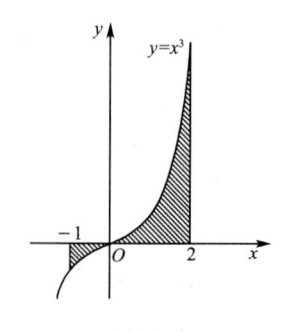

图 5-15

$$= \int_{-1}^{0}(-x^3)\,dx + \int_{0}^{2}x^3\,dx$$

$$= \frac{17}{4}.$$

【例 2】 求椭圆 $\dfrac{x^2}{a^2}+\dfrac{y^2}{b^2}=1$ 的面积.

解 画出图形如图 5-16 所示,由 $\dfrac{x^2}{a^2}+\dfrac{y^2}{b^2}=1$,得

$$y = \pm\frac{b}{a}\sqrt{a^2-x^2}.$$

根据椭圆的对称性,得

$$A = 4\int_{0}^{a}\frac{b}{a}\sqrt{a^2-x^2}\,dx = \frac{4b}{a}\int_{0}^{a}\sqrt{a^2-x^2}\,dx$$

$$\xrightarrow{x=a\sin t}\frac{4b}{a}\int_{0}^{\frac{\pi}{2}}a^2\cos^2 t\,dt$$

$$= \pi ab.$$

图 5-16

特别当 $a = b = r$ 时,得圆的面积公式:$A = \pi r^2$.

下面讨论由连续曲线 $y = f(x)$,$y = g(x)$ 与直线 $x = a$,$x = b$ 所围成的平面图形的面积的求法 ($a < b$).

取 $x \in [a,b]$ 为积分变量,任取一子区间 $[x, x+dx]$,相应的部分面积可以用以 $|f(x)-g(x)|$ 为高、dx 为底的小矩形的面积近似代替,如图 5-17 所示. 即面积微元为

$$dA = |f(x)-g(x)|\,dx,$$

于是

$$A = \int_{a}^{b}|f(x)-g(x)|\,dx. \tag{5-4}$$

【例 3】 求由抛物线 $y = x^2$ 及 $y^2 = x$ 所围成的平面图形的面积.

解 作图(图 5-18).

解方程组 $\begin{cases} y^2 = x \\ y = x^2 \end{cases}$,得两条抛物线的交点为 $(0,0)$,$(1,1)$,

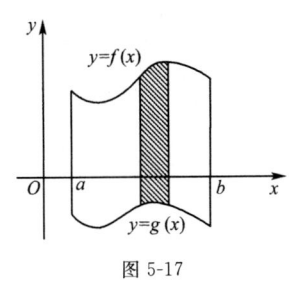

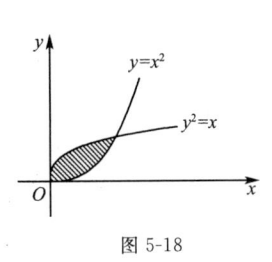

图 5-17

图 5-18

由公式(5-4),得

$$A = \int_{0}^{1}(\sqrt{x}-x^2)\,dx = \frac{1}{3}.$$

如果用定积分的几何意义可直接得

$$A = \int_{0}^{1}\sqrt{x}\,dx - \int_{0}^{1}x^2\,dx.$$

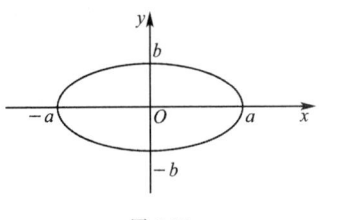

类似地,如图 5-19 所示.

求由连续曲线 $x=\varphi(y), x=\psi(y)$ 与直线 $y=c, y=d(c<d)$ 所围成的平面图形的面积,则选择 y 作为积分变量,得

$$A = \int_c^d |\varphi(y) - \psi(y)| \, dy. \tag{5-5}$$

【例 4】 求抛物线 $y^2 = 2x$ 与直线 $y = x - 4$ 所围成的平面图形的面积.

解 作图(图 5-20).

解方程组 $\begin{cases} y^2 = 2x \\ y = x - 4 \end{cases}$,得交点为 $(8, 4), (2, -2)$.

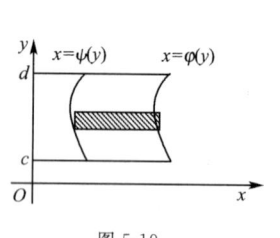

图 5-19

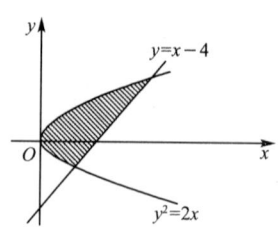

图 5-20

分析图形知选择 y 作为积分变量,由公式(5-5),得

$$A = \int_{-2}^{4} \left[(y+4) - \frac{y^2}{2} \right] dy = 18.$$

大家也可以选择 x 作为积分变量做此题,但会比选择 y 作为积分变量复杂得多,因此,在求平面图形的面积时,一定注意对积分变量的适当选择.

5.5.3 旋转体的体积

旋转体就是一个平面图形绕该平面的一条直线旋转一周而成的立体.圆柱、圆锥、圆台、球都是旋转体.

设一旋转体是由连续曲线 $y = f(x)(f(x) \geq 0)$,直线 $x = a, x = b (a < b)$ 及 x 轴所围成的平面图形绕 x 轴旋转一周而成的立体(图 5-21).我们利用定积分计算旋转体的体积.

取横坐标 x 为积分变量,它的变化区间为 $[a, b]$,相应于 $[a, b]$ 上的任意一个小区间 $[x, x+dx]$ 的小曲边梯形绕 x 轴旋转一周而成的薄片的体积近似于以 $y = f(x)$ 为底半径、dx 为高的扁圆柱体的体积.即体积微元为

$$dV = \pi [f(x)]^2 dx,$$

以 $\pi [f(x)]^2 dx$ 为被积表达式,在 $[a, b]$ 上求定积分,便得所求旋转体体积,即

$$V_x = \pi \int_a^b f^2(x) \, dx. \tag{5-6}$$

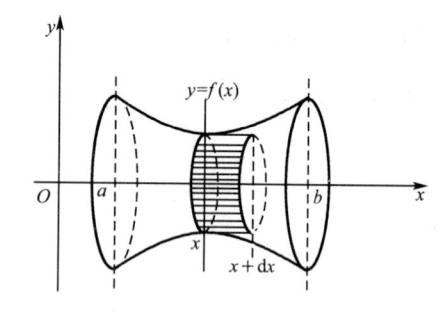

图 5-21

类似地,还可以得到 $[c, d]$ 上由连续曲线 $x = f^{-1}(y)$ 绕 y 轴旋转一周而成的旋转体的体积

$$V_y = \pi \int_c^d [f^{-1}(y)]^2 \mathrm{d}y. \qquad (5\text{-}7)$$

【例 5】 求椭圆 $\dfrac{x^2}{a^2} + \dfrac{y^2}{b^2} = 1$ 绕 x 轴旋转一周而成的旋转体(旋转椭球体,图 5-22)的体积.

解 由椭圆方程得

$$y^2 = b^2 \left(1 - \dfrac{x^2}{a^2}\right),$$

由公式(5-6)知所求旋转体的体积为

$$V = \pi \int_{-a}^{a} b^2 \left(1 - \dfrac{x^2}{a^2}\right) \mathrm{d}x = \dfrac{4}{3}\pi ab^2.$$

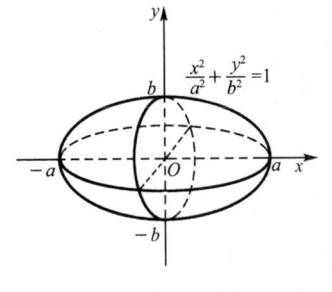

图 5-22

特别地,当 $a = b$ 时,旋转椭球体就变成了半径为 a 的球体,其体积为 $V = \dfrac{4}{3}\pi a^3$.

思考 用所学的微积分知识求底面半径为 r,高为 h 的圆锥体的体积.(结论:$V = \dfrac{1}{3}\pi r^2 h$)(提示:先要建立合适的坐标系)

5.5.4 函数在区间上的平均值

若函数 $y = f(x)$ 在闭区间 $[a,b]$ 上连续,则称 $\dfrac{1}{b-a}\int_a^b f(x)\mathrm{d}x$ 为函数 $y = f(x)$ 在 $[a,b]$ 上的平均值,记作 $\overline{y}$,即

$$\overline{y} = \dfrac{1}{b-a}\int_a^b f(x)\mathrm{d}x.$$

【例 6】 求纯电阻电路中正弦交流电 $i = I_m \sin\omega t$ 在一个周期上功率的平均值(简称平均功率).

解 设电阻为 R,则电路中电压为 $V = iR = I_m R\sin\omega t$,而功率 $P = Vi = I_m^2 R\sin^2\omega t$,故功率在长度为一周期的区间 $\left[0, \dfrac{2\pi}{\omega}\right]$ 上的平均值为

$$\overline{P} = \dfrac{\omega}{2\pi}\int_0^{\frac{2\pi}{\omega}} I_m^2 R\sin^2\omega t\, \mathrm{d}t = \dfrac{I_m^2 R}{2\pi}\int_0^{2\pi} \sin^2\omega t\, \mathrm{d}(\omega t) = \dfrac{1}{2}I_m^2 R,$$

因此

$$\overline{P} = \dfrac{I_m V_m}{2} (V_m = I_m R).$$

即纯电阻电路中正弦交流电的平均功率等于电流、电压的峰值的乘积的二分之一.通常交流电器上标明的功率就是平均功率.

5.5.5 平面曲线的弧长

生产实践中不仅要计算直线段的长度,有时还需要计算曲线弧的长度.例如,建造鱼腹式钢筋混凝土梁,为了确定钢筋的下料长度,就需要计算出鱼腹部分曲线型钢筋的长度.下面给出曲线弧长的计算公式(推导从略).

利用对弧长的微元法可得平面曲线弧长 s 的计算公式:

(1) 当曲线弧由直角坐标方程

$$y = f(x) \quad (a \leqslant x \leqslant b)$$

给出,则这段曲线弧的长度为

$$s = \int_a^b \sqrt{1+(y')^2}\,dx. \tag{5-8}$$

(2) 当曲线弧由参数式方程

$$\begin{cases} x = \varphi(t), \\ y = \psi(t), \end{cases} \quad (\alpha \leqslant t \leqslant \beta)$$

给出,则这段曲线弧的长度为

$$s = \int_\alpha^\beta \sqrt{[\varphi'(t)]^2 + [\psi'(t)]^2}\,dt. \tag{5-9}$$

注意 为使弧长为正,定限时要使式(5-8)和(5-9)中的积分上限大于积分下限.

【例7】 计算曲线 $y = \dfrac{2}{3}x^{\frac{3}{2}}$ 上相应于 x 从 a 到 b 的一段弧(图5-23)的长度.

解 因为 $y' = x^{\frac{1}{2}}$,则

$$s = \int_a^b \sqrt{1+(y')^2}\,dx = \int_a^b \sqrt{1+x}\,dx$$

$$= \frac{2}{3}\left[(1+b)^{\frac{3}{2}} - (1+a)^{\frac{3}{2}}\right].$$

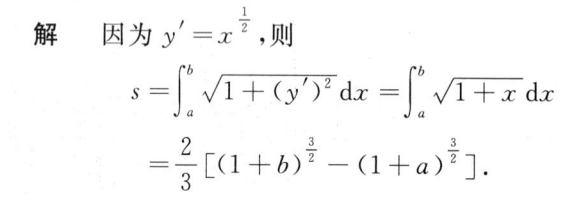

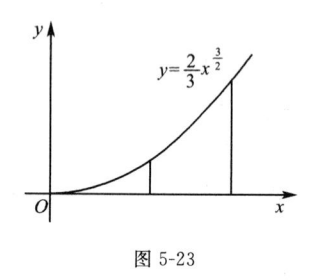

图 5-23

同步训练 5-5

1. 求下列各曲线所围成的图形的面积.

(1) $y = 1 - x^2, y = 0$;

(2) $y = x^3, y = x$;

(3) $y = \ln x, y = \ln 2, y = \ln 7, x = 0$.

2. 求下列曲线所围成的图形绕指定轴旋转所得的旋转体的体积.

(1) $2x - y + 4 = 0, x = 0, y = 0$,绕 x 轴;

(2) $y = x^2 - 4, y = 0$,绕 x 轴;

(3) $y^2 = x, x^2 = y$,绕 y 轴.

3. 求曲线 $y = \ln x$ 上对应于 $\sqrt{3} \leqslant x \leqslant \sqrt{8}$ 的一段弧.

5.6 定积分在物理中的应用

5.6.1 变力所做的功

由物理学知道,物体在常力 F 的作用下沿力的方向做直线运动,当物体移动一段距离 S

时,力 F 所做的功为
$$W = F \cdot S.$$
但在实际问题中,常常会遇到变力做功的问题.

如图 5-24 所示,设物体受到一个水平方向的力 F 的作用而沿水平方向做直线运动,已知在 x 轴上的不同点处,力 F 的大小不同,即力 F 是 x 的函数,记为 $F=F(x)$. 当物体在这个力 F 的作用下,由点 a 移动到点 b,求变力 F 所做的功.

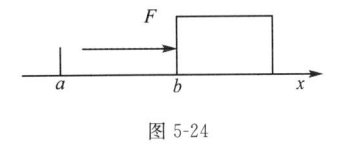

图 5-24

下面我们仍然采用微元法来研究.

在区间 $[a,b]$ 上任取一个小区间 $[x,x+\mathrm{d}x]$,由于 $\mathrm{d}x$ 很小,于是物体在这一小区间上所受的力可以近似地看作是一个常力,从而得到物体从点 x 移动到点 $x+\mathrm{d}x$ 所做的功的近似值
$$\mathrm{d}W = F(x)\mathrm{d}x.$$
$\mathrm{d}W$ 叫作**功微元**. 对功微元在区间 $[a,b]$ 上求定积分,便得到力 F 在 $[a,b]$ 上所做的功为
$$W = \int_a^b F(x)\mathrm{d}x.$$

【例 1】 一圆台贮水池高 5 m,上底圆与下底圆的直径分别为 6 m 和 4 m. 问将池内盛满的水抽出需要做多少功?

解 这也是一个克服重力做功的问题.

因为抽出不同深度的水,其位移距离是不同的,所以,我们需要用定积分来计算. 选取坐标系如图 5-25 所示.

取积分变量为 $x \in [0,5]$,任取一子区间 $[x,x+\mathrm{d}x]$. 因为直线 AB 的方程为 $y = 3 - \dfrac{x}{5}$,水的密度为 $\rho = 1\,000\ \mathrm{kg/m^3}$,则相应的薄水层的重量的近似值为
$$P = 9.8\rho \cdot \pi y^2 \mathrm{d}x = 9.8 \times 1\,000\pi\left(3 - \dfrac{x}{5}\right)^2 \mathrm{d}x,$$
这层水抽出池外的位移为 x,则功的微元为
$$\mathrm{d}W = 9.8 \times 1\,000\pi x\left(3 - \dfrac{x}{5}\right)^2 \mathrm{d}x,$$
于是 $W = 673\,750\pi \approx 2\,116\,648(\mathrm{J}).$

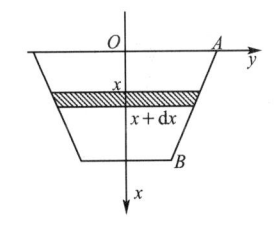

图 5-25

5.6.2 水压力

由物理学知道,一水平放置在液体中的薄片,若其面积为 A,距离液体表面的深度为 h,则该薄片一侧所受的压力 P 等于以 A 为底,h 为高的液体柱的重量,即 $P = \rho A h$. 其中 ρ 为液体的密度(单位:$\mathrm{kg/m^3}$).

但在实际问题中,计算液体中与液面垂直的薄片的一侧所受的压力时,由于薄片上每个位置距离液体表面的深度不一样,因此不能简单地利用上述公式进行计算.

如图 5-26 所示,有一块形状似曲边梯形(曲线方程为 $y = f(x)$)的平面薄片,铅直地放置在液体中(液体的密度为 ρ),最上端平行于液面并与液面的距离为 a,最下端平行于液面并与液面的距离为 b,怎样求该薄片的一侧所受的压力呢?

下面我们利用定积分来解决这个问题.

建立直角坐标系,如图 5-26 在区间 $[a,b]$ 上任取一小区间 $[x,x+\mathrm{d}x]$,由于 $\mathrm{d}x$ 很小,一

方面,其对应的小条块可近似地看作一个以 $f(x)$ 为长,以 dx 为宽的小矩形,其面积为 $f(x)dx$;另一方面,小条块距液面的深度近似地看作不变,都等于 x,因此小条块上受到的压力近似地等于 $9.8 \cdot \rho \cdot f(x)dx \cdot x$,即压力微元.

所以,曲边梯形所受的侧压力为

$$P = \int_a^b 9.8\rho x f(x) dx.$$

【例 2】 设一水平放置的水管,其断面是直径为 6 m 的圆,求当水半满时,水管一端的竖立闸门上所受的压力.

解 如图 5-27 所示,建立直角坐标系,则圆的方程为 $x^2 + y^2 = 9$. 取 x 为积分变量,积分区间为 $[0,3]$,于是竖立闸门上所受的压力为

$$P = 2\int_0^3 9.8 \times 10^3 x \sqrt{9-x^2} dx = 176\ 400.$$

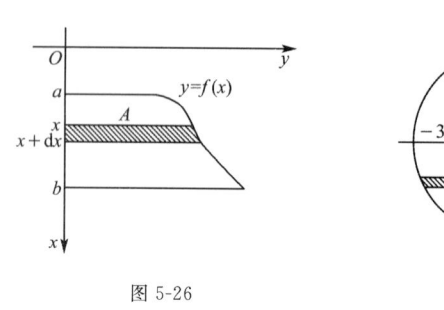

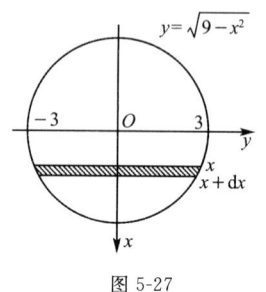

图 5-26

图 5-27

同步训练 5-6

1. 弹簧原长 0.30 m,每压缩 0.01 m 需用力 2 N,求把弹簧从 0.25 m 压缩到 0.20 m 所做的功.

2. 求下列函数在指定区间上的平均值.

(1) $y = \sin x, x \in [1,3]$;

(2) $y = 3t^2 + t - 1, x \in [1,3]$.

3. 某产品在时刻 t 的总产量的变化率为 $f(t) = 100 + 12t - 0.6t^2$ (单位/小时),求从 $t = 2$ 到 $t = 4$ 这两小时内的总产量.

学习指导

本章介绍了定积分的概念、几何意义、性质、牛顿-莱布尼茨公式,定积分的换元积分法和分部积分法,无限区间上和无界函数的两种广义积分. 并从定积分的定义和实际背景出发,归纳得出具有较强实用性的微元法,并应用微元法讨论了定积分在几何、物理、经济等方面的一些简单应用.

1. 定积分的有关概念

(1) 定积分的实际背景是解决已知变量的变化率,求它在某范围内的累积问题. 从这类问题的典型——求曲边梯形的面积,得到了通过"分割局部,以不变代变得微量近似,求和得总量近似,取极限得精确总量"的一般解决过程,最后抽象出定积分的概念,即 $\int_a^b f(x)dx =$

$\lim\limits_{\lambda \to 0} \sum\limits_{i=1}^{n} f(\xi_i) \Delta x_i$，其中 $\lambda = \max\limits_{1 \leqslant i \leqslant n} \{\Delta x_i\}$，它与 $[a,b]$ 的分法以及点 ξ_i 的取法无关，与积分变量无关，而与被积函数 $f(x)$ 及积分区间 $[a,b]$ 有关. 且有 $\int_a^b f(x)\mathrm{d}x = -\int_b^a f(x)\mathrm{d}x$，$\int_a^a f(x)\mathrm{d}x = 0$.

（2）根据定积分的定义，定积分 $\int_a^b f(x)\mathrm{d}x$ 的几何意义是表示几个曲边梯形面积的代数和.

（3）一方面，定积分和不定积分是两个完全不同的概念，不定积分是被积函数的原函数的全体，而定积分是一个数；另一方面，定积分与原函数、不定积分又存在内在的联系，这种内在联系反映在微积分基本定理和牛顿-莱布尼茨公式上，即

$$\int f(x)\mathrm{d}x = \int_a^x f(t)\mathrm{d}t + C,$$

$$\int_a^b f(x)\mathrm{d}x = \left[\int f(x)\mathrm{d}x\right]_a^b = F(b) - F(a).$$

2. 变上限的定积分

$$\left[\int_a^x f(t)\mathrm{d}t\right]' = f(x) \quad (a \leqslant x \leqslant b),$$

$$\left[\int_a^{g(x)} f(t)\mathrm{d}t\right]' = f(g(x))g'(x) \quad (g(x) \text{ 可导}).$$

3. 定积分的计算

（1）定积分的直接积分法

运用牛顿-莱布尼茨公式，求 $f(x)$ 在区间 $[a,b]$ 上的定积分，只需求出 $f(x)$ 在区间 $[a,b]$ 上的任一原函数 $F(x)$，并计算它在两端处的函数值之差 $F(b) - F(a)$ 即可. 另外，定积分的性质在定积分的计算中也有重要应用.

（2）定积分的第一类换元法和第二类换元法

第一类换元法：

不用写出新变量，定积分的上下限也不需改变.

$$\int_a^b f(x)\mathrm{d}x = \int_a^b g[\varphi(x)]\mathrm{d}\varphi(x).$$

第二类换元法：

$$\int_a^b f(x)\mathrm{d}x \xrightarrow{\text{令 } x = \varphi(t),\text{且 } \varphi(\alpha) = a, \varphi(\beta) = b} \int_\alpha^\beta f[\varphi(t)]\varphi'(t)\mathrm{d}t$$

在应用第二类换元法计算定积分时，通过变换 $x = \varphi(t)$ 把原来的积分变量 x 换成新积分变量 t 时，求出原函数后不必把它回代成原变量 x 的函数，而只需相应改变积分上、下限即可.

（3）定积分的分部积分法

若函数 $u = u(x)$ 与 $v = v(x)$ 在 $[a,b]$ 上具有连续导数，则 $\int_a^b u\mathrm{d}v = (uv)\Big|_a^b - \int_a^b v\mathrm{d}u$.

用定积分的分部积分法计算定积分，可随时把已积出的部分，代入上下限算出结果.

（4）设 $f(x)$ 在 $[-a,a]$ 上连续，若 $f(x)$ 为偶函数，则 $\int_{-a}^a f(x)\mathrm{d}x = 2\int_0^a f(x)\mathrm{d}x$；若 $f(x)$ 为奇函数，则 $\int_{-a}^a f(x)\mathrm{d}x = 0$. 利用这个结论，可以简化奇、偶函数在关于原点对称的对称区间上的定积分计算.

4. 广义积分

(1) 无穷区间的广义积分

$$\int_a^{+\infty} f(x)\mathrm{d}x = \lim_{b\to+\infty}\int_a^b f(x)\mathrm{d}x ; \int_{-\infty}^b f(x)\mathrm{d}x = \lim_{a\to-\infty}\int_a^b f(x)\mathrm{d}x ;$$

$$\int_{-\infty}^{+\infty} f(x)\mathrm{d}x = \int_{-\infty}^c f(x)\mathrm{d}x + \int_c^{+\infty} f(x)\mathrm{d}x, 其中 c 为常数.$$

(2) 无界函数的广义积分

$$\int_a^b f(x)\mathrm{d}x = \lim_{\varepsilon\to 0^+}\int_{a+\varepsilon}^b f(x)\mathrm{d}x, \lim_{x\to a^+}f(x) = \infty;$$

$$\int_a^b f(x)\mathrm{d}x = \lim_{\varepsilon\to 0^+}\int_a^{b-\varepsilon} f(x)\mathrm{d}x, \lim_{x\to b^-}f(x) = \infty;$$

$$\int_a^b f(x)\mathrm{d}x = \int_a^c f(x)\mathrm{d}x + \int_c^b f(x)\mathrm{d}x, \lim_{x\to c}f(x) = \infty, (a<c<b).$$

5. 微元法

通过简化定积分定义中的区间分割、求和、求极限,突出累积量的微量近似,得出微元法. 即在区间 $[a,b]$ 内任取一子区间 $[x,x+\mathrm{d}x]$,求出累积总量 A 的微元 $\mathrm{d}A = f(x)\mathrm{d}x$,然后在 $[a,b]$ 上积分就得到累积总量 $A = \int_a^b f(x)\mathrm{d}x$.

运用微元法解决实际问题时,关键是求出微元.

6. 定积分在几何中的简单应用

(1) 平面图形的面积的计算

由连续曲线 $y=f(x)$ 与直线 $x=a, x=b$ 及 x 轴所围成的面积 $A = \int_a^b \mathrm{d}A = \int_a^b |f(x)|\mathrm{d}x$.

由连续曲线 $y=f(x), y=g(x)$ 与直线 $x=a, x=b (a<b)$ 所围成的平面图形的面积 $A = \int_a^b |f(x)-g(x)|\mathrm{d}x$;由连续曲线 $x=\varphi(y), x=\psi(y)$ 与直线 $y=c, y=d (c<d)$ 所围成的平面图形的面积 $A = \int_c^d |\varphi(y)-\psi(y)|\mathrm{d}y$,在运用中注意选择适当的积分变量.

(2) 旋转体的体积的计算

由曲线 $y=f(x)$ 与直线 $x=a, x=b (a<b)$ 及 x 轴所围成的曲边梯形绕 x 轴旋转而成的旋转体的体积为 $V_x = \pi\int_a^b f^2(x)\mathrm{d}x$. 由曲线 $x=f^{-1}(y)$ 与直线 $y=c, y=d (c<d)$ 及 y 轴所围成的曲边梯形绕 y 轴旋转而成的旋转体的体积为 $V_y = \pi\int_c^d [f^{-1}(y)]^2\mathrm{d}y$.

7. 定积分在物理中的简单应用

通过实例,介绍了运用微元法求解变力做功、液体压力、平均值的方法.

单元测试 5

一、填空题

1. $\int_e^\pi \mathrm{d}x = ($).

2. $\int_e^e \mathrm{d}x = ($).

3. $\int_{-3}^3 \dfrac{x^2\arctan x}{1+x^2}\mathrm{d}x = ($).

4. $\left(\int_1^{x^2} \dfrac{t-1}{\sqrt{t}}\mathrm{d}t\right)' = ($).

5. 已知 $\int_0^3 f(x)\mathrm{d}x = 5, \int_2^3 f(x)\mathrm{d}x = 3$，则 $\int_0^2 f(x)\mathrm{d}x = ($　　$)$.

6. $\int_{-a}^{a}\left(\dfrac{x^3}{x^4+2x^2+1}+1\right)\mathrm{d}x = ($　　$)$.

二、$\int_0^1 \sqrt{1-x^2}\,\mathrm{d}x$ 表示什么图形的面积？并据此求出定积分的值.

三、试确定函数 $\Phi(x) = \int_0^x t\mathrm{e}^{-t^2}\mathrm{d}t$ 的单调区间和极值.

四、用适当的方法求下列定积分.

1. $\int_0^1 \dfrac{x^2}{x^2+1}\mathrm{d}x$.

2. $\int_0^1 \dfrac{1}{\sqrt{x}+2}\mathrm{d}x$.

3. $\int_0^1 x^2\sqrt{1-x^2}\,\mathrm{d}x$.

4. $\int_0^2 x\mathrm{e}^{2x}\mathrm{d}x$.

5. $\int_{-1}^2 |x|\,\mathrm{d}x$.

6. $\int_0^1 \dfrac{x^2-x+1}{x+1}\mathrm{d}x$.

7. $\int_0^1 \dfrac{\mathrm{d}x}{x^2+5x+4}$.

8. $\int_0^1 x^3\mathrm{e}^{x^2}\mathrm{d}x$.

9. $\int_1^3 \ln x\,\mathrm{d}x$.

10. $\int_0^{\frac{\pi}{2}} \mathrm{e}^x\cos x\,\mathrm{d}x$.

11. $\int_0^{\pi} \mathrm{e}^x\sin 2x\,\mathrm{d}x$.

12. $\int_0^{\pi} \sin^4 \dfrac{x}{2}\mathrm{d}x$.

13. $\int_1^4 \dfrac{\mathrm{d}x}{\sqrt{x}(1+x)}$.

14. $\int_0^1 x(1+2x^2)^3\mathrm{d}x$.

五、选择题

1. $\dfrac{\mathrm{d}}{\mathrm{d}x}\int_a^b f(x)\mathrm{d}x = ($　　$)$.

A. $f(x)$　　　　　　　　B. 0
C. $f(b)-f(a)$　　　　　D. $f(a)-f(b)$

2. 设 $\int_0^a \dfrac{1}{\sqrt{1+t^2}}\mathrm{d}t = m$，则 $\int_{-a}^a \dfrac{1}{\sqrt{1+t^2}}\mathrm{d}t = ($　　$)$.

A. 0　　　　B. $-m$　　　　C. $2m$　　　　D. $2m+c$

3. 定积分 $\int_a^b \mathrm{d}x\,(a<b)$ 在几何上表示 $($　　$)$.

A. 线段 $b-a$　　　　　　B. 线段长 $a-b$
C. 矩形面积 $(b-a)\times 1$　　D. 矩形面积 $(a-b)\times 1$

4. 已知 $\Phi(x) = \int_{x^2}^0 \sin t\,\mathrm{d}t$，则 $\Phi'(x) = ($　　$)$.

A. $2x\sin x^2$　　B. $\sin x^2$　　C. $-2x\sin x^2$　　D. $\sin x$

5. 设 $f(x)$ 在 $[a,b]$ 上连续，则 $f(x)$ 与 $x=a, x=b, y=0$ 围成的图形的面积是 $($　　$)$.

A. $\int_a^b f(x)\mathrm{d}x$　　B. $\int_a^b |f(x)|\mathrm{d}x$　　C. $\left|\int_a^b f(x)\mathrm{d}x\right|$　　D. $f(\xi)(b-a)$

6. 由两曲线 $x=f(y), x=g(y)$ 及直线 $y=a, y=b\,(a<b)$ 所围成的平面图形的面积为 $($　　$)$.

A. $\int_a^b |f(y)-g(y)|\mathrm{d}y$　　　　B. $\int_a^b (f(y)-g(y))\mathrm{d}y$

C. $\int_a^b (g(y)-f(y))\mathrm{d}y$　　　　D. $\left|\int_a^b (f(y)-g(y))\mathrm{d}y\right|$

7. 由两曲线 $y=f(x)$, $y=g(x)$ 及直线 $x=a$, $x=b(a<b)$ 所围成的平面图形的面积为( ).

A. $\int_a^b |f(x)-g(x)| dx$
B. $\int_a^b (f(x)-g(x)) dx$
C. $\int_a^b (g(x)-f(x)) dx$
D. $\left|\int_a^b (f(x)-g(x)) dx\right|$

8. 若变力为 $f(x)$, 则从 $x=a$ 到 $x=b$ 变力所做的功为( ).

A. $\int_a^b xf(x) dx$
B. $\int_a^b f(x) dx$
C. $\int_a^b \rho x f(x) dx$
D. $\int_a^b \rho f(x) dx$

9. 由曲线 $y=\cos x$, $y=0$, $x=-\dfrac{\pi}{2}$, $x=\pi$ 所围成的平面图形的面积可表示为( ).

A. $\int_{-\frac{\pi}{2}}^{\pi} \cos x\, dx$
B. $2\int_0^{\frac{\pi}{2}} \cos x\, dx - \int_{\frac{\pi}{2}}^{\pi} \cos x\, dx$
C. $2\int_0^{\frac{\pi}{2}} \cos x\, dx + \int_{\frac{\pi}{2}}^{\pi} \cos x\, dx$
D. $\left|\int_{-\frac{\pi}{2}}^{\pi} \cos x\, dx\right|$

六、求下列各曲线所围成的图形的面积.

1. 曲线 $y=9-x^2$, $y=x^2$, 直线 $x=0$, $x=1$.

2. 抛物线 $y=\dfrac{1}{4}x^2$, 直线 $3x-2y-4=0$.

3. 曲线 $y=x^3$, y 轴, 直线 $y=8$.

4. 抛物线 $5x^2=32y$, 直线 $16y-5x=20$.

七、求下列曲线所围成的图形绕指定轴旋转所得的旋转体的体积.

1. 在第一象限中, $xy=9$ 与 $x+y=10$ 之间的平面图形绕 y 轴所得的旋转体的体积.

2. 在抛物线 $y^2=4x$ 与 $y^2=8x-4$ 之间的平面图形绕 x 轴所得的旋转体的体积.

八、半径为 2 m 的圆柱形水池充满了水, 现在要将水从池中汲出, 使水面降低 5 m, 问需做多少功？

第6章

空间解析几何

学习目标

1. 了解空间曲线及方程概念；了解椭球面、椭圆抛物面等二次曲面的标准方程及其图形；了解几种常用的二次曲面.

2. 理解空间直角坐标系的概念，掌握两点间的距离公式；理解向量的概念、向量的模、单位向量、零向量与向量的方向角、方向余弦等概念.

3. 理解向量的加减、数乘、数量积与向量积的概念.

4. 理解曲面及其方程的关系，知道球面、柱面和旋转曲面的概念，掌握球面，以坐标轴为旋转轴、准线在坐标面内的旋转曲面及以坐标轴为轴的圆柱面和圆锥面的方程及其图形.

5. 熟练掌握向量的坐标表示，用向量的坐标进行向量的加法、数乘、数量积与向量积运算.

6. 熟练掌握平面方程和空间直线方程.

以前我们学习过平面解析几何，用代数的方法研究平面几何问题，这一章，我们仍用这种思想研究空间几何问题. 首先建立空间直角坐标系，并引入在物理学、力学以及其他工程技术中有着广泛用途的向量概念及其代数运算，以向量为工具来讨论空间的平面和直线，最后介绍空间曲面和曲线的内容.

6.1 空间直角坐标系与向量

勒内·笛卡尔于1596年3月31日生于法国安德尔-卢瓦尔省的图赖讷(现笛卡尔，因笛卡尔得名)，1650年2月11日逝世于瑞典斯德哥尔摩，是世界著名的法国哲学家、数学家、物理学家. 他对现代数学的发展做出了重要的贡献，因将几何坐标体系公式化而被认为是解析几何之父. 他还是西方现代哲学思想的奠基人，是近代唯物论的开拓者且提出了"普遍怀疑"的主张. 黑格尔称他为"现代哲学之父". 他的哲学思想深深影响了之后几代欧洲人，开拓了"欧陆理性主义"哲学. 堪称17世纪欧洲哲学界和科学界最有影响的巨匠之一，被誉为"近代科学的始祖".

笛卡尔

6.1.1 建立空间的直角坐标系

过空间一个定点 O，作三条互相垂直的数轴，它们有相同的单位长度，它们的交点 O 为坐标原点，这三条轴分别称为 x 轴（横轴）、y 轴（纵轴）、z 轴（竖轴），统称为坐标轴。它们的方向通常符合右手法则，即将右手的拇指和食指分别指向 x 轴和 y 轴的正方向，中指指向 z 轴的正方向（图 6-1）。

这样就建立了一个空间直角坐标系，任意两条坐标轴确定一个平面，分别是 xOy 面、yOz 面、xOz 面，统称为坐标平面。这三个坐标平面把空间分成八个部分，称为卦限。以 x 轴、y 轴及 z 轴的正半轴为棱的卦限为第一卦限，在 xOy 面之上的其余三个卦限，按逆时针方向，依次为第二、三、四卦限。在 xOy 面之下与第一卦限相对的为第五卦限，其余的按逆时针方向依次为第六、七、八卦限（图 6-2(a)）。

图 6-1

设 M 为空间内任意一点，过 M 分别作垂直于 x 轴、y 轴和 z 轴的平面，与坐标轴的交点依次为 P,Q,R，这三个点在 x 轴、y 轴和 z 轴上的坐标依次为 x、y、z（图 6-2(b)），于是空间点 M 唯一确定一个有序实数组 (x,y,z)。

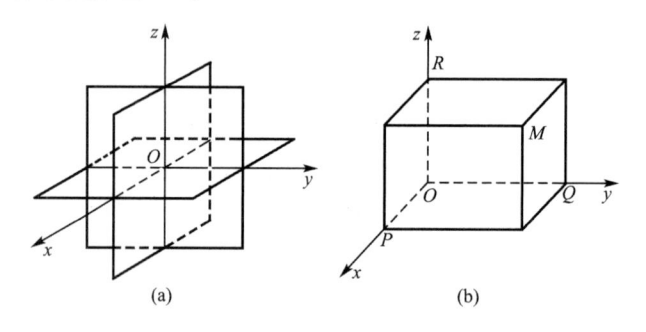

图 6-2

反之，对于一个有序实数组 (x,y,z)，在 x 轴、y 轴和 z 轴上分别作以 x、y、z 为坐标的三个点 P,Q,R，过点 P,Q,R 分别作 x 轴、y 轴和 z 轴的垂直平面，三平面交于空间唯一一点 M。

这样，空间的点 M 和有序数组 (x,y,z) 之间就是一一对应关系，这组数 x、y、z 就称为 M 的坐标，依次为横、纵、竖坐标，我们通常记作 $M(x,y,z)$。

【例 1】 设点 $M(x,y,z)$ 为空间任意一点，试讨论：(1) 若点 M 为八个卦限内的点时，其坐标的正负；(2) 点 M 关于坐标原点、坐标平面、坐标轴对称的点的坐标。

解 (1) 点 M 为八个卦限内的点时，其坐标的正负见表 6-1。

表 6-1

卦限	一	二	三	四	五	六	七	八
坐标正负	$(+,+,+)$	$(-,+,+)$	$(-,-,+)$	$(+,-,+)$	$(+,+,-)$	$(-,+,-)$	$(-,-,-)$	$(+,-,-)$

(2) 点 M 关于坐标原点、坐标平面、坐标轴对称的点的坐标见表 6-2。

表 6-2

对称	x 轴	y 轴	z 轴	xOy 面	yOz 面	xOz 面	原点
对称点坐标	$(x,-y,-z)$	$(-x,y,-z)$	$(-x,-y,z)$	$(x,y,-z)$	$(-x,y,z)$	$(x,-y,z)$	$(-x,-y,-z)$

6.1.2 向量的基本概念及线性运算

我们知道,在力学、物理学以及工程技术中所碰到的量分为两类:一类是只有大小而没有方向的量,称为数量(或标量),如质量、时间和温度等;另一类是不仅有大小而且有方向的量,称为向量(或矢量),如速度、位移、力和电场强度等.

1. 向量的基本概念

定义 6-1 既有大小又有方向的量称为**向量**.

表示:有向线段(起点到终点),如 $\overrightarrow{AB}$ 或 $\boldsymbol{a}$.

模(大小):有向线段的长度,如 $|\overrightarrow{AB}|$ 或 $|\boldsymbol{a}|$.

方向:有向线段的方向.如 $\overrightarrow{AB}$ 方向以 A 为始点,以 B 为终点.

零向量:模为 0 方向任意的向量,记作 **0**.

单位向量:模为 1 的向量.

相等向量:$\boldsymbol{a} = \boldsymbol{b}$,(模相等,方向相等).

负向量:$-\boldsymbol{a}$ 是 $\boldsymbol{a}$ 的负向量.

2. 向量的线性运算

(1) 向量的加减法:平行四边形或三角形法则(图 6-3(a)(b)(c))

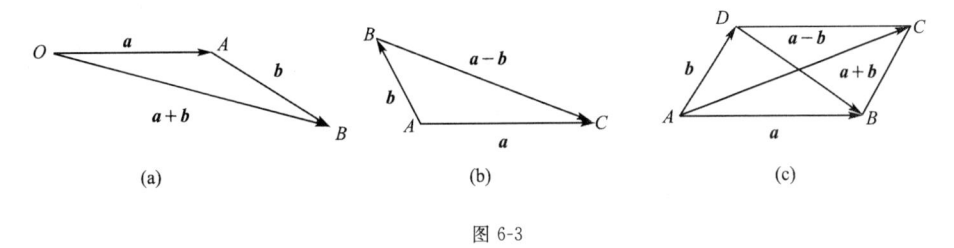

图 6-3

(2) 向量与数量的乘积

定义 6-2 设 λ 是数量,非零向量 $\boldsymbol{a}$ 与 λ 的乘积 $\lambda \boldsymbol{a}$ 称为**数乘向量**.

模:$|\lambda \boldsymbol{a}| = |\lambda| |\boldsymbol{a}|$.

方向:当 $\lambda > 0$ 时,$\lambda \boldsymbol{a}$ 与 $\boldsymbol{a}$ 方向相同;当 $\lambda < 0$ 时,$\lambda \boldsymbol{a}$ 与 $\boldsymbol{a}$ 方向相反;当 $\lambda = 0$ 时,$\lambda \boldsymbol{a} = \boldsymbol{0}$(方向任意).

向量与数量的乘积满足交换律、结合律、分配律(其中 λ、μ 为数量).

交换律:$\lambda \boldsymbol{a} = \boldsymbol{a} \lambda$;

结合律:$\lambda(\mu \boldsymbol{a}) = \mu(\lambda \boldsymbol{a}) = (\lambda \mu) \boldsymbol{a}$;

分配律:$(\lambda + \mu) \boldsymbol{a} = \lambda \boldsymbol{a} + \mu \boldsymbol{a}$;

$\lambda(\boldsymbol{a} + \boldsymbol{b}) = \lambda \boldsymbol{a} + \lambda \boldsymbol{b}$.

注意 根据向量与数量的乘积,我们容易得到下列结论:

① 两个非零向量 $\boldsymbol{a}$ 与 $\boldsymbol{b}$ 平行的充要条件是 $\boldsymbol{a} = \lambda \boldsymbol{b}$,其中 λ 是常数;

② 设 $\boldsymbol{a}^0$ 表示与非零向量 $\boldsymbol{a}$ 同方向的单位向量,那么 $\boldsymbol{a} = |\boldsymbol{a}| \boldsymbol{a}^0$ 或 $\boldsymbol{a}^0 = \dfrac{\boldsymbol{a}}{|\boldsymbol{a}|}$.

6.1.3 向量的坐标

下面我们通过空间直角坐标系,建立向量与有序数组之间的对应关系.

1. 向量 $a=\overrightarrow{M_1M_2}$ 的坐标表示

设向量 $a=\overrightarrow{M_1M_2}$ 及点 $M_1(x_1,y_1,z_1)$ 和 $M_2(x_2,y_2,z_3)$，过 M_1,M_2 各作垂直于三个坐标轴的平面。这六个平面围成一个以线段 M_1M_2 为对角线的长方体(图 6-4)。由向量加法的平行四边形法则，有 $a=\overrightarrow{M_1M_2}=\overrightarrow{P_1P_2}+\overrightarrow{Q_1Q_2}+\overrightarrow{R_1R_2}$，设 i,j,k 分别表示沿 x,y,z 轴正向的单位向量(也称为坐标系的基本向量)，那么

$$\overrightarrow{P_1P_2}=(x_2-x_1)i=a_xi,\overrightarrow{Q_1Q_2}=(y_2-y_1)j=a_yj,\overrightarrow{R_1R_2}=(z_2-z_1)k=a_zk.$$

所以 $a=a_xi+a_yj+a_zk$.

我们称 a_x,a_y,a_z 为向量 $a=\overrightarrow{M_1M_2}$ 在三个坐标轴上的坐标，并记为 $a=\overrightarrow{M_1M_2}=\{a_x,a_y,a_z\}=\{x_2-x_1,y_2-y_1,z_2-z_1\}$.

2. 向量 $a=\overrightarrow{M_1M_2}$ 的模

由图 6-4 知：向量 $a=\overrightarrow{M_1M_2}=\{a_x,a_y,a_z\}=\{x_2-x_1,y_2-y_1,z_2-z_1\}$ 的模

$$|a|=|\overrightarrow{M_1M_2}|=\sqrt{a_x^2+a_y^2+a_z^2}$$
$$=\sqrt{(x_2-x_1)^2+(y_2-y_1)^2+(z_2-z_1)^2}.$$

3. 向量线性运算的坐标表示

设 $a=a_xi+a_yj+a_zk$，$b=b_xi+b_yj+b_zk$，则有

(1) $a\pm b=(a_x\pm b_x)i+(a_y\pm b_y)j+(a_z\pm b_z)k$；

(2) $\lambda a=\lambda a_xi+\lambda a_yj+\lambda a_zk$；

(3) $a=b\Leftrightarrow a_x=b_x,a_y=b_y,a_z=b_z$；

(4) $a/\!/b\Leftrightarrow \dfrac{a_x}{b_x}=\dfrac{a_y}{b_y}=\dfrac{a_z}{b_z}$.

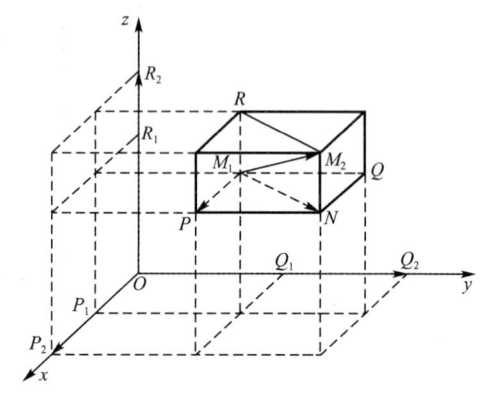

图 6-4

【例 2】 已知两点 $M_1(0,1,2)$ 和 $M_2(1,-1,0)$，求 $\overrightarrow{M_1M_2}$，$|\overrightarrow{M_1M_2}|$ 及与 $\overrightarrow{M_1M_2}$ 平行的单位向量。

解 $\overrightarrow{M_1M_2}=i-2j-2k$；$|\overrightarrow{M_1M_2}|=\sqrt{1+4+4}=3$；

与 $\overrightarrow{M_1M_2}$ 平行的单位向量为：$\pm\overrightarrow{M_1M_2^0}=\pm\dfrac{\overrightarrow{M_1M_2}}{|\overrightarrow{M_1M_2}|}=\pm\dfrac{1}{3}(i-2j-2k)$.

6.1.4 向量在轴上的投影、方向余弦

1. 向量在轴上的投影

定义 6-3 先定义空间两向量的夹角，设空间两个非零向量 a,b 经过平移使他们交于一点 S，两向量正向所成的最小正角 $\theta(0\leqslant\theta\leqslant\pi)$，称为向量 a,b 的夹角，记为 $(\widehat{a,b})$ 或 $(\widehat{b,a})$.

向量与轴的夹角、轴与轴的夹角也做类似定义。

定义 6-4 设空间一点 A 以及一轴 u，过 A 作垂直于轴 u 的平面，那么平面与轴的交点 A' 就叫作点 A 在轴 u 上的投影。

定义 6-5 设空间向量 $\overrightarrow{AB}$，若点 A 和点 B 在轴 u 上的投影分别为 A' 和 B'，那么轴 u 上有向线段 $A'B'$ 的数量称为向量 $\overrightarrow{AB}$ 在轴 u 上的投影，记作 $\text{Prj}_u\overrightarrow{AB}=A'B'$.

其中,当 $A'B'$ 与轴 u 同向时,$\text{Prj}_u \overrightarrow{AB} = |A'B'|$;当 $A'B'$ 与轴 u 反向时,$\text{Prj}_u \overrightarrow{AB} = -|A'B'|$(图 6-5)。

显然向量在数轴上的投影是一个实数.关于向量的投影有下面定理.

定理 6-1 向量 $\overrightarrow{AB}$ 在轴 u 上的投影等于向量的模乘以轴与向量夹角 φ 的余弦,$\text{Prj}_u \overrightarrow{AB} = |\overrightarrow{AB}|\cos\varphi$.

2. 向量的方向角和方向余弦

设向量 $\boldsymbol{a} = \{a_x, a_y, a_z\}$ 与三个坐标轴的夹角分别是 α,β,γ,由投影定理知:$a_x = |\boldsymbol{a}|\cos\alpha$,$a_y = |\boldsymbol{a}|\cos\beta$,$a_z = |\boldsymbol{a}|\cos\gamma$,从而

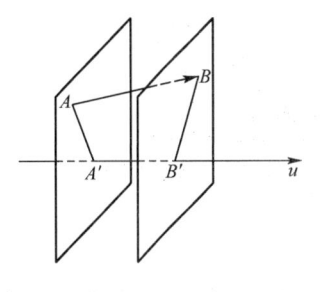

图 6-5

$$\cos\alpha = \frac{a_x}{|\boldsymbol{a}|} = \frac{a_x}{\sqrt{a_x^2 + a_y^2 + a_z^2}};$$

$$\cos\beta = \frac{a_y}{|\boldsymbol{a}|} = \frac{a_y}{\sqrt{a_x^2 + a_y^2 + a_z^2}};$$

$$\cos\gamma = \frac{a_z}{|\boldsymbol{a}|} = \frac{a_z}{\sqrt{a_x^2 + a_y^2 + a_z^2}}.$$

我们称 α,β,γ 为向量 $\boldsymbol{a}$ 的**方向角**,$\cos\alpha$,$\cos\beta$,$\cos\gamma$ 为向量 $\boldsymbol{a}$ 的**方向余弦**.显然

$$\cos^2\alpha + \cos^2\beta + \cos^2\gamma = 1.$$

【例 3】 已知 $A(4,4,2\sqrt{2})$,$B(2,6,0)$,计算向量 $\overrightarrow{AB}$ 的方向余弦和方向角.

解 $\overrightarrow{AB} = \{-2, 2, -2\sqrt{2}\}$,$|\overrightarrow{AB}| = 4$,所以 $\cos\alpha = -\frac{1}{2}$,$\cos\beta = \frac{1}{2}$,$\cos\gamma = -\frac{\sqrt{2}}{2}$;$\alpha = \frac{2\pi}{3}$,$\beta = \frac{\pi}{3}$,$\gamma = \frac{3\pi}{4}$.

同步训练 6-1

1. 在空间直角坐标系中,指出下列各点在哪个特殊位置?
A.$(-1,3,2)$ B.$(3,-1,2)$ C.$(-3,2,-4)$ D.$(-4,-6,-3)$ E.$(3,0,0)$
F.$(-1,-2,0)$ G.$(2,0,1)$
2. 已知两点 $A(0,1,2)$ 和 $B(1,-1,0)$,计算向量 $\overrightarrow{AB}$ 及 $-2\overrightarrow{AB}$.
3. 设 $\boldsymbol{u} = \boldsymbol{a} - \boldsymbol{b} + 2\boldsymbol{c}$,$\boldsymbol{v} = -\boldsymbol{a} + 3\boldsymbol{b} - \boldsymbol{c}$,试用 $\boldsymbol{a}$,$\boldsymbol{b}$,$\boldsymbol{c}$ 表示 $2\boldsymbol{u} - 3\boldsymbol{v}$.
4. 求平行于向量 $\boldsymbol{a} = \{6, 7, -6\}$ 的单位向量..
5. 证明:$P_1(1,2,3)$,$P_2(2,3,1)$,$P_3(3,2,1)$ 为直角三角形的三个顶点.
6. 已知两点 $A(2,2,\sqrt{2})$,$B(1,3,0)$,计算向量 $\overrightarrow{AB}$ 的方向余弦和方向角.

6.2 两向量的数量积和向量积

前面介绍了向量与数量的乘积,这里我们再介绍两种乘法.

6.2.1 两向量的数量积

【引例】 设物体在常力 F 作用下沿 AB 方向移动了 S 位移,其中力 F 与物体的运动方向成 α 角(图 6-6),则力对物体所做的功 $W=|F||S|\cos\alpha$.

W 等于两个向量的模与夹角的余弦的乘积,它是个数量.

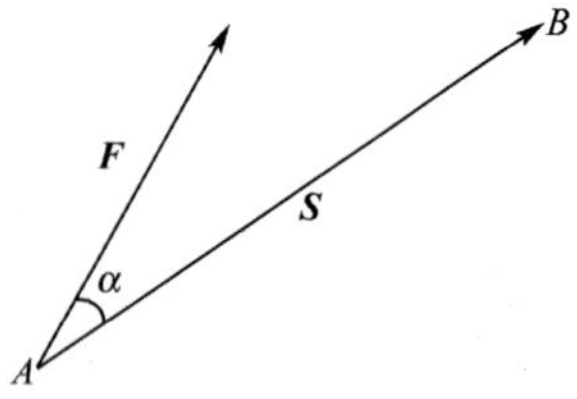

1. 数量积的概念和性质

定义 6-6 两个向量 a 和 b 的模与它们之间夹角余弦的乘积,称为向量 a 与 b 的数量积,记作 $a \cdot b$,即

$$a \cdot b = |a||b|\cos(\widehat{a,b}).$$

图 6-6

显然引例中的功 $W = F \cdot S$.

由向量数量积定义可推出如下结论:

(1) $a \cdot b = |a||b|\cos(\widehat{a,b}) = |a|\mathrm{Prj}_a b = |b|\mathrm{Prj}_b a$;

(2) $a \cdot a = |a|^2$ $(i \cdot i = j \cdot j = k \cdot k = 1)$;

(3) $a \perp b \Leftrightarrow a \cdot b = 0$ $(i \cdot j = j \cdot i = j \cdot k = k \cdot j = k \cdot i = i \cdot k = 0)$.

根据定义 6-6,两个向量数量积具有下列运算律(证明从略):

(1) 交换律: $a \cdot b = b \cdot a$;

(2) 分配律: $(a+b) \cdot c = a \cdot c + b \cdot c$;

(3) 结合律: $\lambda(a \cdot b) = \lambda a \cdot b = a \cdot \lambda b$ (λ 为常量).

2. 向量的数量积的坐标表示

设 $a = a_x i + a_y j + a_z k, b = b_x i + b_y j + b_z k$,则

$$\begin{aligned}a \cdot b &= (a_x i + a_y j + a_z k) \cdot (b_x i + b_y j + b_z k) \\ &= a_x b_x i \cdot i + a_x b_y i \cdot j + a_x b_z i \cdot k + \\ &\quad a_y b_x j \cdot i + a_y b_y j \cdot j + a_y b_z j \cdot k + \\ &\quad a_z b_x k \cdot i + a_z b_y k \cdot j + a_z b_z k \cdot k \\ &= a_x b_x + a_y b_y + a_z b_z,\end{aligned}$$

即

$$a \cdot b = a_x b_x + a_y b_y + a_z b_z.$$

由此说明:两个向量的数量积是一个常数,它的值等于两个向量对应坐标的乘积之和.

由于 $a \cdot b = |a||b|\cos(\widehat{a,b})$,所以当 a, b 为非零向量时,有

$$\cos(\widehat{a,b}) = \frac{a \cdot b}{|a||b|} = \frac{a_x b_x + a_y b_y + a_z b_z}{\sqrt{a_x^2 + a_y^2 + a_z^2}\sqrt{b_x^2 + b_y^2 + b_z^2}},$$

这就是两向量夹角余弦的坐标表示式.

进一步得到: $a \perp b \Leftrightarrow a \cdot b = 0 \Leftrightarrow a_x b_x + a_y b_y + a_z b_z = 0$.

【例1】 已知 $a = \{1, 1, -4\}, b = \{1, -2, 2\}$,求:

(1) $a \cdot b$;　(2) $(\widehat{a,b})$;　(3) $\mathrm{Prj}_b a$.

解 (1) $a \cdot b = 1 \times 1 + 1 \times (-2) + (-4) \times 2 = -9$.

(2) $\cos(\widehat{a,b}) = \dfrac{a \cdot b}{|a||b|} = \dfrac{-9}{\sqrt{1^2 + 1^2 + (-4)^2} \times \sqrt{1^2 + (-2)^2 + 2^2}} = -\dfrac{1}{\sqrt{2}}$,

所以 $(\widehat{a,b}) = \dfrac{3\pi}{4}$.

(3) $\text{Prj}_b a = \dfrac{a \cdot b}{|b|} = \dfrac{-9}{3} = -3$.

6.2.2 两向量的向量积

1. 向量积的概念和性质

定义 6-7 设向量 c 由两个向量 a 与 b 按下列规定给出：

(1) c 的模 $|c| = |a||b|\sin(\widehat{a,b})$；

(2) c 既垂直于 a，又垂直于 b，即垂直于 a、b 所确定的平面，且指向使 a、b、c 符合右手法则.

那么，向量 c 叫作向量 a 与 b 的**向量积**，记作 $a \times b$，即 $c = a \times b$.

由向量向量积定义可推出如下结论：

(1) $a \times a = 0$ ($i \times i = j \times j = k \times k = 0$)；

(2) $a /\!/ b \Leftrightarrow a \times b = 0$；

(3) $i \times j = k, j \times i = -k, j \times k = i, k \times j = -i, k \times i = j, i \times k = -j$；

(4) 两个不平行向量积的模等于以 a, b 为邻边的平行四边形面积.

两个向量的向量积具有下列运算律（证明从略）：

(1) $a \times b = -b \times a$；

(2) $(\lambda a) \times b = a \times (\lambda b)$ (λ 为常量)；

(3) $(a + b) \times c = a \times c + b \times c$.

2. 向量的向量积的坐标表示

设 $a = a_x i + a_y j + a_z k$, $b = b_x i + b_y j + b_z k$，则

$$\begin{aligned}
a \times b &= (a_x i + a_y j + a_z k) \times (b_x i + b_y j + b_z k) \\
&= a_x b_x i \times i + a_x b_y i \times j + a_x b_z i \times k + a_y b_x j \times i + a_y b_y j \times j + \\
&\quad a_y b_z j \times k + a_z b_x k \times i + a_z b_y k \times j + a_z b_z k \times k \\
&= (a_y b_z - a_z b_y) i + (a_z b_x - a_x b_z) j + (a_x b_y - a_y b_x) k.
\end{aligned}$$

为了方便记忆，上式可写成行列式形式，即

$$a \times b = \begin{vmatrix} a_y & a_z \\ b_y & b_z \end{vmatrix} i - \begin{vmatrix} a_x & a_z \\ b_x & b_z \end{vmatrix} j + \begin{vmatrix} a_x & a_y \\ b_x & b_y \end{vmatrix} k = \begin{vmatrix} i & j & k \\ a_x & a_y & a_z \\ b_x & b_y & b_z \end{vmatrix}.$$

【例 2】 设 $a = \{2, 1, -1\}$, $b = \{1, -1, 2\}$，计算 $a \times b$.

解 $a \times b = \begin{vmatrix} i & j & k \\ 2 & 1 & -1 \\ 1 & -1 & 2 \end{vmatrix} = i - 5j - 3k$.

【例 3】 求以 $A(1,2,3), B(3,4,5), C(-1,-2,7)$ 为顶点的三角形面积 S.

解 根据向量积的定义，可知所求三角形的面积等于

$$\dfrac{1}{2}|\overrightarrow{AB}||\overrightarrow{AC}|\sin(\widehat{\overrightarrow{AB},\overrightarrow{AC}}) = \dfrac{1}{2}|\overrightarrow{AB} \times \overrightarrow{AC}|.$$

因为 $\overrightarrow{AB} = \{2,2,2\}, \overrightarrow{AC} = \{-2,-4,4\}$，所以

$$\overrightarrow{AB} \times \overrightarrow{AC} = \begin{vmatrix} i & j & k \\ 2 & 2 & 2 \\ -2 & -4 & 4 \end{vmatrix} = 16i - 12j - 4k.$$

于是

$$S = \frac{1}{2}|\overrightarrow{AB} \times \overrightarrow{AC}| = \frac{1}{2}\sqrt{16^2 + (-12)^2 + (-4)^2} = 2\sqrt{26}.$$

【例 4】 求垂直于向量 $a = \{2,2,1\}$ 和 $b = \{4,5,3\}$ 的单位向量.

解 由向量积的定义可知，向量 $\pm(a \times b) = \pm c$ 与向量 a、b 都垂直，求出 $\pm c$ 后再除以它的模 $|c|$，就得到所要求的单位向量.

$$c = a \times b = \begin{vmatrix} i & j & k \\ 2 & 2 & 1 \\ 4 & 5 & 3 \end{vmatrix} = i - 2j + 2k,$$

$$|c| = \sqrt{1^2 + (-2)^2 + 2^2} = 3,$$

所以

$$\pm c^0 = \pm \frac{a \times b}{|a \times b|} = \pm \frac{1}{3}(i - 2j + 2k).$$

同步训练 6-2

1. 设 $a = \{3, -1, -2\}$ 与 $b = \{1, 2, -1\}$，计算 $a \cdot a$；$a \cdot b$；$a \times a$；$a \times b$；$b \times a$；$\text{Prj}_a b$；$\text{Prj}_b a$；$\cos(\widehat{a, b})$.

2. 设 $a = i - 3j + 2k, b = -i + mj - 2k$，计算当 m 为何值时，(1) $a \perp b$；(2) $a // b$.

3. 设 $|a| = 3, |b| = 5$，且两向量的夹角 $\theta = \dfrac{\pi}{3}$，试求 $(a - 2b) \cdot (3a + 2b)$.

4. 求同时垂直于 x 轴及 $a = \{3, 6, 8\}$ 的单位向量.

5. 设平行四边形的两个邻边为 $a = i - 3j + k, b = 2i - j + 3k$，求该平行四边形的面积.

6.3 平面方程

设在空间直角坐标系下，一平面 π 和一个三元方程 $F(x, y, z) = 0$ 之间满足如下关系：
(1) 平面上每一个点的坐标都满足方程；
(2) 以方程的每组解为坐标的点都在平面上.
那么，我们就称平面 π 是方程 $F(x, y, z) = 0$ 的平面，此方程就是平面 π 的方程.

6.3.1 平面的点法式方程

我们把与一平面垂直的非零向量称为该平面的**法向量**. 显然，过空间一点，给定法向量的平面是唯一确定的.

设平面 π 过点 $M_0(x_0, y_0, z_0)$，向量 $n = \{A, B, C\}$（其中 A, B, C 不全为零）是它的一个

法向量,下面我们就来建立平面方程(图 6-7).

设 $M(x,y,z)$ 是平面 π 上任一点,那么向量 $\overrightarrow{M_0M} \perp \boldsymbol{n}$,所以它们的数量积为零,即
$$\overrightarrow{M_0M} \cdot \boldsymbol{n} = 0.$$
由于 $\overrightarrow{M_0M} = \{x-x_0, y-y_0, z-z_0\}, \boldsymbol{n} = \{A,B,C\}$,所以得
$$A(x-x_0) + B(y-y_0) + C(z-z_0) = 0.$$
显然上述方程的任一组解所确定的向量 $\overrightarrow{M_0M}$ 必与 $\boldsymbol{n}$ 垂直.

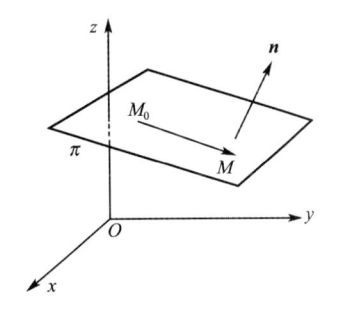

图 6-7

因此,该方程就是过点 $M_0(x_0,y_0,z_0)$,以 $\boldsymbol{n}=\{A,B,C\}$ 为法向量的平面方程,称为平面的**点法式方程**.

【例 1】 求过点 $(2,-3,0)$,且有法向量 $\boldsymbol{n}=\{1,-2,3\}$ 的平面的方程.

解 根据平面的点法式方程,所求平面方程为
$$1(x-2) - 2(y+3) + 3(z-0) = 0,$$
即
$$x - 2y + 3z - 8 = 0.$$

【例 2】 已知一平面经过三点:$M_1(1,1,2), M_2(3,2,3), M_3(2,0,3)$,求这个平面的方程.

解 设 $M(x,y,z)$ 为所求平面内的任意一点,作向量 $\overrightarrow{M_1M_2}$ 和 $\overrightarrow{M_1M_3}$,于是
$$\overrightarrow{M_1M_2} = \{2,1,1\}, \overrightarrow{M_1M_3} = \{1,-1,1\},$$
又因 $\overrightarrow{M_1M_2} \times \overrightarrow{M_1M_3}$ 同时垂直于 $\overrightarrow{M_1M_2}$ 与 $\overrightarrow{M_1M_3}$,因此它可以作为所求平面的法向量 $\boldsymbol{n}$,从而
$$\boldsymbol{n} = \overrightarrow{M_1M_2} \times \overrightarrow{M_1M_3} = \begin{vmatrix} \boldsymbol{i} & \boldsymbol{j} & \boldsymbol{k} \\ 2 & 1 & 1 \\ 1 & -1 & 1 \end{vmatrix} = 2\boldsymbol{i} - \boldsymbol{j} - 3\boldsymbol{k},$$
所以
$$2(x-1) - (y-1) - 3(z-2) = 0,$$
化简得
$$2x - y - 3z + 5 = 0.$$

6.3.2 平面的截距式方程

设平面与 x 轴、y 轴、z 轴的交点依次为 $P_1(a,0,0), P_2(0,b,0), P_3(0,0,c)$ 三点(其中 a,b,c 均不为零),确定此平面的方程.与例 2 同理,可取所求平面的法向量为
$$\boldsymbol{n} = \overrightarrow{P_1P_2} \times \overrightarrow{P_1P_3} = \begin{vmatrix} \boldsymbol{i} & \boldsymbol{j} & \boldsymbol{k} \\ -a & b & 0 \\ -a & 0 & c \end{vmatrix} = bc\boldsymbol{i} + ca\boldsymbol{j} + ab\boldsymbol{k},$$
故所求平面方程为
$$bc(x-a) + ca(y-0) + ab(z-0) = 0,$$
即
$$\frac{x}{a} + \frac{y}{b} + \frac{z}{c} = 1.$$

该方程称为平面的**截距式方程**. a,b,c 分别称为这个平面在 x 轴、y 轴、z 轴上的截距.

【例 3】 写出平面 $3x+y-2z-6=0$ 的截距式方程.

解 先求出平面在 x 轴、y 轴、z 轴上的截距,然后代入截距式方程.

令 $y=z=0$ 有 $x=2$,即所给平面在 x 轴上的截距为 $a=2$.

同理,令 $x=z=0$ 有 $y=6$,即 $b=6$;令 $x=y=0$,有 $z=-3$,即 $c=-3$.

因此,所给平面的截距式方程为 $\dfrac{x}{2}+\dfrac{y}{6}+\dfrac{z}{-3}=1$.

6.3.3 平面的一般式方程

我们可把平面的点法式方程展开得 $Ax+By+Cz-(Ax_0+By_0+Cz_0)=0$,设 $D=-(Ax_0+By_0+Cz_0)$,则

$$Ax+By+Cz+D=0 \quad (A,B,C \text{ 不全为 } 0).$$

因此任意一个平面的方程都是 x,y,z 的一次方程,反之任意一个含有 x,y,z 的一次方程一定是一个平面方程. 我们也称其为平面的**一般式方程**,其中未知数的系数确定的向量 $\{A,B,C\}$ 是该平面的一个法向量.

以下为几种特殊位置平面的方程举例:

(1)当 $D=0$ 时,即方程为 $Ax+By+Cz=0$,因为 $(0,0,0)$ 满足方程,所以平面过坐标原点.

(2)当 $A=0$ 时,即方程为 $By+Cz+D=0$,因为平面的法向量 $\boldsymbol{n}=\{0,B,C\}$ 垂直于 x 轴,所以平面平行于 x 轴.

同理,当 $B=0$ 时,平面平行于 y 轴;当 $C=0$ 时,平面平行于 z 轴.

特别地,当 $A=0,D=0$ 时,平面过 x 轴;当 $B=0,D=0$ 时,平面过 y 轴;当 $C=0,D=0$ 时,平面过 z 轴.

(3)当 $A=0,B=0$ 时,即方程 $Cz+D=0$,因为平面的法向量垂直于 xOy 平面,所以平面平行于 xOy 平面.

同理,当 $A=0,C=0$ 时,平面平行于 xOz 平面;当 $B=0,C=0$ 时,平面平行于 yOz 平面.

特别地,xOy 坐标面、yOz 坐标面、xOz 坐标面的方程分别是 $z=0$、$x=0$、$y=0$.

【例 4】 求平行于 y 轴且过点 $P_1(1,-5,1)$ 及 $P_2(3,2,-2)$ 的平面方程.

解 由于平面平行于 y 轴,故设所求的平面方程为

$$Ax+Cz+D=0.$$

因为平面过点 $P_1(1,-5,1)$ 及 $P_2(3,2,-2)$,所以

$$\begin{cases} A+C+D=0 \\ 3A-2C+D=0 \end{cases}.$$

解得 $C=\dfrac{2}{3}A, D=-\dfrac{5}{3}A$.

代入所设方程并除以 $A(A\neq 0)$,便得所求的方程为

$$x+\dfrac{2}{3}z-\dfrac{5}{3}=0 \text{ 或 } 3x+2z-5=0.$$

6.3.4 两平面的夹角

定义 6-8 两平面的法向量的夹角 $\theta(0\leq\theta\leq\frac{\pi}{2})$ 称为**两平面的夹角**.

设有平面 $\pi_1:A_1x+B_1y+C_1z+D_1=0$
和平面 $\pi_2:A_2x+B_2y+C_2z+D_2=0$.
平面 π_1 有法向量 $\boldsymbol{n}_1=\{A_1,B_1,C_1\}$，平面 π_2 有法向量 $\boldsymbol{n}_2=\{A_2,B_2,C_2\}$（图 6-8）.

按两向量的夹角的余弦公式，平面 π_1 与平面 π_2 的夹角 θ 可由公式 $\cos\theta=|\cos(\widehat{\boldsymbol{n}_1,\boldsymbol{n}_2})|=\dfrac{|A_1A_2+B_1B_2+C_1C_2|}{\sqrt{A_1^2+B_1^2+C_1^2}\sqrt{A_2^2+B_2^2+C_2^2}}$ 确定.

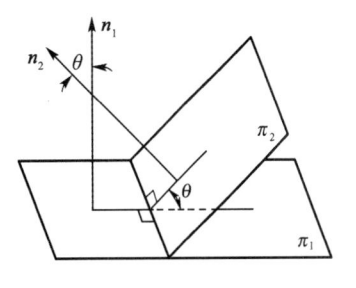

图 6-8

从两向量垂直、平行的充要条件可以推得下列结论：
(1) π_1、π_2 互相垂直的充要条件为：$A_1A_2+B_1B_2+C_1C_2=0$；
(2) π_1、π_2 互相平行的充要条件为：$\dfrac{A_1}{A_2}=\dfrac{B_1}{B_2}=\dfrac{C_1}{C_2}$；
(3) π_1、π_2 互相重合的充要条件为：$\dfrac{A_1}{A_2}=\dfrac{B_1}{B_2}=\dfrac{C_1}{C_2}=\dfrac{D_1}{D_2}$.

【**例 5**】 已知平面经过点 $P(1,1,1)$ 且垂直于平面 $x+2z=0$ 和 $x+y+z=0$，求它的方程.

解法 1 设所求平面的一个法向量为 $\boldsymbol{n}=\{A,B,C\}$.

故所求平面方程为 $A(x-1)+B(y-1)+C(z-1)=0$. 根据题意得 $\begin{cases}A+2C=0\\A+B+C=0\end{cases}$，解得 $A=-2C,B=C$.

代入所设平面方程并除以 $C(C\neq 0)$，便得
$$-2(x-1)+(y-1)+(z-1)=0$$
或
$$2x-y-z=0.$$
这就是所要求的平面方程.

解法 2 设平面 $x+2z=0$ 的法向量为 $\boldsymbol{n}_1=\{1,0,2\}$，平面 $x+y+z=0$ 的法向量为 $\boldsymbol{n}_2=\{1,1,1\}$，则由题知所求平面的法向量

$$\boldsymbol{n}=\boldsymbol{n}_1\times\boldsymbol{n}_2=\begin{vmatrix}\boldsymbol{i}&\boldsymbol{j}&\boldsymbol{k}\\1&0&2\\1&1&1\end{vmatrix}=\{-2,1,1\},$$

所以所求平面的方程为
$$-2(x-1)+(y-1)+(z-1)=0.$$
整理得
$$2x-y-z=0.$$

6.3.5 点到平面的距离

设平面 $Ax+By+Cz+D=0$ 及平面外一点 $P_0(x_0,y_0,z_0)$，计算 P_0 到该平面的距离 d.

如图 6-9 所示，在该平面内任取一点 $P_1(x_1,y_1,z_1)$，那么 d 就等于向量 $\overrightarrow{P_1P_0}=\{x_0-x_1,y_0-y_1,z_0-z_1\}$ 在平面的法向量 $\boldsymbol{n}=\{A,B,C\}$ 上的投影的绝对值，即

$$d=|\overrightarrow{P_1P_0}\cos\theta|=\frac{|\overrightarrow{P_1P_0}\cdot\boldsymbol{n}|}{|\boldsymbol{n}|},$$

所以

$$d=\frac{|Ax_0+By_0+Cz_0+D|}{\sqrt{A^2+B^2+C^2}}.$$

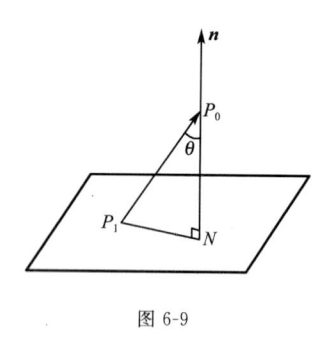

图 6-9

这就是点到平面的距离公式.

【例 6】 求两平行平面 $x+y-z+1=0$ 与 $2x+2y-2z-3=0$ 之间的距离.

解 因为两平面平行，所以在其中一个平面上任取一点到另一平面的距离就是两平行平面的距离. 在 $x+y-z+1=0$ 中，令 $x=y=0$，解得 $z=1$，故得平面上的一点 $P(0,0,1)$，则 P 到 $2x+2y-2z-3=0$ 的距离

$$d=\frac{|-2-3|}{\sqrt{4+4+4}}=\frac{5\sqrt{3}}{6}.$$

同步训练 6-3

1. 求过点 $M(2,9,-6)$ 且与 M 和原点连线垂直的平面方程.
2. 求过点 $(2,0,0)$ 且与平面 $2x+3y-z=0$ 平行的平面方程.
3. 将平面方程 $2x+3y-z+18=0$ 化为截距式方程和点法式方程.
4. 求过点 $(3,0,1),(1,2,3),(-1,0,0)$ 的平面方程.
5. 指出下列平面的特殊位置.
(1) $2x+3y+2=0$； (2) $2x+y+z=0$； (3) $3y+4z=0$；
(4) $3y-2=0$；   (5) $z=0$；   (6) $x-y=0$.
6. 求过点 $(5,1,7),(4,0,-2)$ 且平行于 z 轴的平面方程.

6.4 空间直线方程

6.4.1 直线的点向式方程

与直线平行的非零向量，称为这条直线的**方向向量**. 我们知道：过空间一点 $M_0(x_0,y_0,z_0)$，给定方向向量 $\boldsymbol{s}=\{m,n,p\}$ 的直线 L 唯一确定. 下面我们来建立这条直线的方程（图 6-10）.

设点 $M(x,y,z)$ 是直线 L 上区别于 M_0 的任一点，那么 $\overrightarrow{M_0M}/\!/\boldsymbol{s}$，所以，两向量对应坐标成比例. 由于

$$\overrightarrow{M_0M}=\{x-x_0,y-y_0,z-z_0\},$$

则
$$s = \{m, n, p\},$$
$$\frac{x-x_0}{m} = \frac{y-y_0}{n} = \frac{z-z_0}{p}.$$

这就是空间直线的**点向式方程**或对称式方程. 其中, 直线的任一方向向量 s 的坐标数字 m, n, p 叫作这条直线的一组方向数.

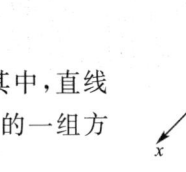

图 6-10

【**例 1**】 求过 $M(2, 5, 8), N(-1, 6, 3)$ 两点的直线方程.

解 由题知向量 $\overrightarrow{MN} = \{-3, 1, -5\}$ 为直线 MN 上的向量, 所以方向向量 $s = \overrightarrow{MN} = \{-3, 1, -5\}$, 由直线的点向式方程得直线方程为
$$\frac{x-2}{-3} = \frac{y-5}{1} = \frac{z-8}{-5}.$$

6.4.2 直线的参数式方程

由直线的点向式方程容易导出直线的参数式方程.

设 $\dfrac{x-x_0}{m} = \dfrac{y-y_0}{n} = \dfrac{z-z_0}{p} = t$, 则
$$\begin{cases} x = x_0 + mt \\ y = y_0 + nt \\ z = z_0 + pt \end{cases}$$

称该方程组为直线的**参数式方程**(其中 t 为参数).

【**例 2**】 求直线 $\dfrac{x-2}{1} = \dfrac{y-3}{1} = \dfrac{z-4}{2}$ 与平面 $2x + y + z - 6 = 0$ 的交点.

解 所给直线的参数式方程为: $\begin{cases} x = 2 + t \\ y = 3 + t \\ z = 4 + 2t \end{cases}$, 将其代入平面方程得
$$2(2+t) + (3+t) + (4+2t) - 6 = 0,$$
解得 $t = -1$, 因此所求交点坐标为 $(1, 2, 2)$.

6.4.3 直线的一般式方程

另一方面, 我们知道两个不平行的平面相交线是一条直线, 所以直线方程也可由法向量不成比例的两个平面方程的联立方程组表示:
$$\begin{cases} A_1 x + B_1 y + C_1 z + D_1 = 0 \\ A_2 x + B_2 y + C_2 z + D_2 = 0 \end{cases},$$

这就是直线的**一般式方程**(其中 A_1, B_1, C_1 与 A_2, B_2, C_2 不成比例).

【**例 3**】 用点向式方程表示直线 $\begin{cases} x + y + z + 1 = 0 \\ 2x - y + 3z + 4 = 0 \end{cases}.$

解 先找出这条直线上的一点 (x_0, y_0, z_0), 例如, 令 $x_0 = 1$, 代入方程组, 解得 $y_0 = 0$, $z_0 = -2$, 即 $(1, 0, -2)$ 是这条直线上的一点.

下面再找出这条直线的一个方向向量 s。由于两平面的交线与两平面的法向量 $n_1=\{1,1,1\}$，$n_2=\{2,-1,3\}$ 都垂直，所以可取 $s=n_1\times n_2$。即

$$s=n_1\times n_2=\begin{vmatrix} i & j & k \\ 1 & 1 & 1 \\ 2 & -1 & 3 \end{vmatrix}=4i-j-3k.$$

因此，所给直线的点向式方程为

$$\frac{x-1}{4}=\frac{y}{-1}=\frac{z+2}{-3}.$$

6.4.4 两直线的位置关系

定义 6-9 两直线的方向向量的夹角 $\varphi\left(0\leqslant\varphi\leqslant\dfrac{\pi}{2}\right)$ 称为**两直线的夹角**。

设两直线 L_1 和 L_2 的方向向量分别为 $s_1=\{m_1,n_1,p_1\}$，$s_2=\{m_2,n_2,p_2\}$。因此，直线 L_1 和 L_2 的夹角 φ 的余弦

$$\cos\varphi=|\cos(\widehat{s_1,s_2})|=\frac{|m_1m_2+n_1n_2+p_1p_2|}{\sqrt{m_1^2+n_1^2+p_1^2}\sqrt{m_2^2+n_2^2+p_2^2}}.$$

从两向量垂直、平行的条件可以推得下列结论：

(1) 两直线 L_1、L_2 互相垂直的充要条件为：$m_1m_2+n_1n_2+p_1p_2=0$；

(2) 两直线 L_1、L_2 互相平行的充要条件为：$\dfrac{m_1}{m_2}=\dfrac{n_1}{n_2}=\dfrac{p_1}{p_2}$。

【例 4】 求直线 $\dfrac{x-1}{1}=\dfrac{y+2}{0}=\dfrac{z+3}{-1}$ 和 $\dfrac{x-2}{1}=\dfrac{y+3}{1}=\dfrac{z-5}{0}$ 的夹角 φ 的余弦。

解

$$\cos\varphi=\frac{|1\times1+0\times1+(-1)\times0|}{\sqrt{1^2+0^2+(-1)^2}\times\sqrt{1^2+1^2+0^2}}=\frac{1}{2},$$

即 $\varphi=\dfrac{\pi}{3}$。

6.4.5 直线与平面的位置关系

定义 6-10 直线与它在平面上的投影之间的夹角 $\theta\left(0\leqslant\theta\leqslant\dfrac{\pi}{2}\right)$，称为直线与平面的夹角（图 6-11）。

设直线 L 的方向向量 $s=\{m,n,p\}$，平面 π 的法向量 $n=\{A,B,C\}$，直线与平面的夹角 $\theta=\left|\dfrac{\pi}{2}-\varphi\right|$，所以

$$\sin\theta=|\cos(\widehat{s,n})|=\frac{|Am+Bn+Cp|}{\sqrt{A^2+B^2+C^2}\sqrt{m^2+n^2+p^2}}.$$

图 6-11

从两向量垂直、平行的条件可以推得下列结论：

(1) 直线 L 与平面 π 互相垂直的充要条件为：$\dfrac{A}{m}=\dfrac{B}{n}=\dfrac{C}{p}$。

(2) 直线 L 与平面 π 互相平行的充要条件为：$Am+Bn+Cp=0$。

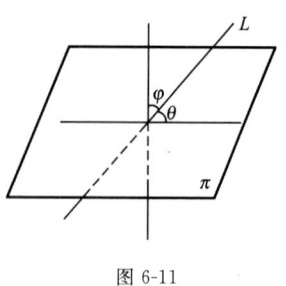

【例5】 求经过点$(3,2,-4)$并与两直线$\dfrac{x-1}{5}=\dfrac{y-2}{3}=\dfrac{z}{-2}$,$\dfrac{x+3}{4}=\dfrac{y}{2}=\dfrac{z-1}{3}$平行的平面方程.

解法1 设所求平面方程为$A(x-3)+B(y-2)+C(z+4)=0$.

由直线与平面平行的条件,有 $\begin{cases}5A+3B-2C=0\\4A+2B+3C=0\end{cases}$.

解得 $A=-\dfrac{13}{2}C, B=\dfrac{23}{2}C$ 代入所设方程中后,两边同除以$C(C\neq 0)$得

$$13(x-3)-23(y-2)-2(z+4)=0,$$

这就是所求平面方程.

解法2 由题知,两直线的方向向量分别为$\boldsymbol{s}_1=\{5,3,-2\}, \boldsymbol{s}_2=\{4,2,3\}$,则所求平面的法向量

$$\boldsymbol{n}=\boldsymbol{s}_1\times\boldsymbol{s}_2=\begin{vmatrix}\boldsymbol{i}&\boldsymbol{j}&\boldsymbol{k}\\5&3&-2\\4&2&3\end{vmatrix}=\{13,-23,-2\},$$

所以由平面的点法式方程得平面方程为

$$13(x-3)-23(y-2)-2(z+4)=0.$$

同步训练 6-4

1. 求过点$A(1,5,3)$和$B(2,1,-1)$的直线方程.
2. 求过点$(2,-1,3)$且平行于直线$\dfrac{x+1}{1}=\dfrac{y-2}{-2}=\dfrac{z}{4}$的直线方程.
3. 求过点$(1,-2,3)$且与平面$2x+y-z+1=0$垂直的直线方程.
4. 求过点$(2,-1,2)$且与直线$\dfrac{x-1}{1}=\dfrac{y-2}{-1}=\dfrac{z+2}{0}$和$\dfrac{x+1}{1}=\dfrac{y-2}{-1}=\dfrac{z}{-1}$垂直的直线方程.
5. 求过点$(1,-3,2)$且与x轴垂直相交的直线.
6. 求直线$\begin{cases}x-2y+4z-7=0\\3x+5y-2z+1=0\end{cases}$的点向式方程与参数式方程.
7. 判断直线$\dfrac{x}{-2}=\dfrac{y+3}{-7}=\dfrac{z+4}{3}$和$4x-2y-2z-5=0$的位置关系.

6.5 曲面与空间曲线

前面我们讨论了最简单的曲面(平面)和最简单的曲线(直线).这一节,我们将研究一般的曲面和空间曲线的方程,并介绍几种类型的曲面.

6.5.1 曲面与方程

定义6-11 如果曲面S与三元方程$F(x,y,z)=0$满足下列条件关系:

(1)曲面S上每个点的坐标都满足方程$F(x,y,z)=0$;

(2) 以方程 $F(x,y,z)=0$ 的每一组解为坐标的点都在曲面 S 上.

那么,这个曲面就是方程 $F(x,y,z)=0$ 的曲面,也称满足方程的动点轨迹,方程 $F(x,y,z)=0$,就称为曲面 S 的方程.

1. 球面

下面我们建立以点 $M_0(x_0,y_0,z_0)$ 为球心,R 为半径的球面的方程.

设球面上一动点 $M(x,y,z)$,据条件可知 $|MM_0|=R$.

因此

$$\sqrt{(x-x_0)^2+(y-y_0)^2+(z-z_0)^2}=R,$$

化简得

$$(x-x_0)^2+(y-y_0)^2+(z-z_0)^2=R^2.$$

该方程就是以 $M_0(x_0,y_0,z_0)$ 为球心,R 为半径的球面的标准方程.

将方程展开得

$$x^2+y^2+z^2-2x_0x-2y_0y-2z_0z+x_0^2+y_0^2+z_0^2=R^2$$

令 $A=1,D=-2x_0,E=-2y_0,F=-2z_0,G=x_0^2+y_0^2+z_0^2-R^2$,就得到

$$Ax^2+Ay^2+Az^2+Dx+Ey+Fz+G=0.$$

这个方程称为球面的一般式方程.

【例1】 方程 $x^2+y^2+z^2-2x+4y-z+\dfrac{5}{4}=0$ 表示怎样的曲面.

解 通过配方,原方程可化为 $(x-1)^2+(y+2)^2+\left(z-\dfrac{1}{2}\right)^2=4$.

表示圆心在点 $\left(1,-2,\dfrac{1}{2}\right)$,半径为 2 的球面.

2. 旋转曲面

定义 6-12 一条平面曲线绕其平面上的一条定直线旋转一周所成的曲面叫作**旋转曲面**,这条定直线叫作旋转曲面的**轴**,而那条平面曲线叫作旋转曲面的**母线**.

现在我们来建立以 z 轴为旋转轴,yOz 面内一条曲线 $C:f(y,z)=0$ 为母线的旋转曲面的方程(图 6-12).设 $M(x,y,z)$ 为旋转曲面上的任意一点,则与 M 相应的曲线 C 在初始位置时的点为 $M_1(x_1,y_1,z_1)$,即 M_1 是 yOz 面内的曲线 C 上的点,由于 C 的旋转而得到点 M,旋转曲面的求法如下:

显然,M_1 和 M 同在平面 $z=z_1$ 与旋转曲面的交线圆上,即点 M 与 M_1 的竖坐标相等 $z=z_1$,且 $\sqrt{x^2+y^2}=|y_1|$(或 $y_1=\pm\sqrt{x^2+y^2}$),而 $M_1(x_1,y_1,z_1)$ 又满足方程 $f(y,z)=0$,即 $f(y_1,z_1)=0$,所以 $M(x,y,z)$ 满足 $f(\pm\sqrt{x^2+y^2},z)=0$,这就是**旋转曲面的方程**.

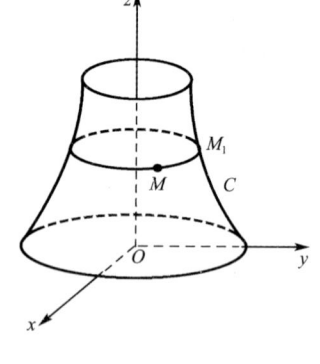

图 6-12

由此可见,只要将在平面曲线 C 的方程 $f(y,z)=0$ 中的 y 换成 $\pm\sqrt{x^2+y^2}$,就得到曲线 C 绕 z 轴旋转的曲面方程.

同理,C 绕 y 轴旋转而成的旋转曲面方程为 $f(y,\pm\sqrt{x^2+z^2})=0$.

其他坐标面上的曲线绕坐标轴旋转而成的旋转曲面的方程也可用同样的方法表示.

【例2】 将 yOz 坐标面上的双曲线 $\dfrac{y^2}{a^2}-\dfrac{z^2}{b^2}=1$ 分别绕 y 轴和 z 轴旋转一周,求所生成的旋转曲面的方程.

解 绕 y 轴旋转,所得旋转曲面的方程为 $\dfrac{y^2}{a^2}-\dfrac{x^2+z^2}{b^2}=1$,绕 z 轴旋转,所得旋转曲面的方程为 $\dfrac{x^2+y^2}{a^2}-\dfrac{z^2}{b^2}=1$.

这两种曲面称为旋转双曲面.

【例3】 将 xOy 坐标面上的椭圆 $\dfrac{x^2}{a^2}+\dfrac{y^2}{b^2}=1$ 分别绕 x 轴和 y 轴旋转一周,求所生成的旋转曲面的方程.

解 绕 x 轴旋转,所得旋转曲面的方程为 $\dfrac{x^2}{a^2}+\dfrac{y^2+z^2}{b^2}=1$,绕 y 轴旋转,所得旋转曲面的方程为 $\dfrac{x^2+z^2}{a^2}+\dfrac{y^2}{b^2}=1$.

这两种曲面称为旋转椭球面.

【例4】 将 xOz 坐标面上的抛物线 $x^2=2pz$ 绕 z 轴旋转一周,求所生成的旋转曲面的方程.

解 绕 z 轴旋转,所得旋转曲面的方程为 $x^2+y^2=2pz$.

这种曲面称为旋转抛物面.

【例5】 将 xOz 坐标面上的直线 $z=x$ 绕 z 轴旋转一周,求所生成的旋转曲面的方程.

解 绕 z 轴旋转,所得旋转曲面的方程为 $z=\pm\sqrt{x^2+y^2}$ 或 $z^2=x^2+y^2$.

这种曲面称为圆锥面.

3. 柱面

直线 L 沿定曲线 C 平行移动形成的轨迹叫作**柱面**,定曲线 C 叫作柱面的**准线**,动直线 L 叫作杜面的**母线**.

现在,我们来建立母线平行于 z 轴,且以 xOy 面上的曲线 $C:f(x,y)=0$ 为准线的柱面方程(图 6-13). 在柱面上任取一点 $M(x_0,y_0,z_0)$,过 M 作一条平行于 z 轴的直线,则该直线与 xOy 平面的交点为 $M_0(x_0,y_0,0)$. 由于 M_0 在准线 C 上,故有 $f(x_0,y_0)=0$,M 的坐标应满足方程 $f(x,y)=0$.

因此,方程 $f(x,y)=0$ 在空间就表示母线平行于 z 轴的柱面.

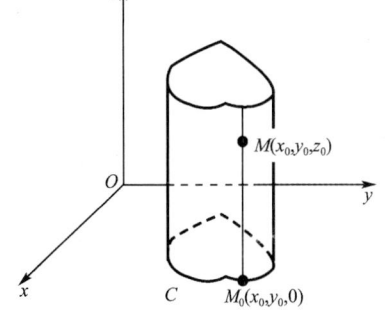

图 6-13

例如,方程 $y^2=2x$ 表示母线平行于 z 轴,准线是 xOy 平面上的抛物线 $y^2=2x$ 的柱面,这个柱面叫作抛物柱面(图 6-14(a)). 方程 $\dfrac{x^2}{a^2}+\dfrac{y^2}{b^2}=1$ 表示母线平行于 z 轴,准线是 xOy 平面上的椭圆 $\dfrac{x^2}{a^2}+\dfrac{y^2}{b^2}=1$ 的柱面(图 6-14(b)),这种柱面叫作椭圆柱面.

同理,$f(x,z)=0$ 表示母线平行于 y 轴,准线是 xOz 平面上的曲线 $f(x,z)=0$ 的柱面,

图 6-14

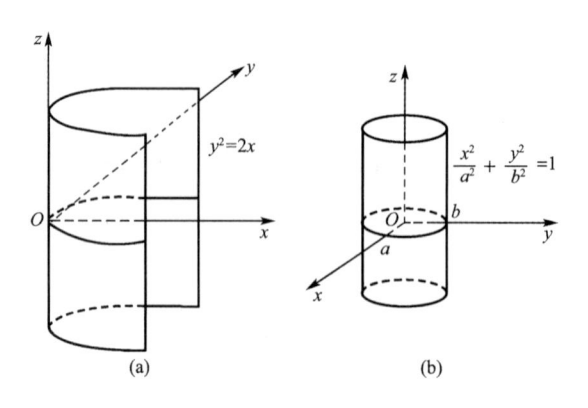

$f(y,z)=0$ 表示母线平行于 x 轴,准线是 yOz 平面上的曲线 $f(y,z)=0$ 的柱面.

例如,$-\dfrac{x^2}{a^2}+\dfrac{z^2}{b^2}=1$ 表示母线平行于 y 轴,准线是 xOz 平面上的双曲线 $-\dfrac{x^2}{a^2}+\dfrac{z^2}{b^2}=1$ 的柱面(图 6-15),这种柱面叫作双曲柱面.

4. 二次曲面

我们把三元二次方程所表示的曲面称为二次曲面(例如,球面、圆柱面、旋转椭球面等).这里我们用平行截面法再讨论几个常见的二次曲面.

(1)椭球面

由方程 $\dfrac{x^2}{a^2}+\dfrac{y^2}{b^2}+\dfrac{z^2}{c^2}=1$ 所表示的曲面称为椭球面,其中 a,b,c 为椭球面的半轴(图 6-16).

显然:$|x|\leqslant a,|y|\leqslant b,|z|\leqslant c$,说明这个椭球面在由平面 $x=\pm a,y=\pm b,z=\pm c$ 所围成的长方体内.

它与三个坐标面的交线为椭圆

$$\begin{cases}\dfrac{x^2}{a^2}+\dfrac{y^2}{b^2}=1\\ z=0\end{cases},\begin{cases}\dfrac{x^2}{a^2}+\dfrac{z^2}{c^2}=1\\ y=0\end{cases},\begin{cases}\dfrac{y^2}{b^2}+\dfrac{z^2}{c^2}=1\\ x=0\end{cases}.$$

图 6-15

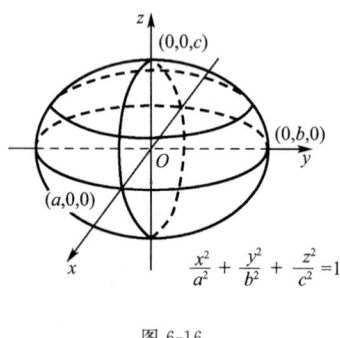

图 6-16

(2)双曲面(单叶和双叶双曲面)

由方程 $\dfrac{x^2}{a^2}+\dfrac{y^2}{b^2}-\dfrac{z^2}{c^2}=1$ 所表示的曲面为单叶双曲面(图 6-17(a)).

它与 zOx 和 yOz 面的交线分别是双曲线

$$\begin{cases}\dfrac{x^2}{a^2}-\dfrac{z^2}{c^2}=1\\ y=0\end{cases} 和 \begin{cases}\dfrac{y^2}{b^2}-\dfrac{z^2}{c^2}=1\\ x=0\end{cases},$$

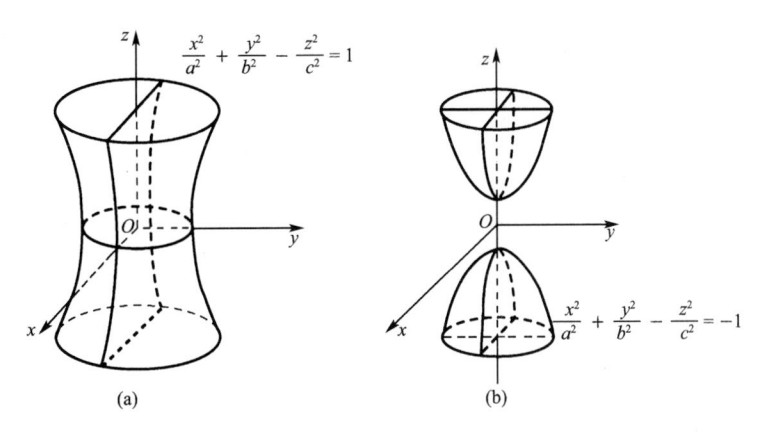

图 6-17

与 yOx 面的交线是椭圆 $\begin{cases} \dfrac{x^2}{a^2}+\dfrac{y^2}{b^2}=1 \\ z=0 \end{cases}$.

由方程 $\dfrac{x^2}{a^2}+\dfrac{y^2}{b^2}-\dfrac{z^2}{c^2}=-1$ 所表示的曲面称为双叶双曲面(图 6-17(b)).
(请读者自己讨论.)

(3)抛物面(椭圆抛物面和双曲抛物面)

由方程 $\dfrac{x^2}{p}+\dfrac{y^2}{q}=2z$($p$,$q$ 同号)所表示的曲面称为椭圆抛物面(图 6-18(a)).

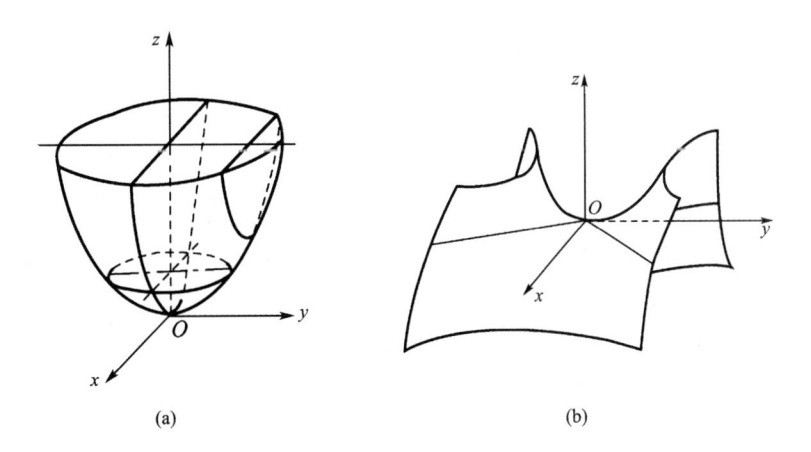

图 6-18

它与 xOy 面交于一点,即原点,与 xOz 面和 zOy 面的交线分别是抛物线

$$\begin{cases} x^2=2pz \\ y=0 \end{cases} \text{和} \begin{cases} y^2=2pz \\ x=0 \end{cases}.$$

由方程 $-\dfrac{x^2}{p}+\dfrac{y^2}{q}=2z$($p$,$q$ 同号)所表示的曲面称为双曲抛物面(图 6-18(b)).
(请读者自己讨论.)

6.5.2 空间曲线及其方程

1. 一般式方程

空间曲线可看作两个曲面的交线. 设 $F_1(x,y,z)=0$, $F_2(x,y,z)=0$ 为两个曲面方程. 曲面的交线 C 上的点坐标同时满足两个曲面方程,反之坐标同时满足两个曲面方程的点必在交线 C 上,所以两个曲面方程联立方程组 $\begin{cases} F_1(x,y,z)=0 \\ F_2(x,y,z)=0 \end{cases}$ 就可用来表示曲线 C,称为空间曲线的一般式方程.

显然,同一条空间曲线可由不同的两个曲面相交而构成,所以同一条空间曲线的一般式方程的形式不唯一.

2. 参数式方程

空间曲线 C 的方程除一般式方程外,也可以用参数式方程来表示,即把空间曲线 C 上的动点坐标 x,y,z 表示为参数 t 的函数,其一般形式是 $\begin{cases} x=x(t) \\ y=y(t) \\ z=z(t) \end{cases}$.

称该方程组为空间曲线 C 的参数式方程. 当给定 $t=t_1$ 时,就得到 C 上的一个点 (x_1,y_1,z_1),随着参数 t 的变动便得到曲线 C 上的全部点.

【例6】 设动点 M 在圆柱 $x^2+y^2=a^2$ 上以角速度 ω 绕 z 轴旋转,同时沿平行 z 轴的方向以速度 v 匀速平动,求 M 的轨迹方程.

解 如图6-19所示,建立坐标系.以时间 t 为参数,设 $t=0$ 时,动点在 $A(a,0,0)$ 处,经过时间 t 后,动点运动到 $M(x,y,z)$ 处. 过 M 作 xOy 面的投影 $M'(x,y,0)$. 由于 M' 在圆柱的准线 $x^2+y^2=a^2$ 上,即 M' 满足圆方程 $x^2+y^2=a^2$.

而准线圆的参数式方程为 $\begin{cases} x=a\cos\omega t \\ y=b\sin\omega t \end{cases}$.

又由于从 M' 到 M 是匀速平动的,所以 $z=vt$,因此,曲线的参数式方程为

$$\begin{cases} x=a\cos\omega t \\ y=b\sin\omega t \\ z=vt \end{cases}.$$

这条曲线称为螺旋线.

3. 空间曲线在坐标面上的投影

从空间曲线 C 上的各点向 xOy 面(yOz 面或 xOz 面)作垂线,垂足所构成的曲线 C_1 称为曲线 C 在该平面上的投影曲线(或称投影),以投影 C_1 为准线、以垂直于该平面的垂线为母线的柱面,称为曲线 C 关于该平面的投影柱面. 投影 C_1 也可看作投影柱面与该平面的交线.

把曲线 C 的一般式方程消去 z,所得方程 $F(x,y)=0$ 便为曲线在 xOy 面上的投影柱面方程. 将投影柱面方程 $F(x,y)=0$ 与 xOy 面上的方程 $z=0$ 联立方程组,就是曲线 C 在 xOy 面上的投影方程.

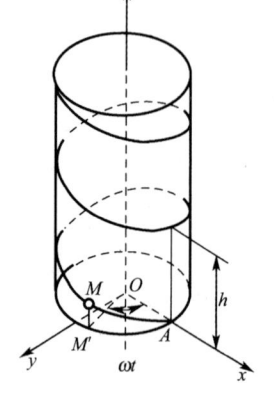

图 6-19

【例7】 求曲线 $\begin{cases} x^2+y^2+z^2=1 \\ z=\dfrac{1}{2} \end{cases}$ 在 xOy 面上的投影方程.

解 消去 z，得 $x^2+y^2=\dfrac{3}{4}$，所以曲线在 xOy 面上的投影方程为 $\begin{cases} x^2+y^2=\dfrac{3}{4} \\ z=0 \end{cases}$.

同步训练 6-5

1. 指出下列方程表示什么曲面，是否是旋转曲面？若是旋转曲面，则指出是由什么曲线绕什么轴旋转而成的.

(1) $\dfrac{x^2}{4}+\dfrac{y^2}{9}+\dfrac{z^2}{4}=1$；　　(2) $\dfrac{x^2}{9}+\dfrac{y^2}{9}+\dfrac{z^2}{16}=1$；　　(3) $x^2+y^2+z^2=1$；

(4) $\dfrac{x^2}{4}+\dfrac{y^2}{9}=3z$；　　(5) $x^2+2y^2+3z^2=9$；　　(6) $x^2-\dfrac{y^2}{4}+z^2=1$；

(7) $x^2+y^2=4z$；　　(8) $x^2-y^2-z^2=1$；　　(9) $\dfrac{x^2}{9}+\dfrac{y^2}{9}-\dfrac{z^2}{16}=-1$；

(10) $x^2-y^2=48$.

2. 指出下列方程表示的曲线.

(1) $\begin{cases} x^2+y^2+z^2=25 \\ x=3 \end{cases}$；　　(2) $\begin{cases} x^2+4y^2+9z^2=36 \\ y=1 \end{cases}$；　　(3) $\begin{cases} x^2-4y^2+z^2=25 \\ x=-3 \end{cases}$；

(4) $\begin{cases} x^2-4y^2+z^2=-8 \\ x=4 \end{cases}$；　　(5) $\begin{cases} \dfrac{y^2}{9}-\dfrac{z^2}{4}=1 \\ x=2 \end{cases}$.

3. 求 $\begin{cases} x^2+y^2+z^2=9 \\ x+z=1 \end{cases}$ 在 xOy 平面上的投影曲线的方程.

学习指导

1. 基本要求

(1) 理解空间直角坐标系的概念，掌握两点间的距离公式.

(2) 理解向量的概念、向量的模、单位向量、零向量与向量的方向角、方向余弦概念.

(3) 理解向量的加法、数乘、数量积与向量积的概念.

(4) 熟练掌握向量的坐标表示，熟练掌握用向量的坐标进行向量的加法、数乘、数量积与向量积的运算.

(5) 理解平面的点法式方程和空间直线的点向式方程（标准方程）、参数式方程，了解平面和空间直线的一般式方程.

(6) 理解曲面及其方程的关系，知道球面、柱面和旋转曲面的概念，掌握球面、以坐标轴为旋转轴、准线在坐标面上的旋转曲面及以坐标轴为轴的圆柱面和圆锥面的方程及其图形.

(7) 了解空间曲线及其方程概念；了解椭球面、椭圆抛物面等二次曲面的标准方程及其图形.

(8)已知方程能识别几种常用的二次曲面.

2. 常见题型与解题指导

(1)有关向量加、减、数量积和向量积的运算.

两个向量的和、差、积都是向量,但数量积是数值,而向量积仍是向量.准确用坐标表示这些运算.还要会用它们的运算律进行运算.

若 $a=\{x_1,y_1,z_1\}$,$b=\{x_2,y_2,z_2\}$,则 $a\pm b=\{x_1\pm x_2,y_1\pm y_2,z_1\pm z_2\}$;

$$a\times b=\begin{vmatrix} i & j & k \\ x_1 & y_1 & z_1 \\ x_2 & y_2 & z_2 \end{vmatrix};|a\times b|=|a||b|\sin(\widehat{a,b}),a,b,a\times b,\text{构成右手法则};$$

$a\cdot a=|a|^2$,$a\times a=0$.

(2)判断向量与向量的位置关系.

利用向量位置关系的充要条件进行判断,设 $a=\{x_1,y_1,z_1\}$,$b=\{x_2,y_2,z_2\}$,则 $a/\!/b\Leftrightarrow\exists\lambda$,使得

$$b=\lambda a\Leftrightarrow\frac{x_1}{x_2}=\frac{y_1}{y_2}=\frac{z_1}{z_2};$$

$$a\perp b\Leftrightarrow a\cdot b=x_1x_2+y_1y_2+z_1z_2=0;$$

$$\cos(\widehat{a,b})=\frac{a\cdot b}{|a||b|}=\frac{x_1x_2+y_1y_2+z_1z_2}{\sqrt{x_1^2+y_1^2+z_1^2}\sqrt{x_2^2+y_2^2+z_2^2}};$$

$$\sin(\widehat{a,b})=\frac{|a\times b|}{|a||b|};$$

A,B,C 三点共线 $\Leftrightarrow\overrightarrow{AB}\times\overrightarrow{AC}=\mathbf{0}$;

以 a,b 为邻边的平行四边形面积为 $S=|a\times b|$;

以 a,b 为邻边的三角形面积为 $S=\dfrac{1}{2}|a\times b|$.

(3)建立平面方程与直线方程.

求平面方程和直线方程,在已知一给定点的条件下,关键是求出平面的法向量和直线的方向向量,这要以两向量的点积和叉积的运算为基础.另外,求平面方程和直线方程的方法往往不是一种,读者可灵活运用已给的条件,选择一种比较简单的方法,求出平面方程或直线方程.

(4)判断平面与平面、直线与直线、直线与平面的位置关系.

判断平面与平面、直线与直线、直线与平面的位置关系,主要判断平面的法向量、直线的方向向量之间的位置关系.但注意平面与平面的法向量平行时,需要取点进一步判断是否重合;在直线与平面平行时,需要取点进一步判断直线是否在平面内.

(5)求旋转曲面方程.

母线在坐标面上,绕某个坐标轴旋转一周所形成的旋转曲面.

如在 yOz 坐标面上有已知曲线 C,它在 yOz 坐标面上的方程是 $F(y,z)=0$,母线 C 绕 z 轴旋转一周所形成的旋转曲面的方程为 $F(\pm\sqrt{x^2+y^2},z)=0$. 由此可见,只要在 yOz 坐标面上曲线 C 的方程 $F(y,z)=0$ 中,把 y 换成 $\pm\sqrt{x^2+y^2}$,就可得到曲线 C 绕 z 轴旋转的旋转曲面方程 $F(\pm\sqrt{x^2+y^2},z)=0$.同理,曲线 C 绕 y 轴旋转一周所成的旋转曲面方程为 $F(y,\pm\sqrt{x^2+z^2})=0$.

对于其他坐标面上的曲线,用上述方法都可以得到绕该坐标平面上任何一条坐标轴旋转所生成的旋转曲面.

(6)识别二次曲面.

准确把握常用二次曲面方程的特点,再结合截痕,才能由方程识别二次曲面.

一般地,在空间直角坐标系中,含有两个变量的方程就是柱面方程,且其方程中缺哪个变量,此柱面的母线就平行于哪个坐标轴.

方程 $\frac{x^2}{a^2}+\frac{y^2}{b^2}=1$,$\frac{x^2}{a^2}-\frac{y^2}{b^2}=1$,$x^2-2py=0$ 分别表示母线平行于 z 轴的椭圆柱面、双曲柱面和抛物柱面.

二次方程 $Ax^2+By^2+Cz^2=D$ 中,A,B,C 有两个相等时表示旋转曲面,当 $D>0$ 时,若 A,B,C 中有两个正数为单叶双曲面;A,B,C 中有两个负数为双叶双曲面;A,B,C 同为正号且不全相等是椭球面;A,B,C 为相等的正数是球面.

3. 学习建议

(1)本章重点是向量的概念,向量的加法、数乘、数量积与向量积的概念,用向量的坐标进行向量的加法、数乘、数量积与向量积的运算;平面的点法式方程,空间直线的标准方程和参数式方程;球面、以坐标轴为轴的圆柱面和圆锥面方程及其图形.难点是熟练运用向量的数量积及向量积的概念进行计算;利用向量的数量积与向量积建立平面方程与空间直线方程;由曲面的方程识别空间图形.

(2)解析几何的实质是建立点与实数有序数组之间的关系.把代数方程与曲线、曲面对应起来,从而能用代数方法研究几何图形.建议在本章的学习中,注意对空间图形想象能力的培养,有些空间图形是比较难想象和描绘的,这是学习本章的一个难点.

单元测试 6

一、选择题

1. 若一点的坐标的 x,y,z 满足 $x>0,y>0,z<0$,则该点在(　　).

A. 第四卦限　　　B. 第五卦限　　　C. 第六卦限　　　D. 第七卦限

2. 在下列四组角度中,可以作为一条有向线段的方向角的是(　　).

A. $45°,60°,60°$　　B. $30°,45°,60°$　　C. $0°,30°,150°$　　D. $30°,60°,60°$

3. 平面 $x+\frac{y}{2}-\frac{z}{2}=1$ 在 x,y,z 轴的截距分别为 a,b,c 则(　　).

A. $a=2,b=1,c=-1$　　　　　　B. $a=1,b=\frac{1}{2},c=-\frac{1}{2}$

C. $a=1,b=-1,c=2$　　　　　　D. $a=1,b=2,c=-2$

4. 垂直于两直线 $\frac{x}{1}=\frac{y}{-1}=\frac{z+5}{2}$ 和 $\frac{x-8}{3}=\frac{y+4}{-2}=\frac{z-2}{1}$ 的直线的方向数为(　　).

A. $1,-1,2$　　　B. $3,-2,1$　　　C. $4,-3,3$　　　D. $3,5,1$

5. 两直线 $\frac{x-2}{3}=\frac{y-1}{2}=\frac{z-3}{-4}$,$\frac{x-2}{6}=\frac{y-1}{4}=\frac{z-3}{-8}$ 的位置关系为(　　).

A. 平行不重合　　B. 垂直且相交　　C. 垂直不相交　　D. 重合

6. 球面方程 $x^2+y^2+z^2-2x-2z=0$ 的球心 M_0 及半径 R 分别为(　　).

A. $M_0(1,0,1),R=\sqrt{2}$　　　　　　B. $M_0(-1,0,-1),R=\sqrt{2}$

C. $M_0(-1,0,-1), R=2$ D. $M_0(1,0,1), R=2$

7. 空间直角坐标系中下列柱面的母线平行于 z 轴的有(   ).

A. $x^2+z^2=1$ B. $\dfrac{y^2}{9}+\dfrac{z^2}{4}=1$

C. $\dfrac{x^2}{9}+\dfrac{y^2}{4}=1$ D. $y^2-z^2=1$

8. xOy 面上的椭圆 $\dfrac{x^2}{a^2}+\dfrac{y^2}{b^2}=1$ 绕 x 轴旋转所形成的旋转曲面方程为(   ).

A. $\dfrac{x^2+y^2}{a^2}+\dfrac{y^2}{b^2}=1$ B. $\dfrac{x^2+z^2}{a^2}+\dfrac{y^2}{b^2}=1$

C. $\dfrac{x^2}{a^2}+\dfrac{y^2+z^2}{b^2}=1$ D. $\dfrac{x^2}{a^2}+\dfrac{x^2+y^2}{b^2}=1$

9. 方程 $z=\sqrt{x^2+y^2}$ 的图形是(   ).

A. 抛物面   B. 点$(0,0,0)$ C. 圆锥面   D. 虚轨迹

10. 方程组 $\begin{cases} x^2+y^2=z \\ x+y=3 \end{cases}$ 在空间表示(   ).

A. 椭圆   B. 圆   C. 圆柱面   D. 抛物线

二、填空题

1. $\boldsymbol{a}=x\boldsymbol{i}+y\boldsymbol{j}+z\boldsymbol{k}$，则 $\boldsymbol{a}\cdot\boldsymbol{i}=$ _____.

2. 设 $\boldsymbol{a}=3\boldsymbol{i}-\boldsymbol{j}-2\boldsymbol{k}, \boldsymbol{b}=\boldsymbol{i}+2\boldsymbol{j}-\boldsymbol{k}$，则 $(-2\boldsymbol{a})\cdot(3\boldsymbol{b})=$ _____.

3. 两向量 $\boldsymbol{a}$ 和 $\boldsymbol{b}$ 相互垂直的充要条件是_____,相互平行的充要条件是_____.

4. 设 $\boldsymbol{A}=3\boldsymbol{a}+\boldsymbol{b}, \boldsymbol{B}=k\boldsymbol{a}+\boldsymbol{b}$($k$ 为常数)，又 $\boldsymbol{a}\perp\boldsymbol{b}, |\boldsymbol{a}|=1, |\boldsymbol{b}|=2$，则有 $\boldsymbol{A}\cdot\boldsymbol{B}=$ _____.

5. 设 $\boldsymbol{a}=\{1,2,3\}, \boldsymbol{b}=\{2,4,\lambda\}$，当 $\lambda=$ _____时,$\boldsymbol{a}\perp\boldsymbol{b}$, 当 $\lambda=$ _____时,$\boldsymbol{a}\parallel\boldsymbol{b}$.

6. 求点$(1,2,1)$到平面 $x+2y+2z-10=0$ 的距离为_____.

7. 指出下列方程或方程组表示的空间图形：

$\dfrac{x^2}{9}+\dfrac{y^2}{9}=1$ _____; $x^2-y^2=8$ _____; $\begin{cases} x^2+4y^2+9z^2=36 \\ x=1 \end{cases}$ _____;

$z=\sqrt{4-x^2-y^2}$ _____; $2x^2+y^2+3z^2=6$ _____; $4x^2+4y^2=9$ _____.

三、计算

1. 求过点 $P_0(0,1,4)$ 且与直线 $\dfrac{x+1}{3}=\dfrac{y-1}{2}=\dfrac{z}{-1}$ 相交并垂直的直线方程.

2. 求过点$(2,0,-3)$ 且与直线 $\begin{cases} x-2y+4z-7=0 \\ 3x+5-2z+1=0 \end{cases}$ 垂直的平面方程.

3. 求过点 $P_1(2,0,1), P_2(1,2,3), P_3(-1,0,0)$ 的平面方程.

4. 求经过直线 $\dfrac{x-2}{3}=\dfrac{y+1}{2}=\dfrac{z-2}{4}$ 且与平面 $x+4y-3z+7=0$ 相互垂直的平面方程.

5. 求经过点$(2,2,1)$和平面 $2x-y+z-3=0$ 平行且与直线 $\dfrac{x-2}{1}=\dfrac{y-2}{3}=\dfrac{z-1}{1}$ 垂直的直线的点向式方程.

6. 设一平面经过原点及点$(6,-3,2)$且与平面 $4x-y+2z-8=0$ 垂直,求平面方程.

7. 求与两直线 $\begin{cases} x=1 \\ y=-1+t \\ z=2+t \end{cases}$ 及 $\dfrac{x+1}{1}=\dfrac{y+2}{2}=\dfrac{z-1}{1}$ 都平行且过原点的平面方程.

第7章

常微分方程

> **学习目标**
>
> 1. 理解微分方程及其解的基本概念,理解微分方程的阶、初始条件、初值问题,通解、特解等相关概念.
> 2. 熟练掌握可分离变量微分方程的特征和解法.
> 3. 熟练掌握一阶线性微分方程的特征和求解方法,特别是一阶线性非齐次常微分方程的常数变易法和求解公式.
> 4. 理解可降阶的高阶微分方程的特征和求解方法.
> 5. 理解二阶线性微分方程解的结构,熟练掌握二阶常系数线性齐次微分方程的特征根解法,了解二阶常系数线性非齐次微分方程的待定系数解法.
> 6. 会用微分方程解决一些简单的实际问题.

常微分方程是伴随着微积分一起发展起来的,微积分的概念和方法在解决实际问题时,都归结为解微分方程,因此,微分方程是我们解决实际问题时常用的、有效的工具.本章主要介绍微分方程的基本概念和几种简单类型的微分方程的特征和解法.

7.1 微分方程的基本概念和可分离变量的微分方程

7.1.1 微分方程的基本概念

【引例1】 传染病问题

传染病是一个困扰人类生存和发展的重大问题,历史上的鼠疫、霍乱、天花、黑死病等都给人类带来了重大损失.随着卫生设施的改善,医院水平的提高以及人类文明的不断发展,诸如天花、霍乱等曾经肆虐全球的传染性疾病已经得到了有效的控制.但在世界的某些地方,特别是贫穷的发展中国家还不时出现传染病流行的情况.20世纪80年代以来,仍然存在艾滋病、非典型肺炎、埃博拉出血热、新型冠状病毒肺炎等给人类带来重大损失的传染病.从20世纪初开始,建立传染病的数学模型描述传染病的传播过程,揭示其流行规律,预测其变化发展趋势,分析其流行的原因和关键因素,以寻求对其预防和控制的最优策略是传染病问题研究的重要方面,微分方程是研究传染病的有力工具.

假设疫区封闭,即总人数 N 为常数,其中病人数在时间 t 时为 $i(t)$,其余人为易感人群,在单位时间内一个病人能接触到的人数为定量,记作 k_0,k_0 称为接触率,并将接触到的人中的健康人传染成病人,初始时刻的病人数为 i_0,病人的治愈率为 k_1,治愈的病人与未得病的人具有同样的可能性被再次感染,病人数的增长率就是传染率,而传染率为接触率乘以易感人数在总人口中的比例,再减去治愈率 k_1,在不考虑病死的情况下可以得到 $i(t)$ 满足的关系式为

$$\begin{cases} \dfrac{\mathrm{d}i(t)}{\mathrm{d}t} = \left[k_0\left(1 - \dfrac{i(t)}{N}\right) - k_1 \right] i(t) \\ i(0) = i_0 \end{cases}.$$

这个关系式就是我们这一章要介绍的常微分方程的初值问题,这虽然是在简单的情况下建立的数学模型,但它却是我们讨论更复杂情形的基础,通过求解这个问题就可以得到传染病的发展规律,为我们控制传染病提供有效途径和政策建议.

下面我们再来看两个简单的例子.

【例 1】 一曲线经过点 $(1,2)$,且在该曲线上任一点 $M(x,y)$ 处的切线斜率为 $2x$,求这条曲线的方程.

解 设所求曲线的方程为 $y = y(x)$,根据题意以及导数的几何意义,该曲线应满足下面关系

$$\frac{\mathrm{d}y}{\mathrm{d}x} = 2x \tag{7-1}$$

和已知条件

$$y \Big|_{x=1} = 2, \tag{7-2}$$

将式(7-1)两边积分得

$$y = \int 2x \, \mathrm{d}x = x^2 + C, \tag{7-3}$$

其中 C 为任意常数.

将条件 $y \Big|_{x=1} = 2$ 代入式(7-3)得 $C = 1$,故所求的曲线方程为

$$y = x^2 + 1. \tag{7-4}$$

【例 2】 质量为 m 的物体,只受重力影响自由下落.设自由落体的初始位置和初速度均为零,试求该物体下落的距离 s 和时间 t 的关系.

解 设物体自由下落的距离 s 和时间 t 的关系为 $s = s(t)$.根据牛顿定律,所求未知函数 $s = s(t)$ 应满足方程

$$\frac{\mathrm{d}^2 s}{\mathrm{d}t^2} = g, \tag{7-5}$$

其中 g 为重力加速度,而且满足条件

$$s \Big|_{t=0} = 0, \quad v = \frac{\mathrm{d}s}{\mathrm{d}t} \Big|_{t=0} = 0. \tag{7-6}$$

我们的问题是求满足方程(7-5)且满足条件(7-6)的未知函数 $s = s(t)$,为此,对式(7-5)两

边积分两次得
$$\frac{\mathrm{d}s}{\mathrm{d}t} = \int \frac{\mathrm{d}^2 s}{\mathrm{d}t^2}\,\mathrm{d}t = \int g\,\mathrm{d}t = gt + C_1,$$
$$s = \int \frac{\mathrm{d}s}{\mathrm{d}t}\,\mathrm{d}t = \int (gt + C_1)\,\mathrm{d}t = \frac{1}{2}gt^2 + C_1 t + C_2, \tag{7-7}$$

其中 C_1, C_2 都是任意常数.

由条件(7-6)第二部分得 $\left.\dfrac{\mathrm{d}s}{\mathrm{d}t}\right|_{t=0} = (gt + C_1)\Big|_{t=0} = 0$,即 $C_1 = 0$.

再由条件(7-6)第一部分得 $s\big|_{t=0} = \left(\dfrac{1}{2}gt^2 + C_1 t + C_2\right)\Big|_{t=0} = 0$,即 $C_2 = 0$.

将 C_1, C_2 的值代入式(7-7)得
$$s = \frac{1}{2}gt^2. \tag{7-8}$$

上述两个例子中的方程(7-1)和(7-5)都含有未知函数的导数,它们都是微分方程.下面给出微分方程的定义.

定义 7-1　一般地,表示未知函数、未知函数的导数及自变量之间关系的方程称为**微分方程**.

如果微分方程中的未知函数仅依赖于一个自变量,这种微分方程称为**常微分方程**;未知函数依赖于两个或两个以上自变量的微分方程称为**偏微分方程**.本书只讨论常微分方程,在本章,为方便起见,也简称为微分方程(或方程).

定义 7-2　微分方程中所出现的未知函数的最高阶导数的阶数称为**微分方程的阶**.

例如,例 1 中的方程(7-1)是一阶微分方程,例 2 中的方程(7-5)是二阶微分方程,而方程
$$y''' + 2y' - 4 = 0$$
是三阶微分方程.

一般地,n 阶微分方程的形式为
$$F(x, y, y', \cdots, y^{(n)}) = 0 \tag{7-9}$$

方程(7-9)中 $y^{(n)}$ 是必须出现的,而 $x, y, y', \cdots, y^{(n-1)}$ 可以不出现.例如,在五阶微分方程 $y^{(5)} + x = 0$ 中,除 $y^{(5)}$ 与 x 外,其余阶数都没有出现.

定义 7-3　如果把已知函数 $y = \varphi(x)$ 代入微分方程(7-9)中,能使该方程成立,则称 $y = \varphi(x)$ 为方程(7-9)的**解**.

例如,例 1 中式(7-3)和式(7-4)就是方程(7-1)的解,而例 2 中式(7-7)和式(7-8)就是方程(7-5)的解.

定义 7-4　如果微分方程的解中包含任意常数,且其独立的(即不可合并而使个数减少的)任意常数的个数与微分方程的阶数相等,则称它为微分方程的**通解**(或称一般解).如果微分方程的解是完全确定的,即不含任意常数,就称它为微分方程的**特解**.

例 1 中的式(7-3)是方程(7-1)的通解,式(7-4)是方程(7-1)的特解.而例 2 中的式(7-7)是方程(7-5)的通解,式(7-8)是方程(7-5)的特解.

由于通解中含有任意常数,所以它还不能完全确定地反映这一客观事物的规律性.要完全确定地反映这一客观事物的规律性,必须确定这些常数的值,我们通常利用附加条件确定出通解中的任意常数,从而求出特解.例如,例 1 中的条件(7-2),例 2 中的条件(7-6)便是这样的条件.

如果是一阶微分方程,通常用来确定任意常数的条件是:

当 $x=x_0$ 时,$y=y_0$,或可写成 $y\big|_{x=x_0}=y_0$.

如果是二阶微分方程,通常用来确定任意常数的条件是:

当 $x=x_0$ 时,$y=y_0$,$y'=y_0'$,或可写成 $y\big|_{x=x_0}=y_0$,$y'\big|_{x=x_0}=y_0'$,其中 x_0,y_0,y_0' 都是给定的值.

上述这种条件称为初始条件,由微分方程和它对应的初始条件联立构成的问题称为初值问题.用初始条件确定任意常数后得到的解,称为微分方程满足初始条件的特解,也称为初值问题的解.

从几何上看,微分方程通解的图形是一簇曲线,称为微分方程的积分曲线簇,而特解的图形是积分曲线簇中的一条曲线.

【例 3】 验证一阶微分方程 $y'=\dfrac{2y}{x}$ 的通解为 $y=Cx^2$(C 为任意常数),并求满足初始条件 $y(1)=2$ 的特解.

解 由 $y=Cx^2$ 得方程的左边为 $y'=2Cx$,而方程的右边为 $\dfrac{2y}{x}=\dfrac{2Cx^2}{x}=2Cx$,左边=右边,因此对任意常数 C,函数 $y=Cx^2$ 都是方程 $y'=\dfrac{2y}{x}$ 的解,即为通解.

将初始条件 $y(1)=2$ 代入通解得 $C=2$,故所要求的特解为 $y=2x^2$.

【例 4】 验证函数 $y=C_1\mathrm{e}^{-2x}+C_2\mathrm{e}^{3x}$ 是微分方程 $y''-y'-6y=0$ 的通解,并求出方程满足初始条件 $y\big|_{x=0}=3$,$y'\big|_{x=0}=-1$ 的特解.

解 求 $y=C_1\mathrm{e}^{-2x}+C_2\mathrm{e}^{3x}$ 的导数得
$$y'=-2C_1\mathrm{e}^{-2x}+3C_2\mathrm{e}^{3x},$$
$$y''=4C_1\mathrm{e}^{-2x}+9C_2\mathrm{e}^{3x}.$$

将 y、y'、y'' 的表达式代入方程 $y''-y'-6y=0$ 的左端得
$$(4C_1\mathrm{e}^{-2x}+9C_2\mathrm{e}^{3x})-(-2C_1\mathrm{e}^{-2x}+3C_2\mathrm{e}^{3x})-6(C_1\mathrm{e}^{-2x}+C_2\mathrm{e}^{3x})=0,$$
即函数 $y=C_1\mathrm{e}^{-2x}+C_2\mathrm{e}^{3x}$ 满足原方程,因此它是原方程的解.又由于 $y=C_1\mathrm{e}^{-2x}+C_2\mathrm{e}^{3x}$ 含有两个独立的任意常数,其个数与原微分方程的阶数相同,所以 $y=C_1\mathrm{e}^{-2x}+C_2\mathrm{e}^{3x}$ 是原方程的通解.

将条件 $y\big|_{x=0}=3$ 代入 $y=C_1\mathrm{e}^{-2x}+C_2\mathrm{e}^{3x}$,得 $3=C_1+C_2$.

将条件 $y'\big|_{x=0}=-1$ 代入 $y'=-2C_1\mathrm{e}^{-2x}+3C_2\mathrm{e}^{3x}$,得 $-1=-2C_1+3C_2$.

联立方程组解得 $C_1=2$,$C_2=1$,故所求的特解为 $y=2\mathrm{e}^{-2x}+\mathrm{e}^{3x}$.

7.1.2 可分离变量的微分方程

可分离变量的微分方程是一种重要的微分方程类型,下面我们介绍它的特征和求解方法.

定义 7-5 一般地,如果一个一阶微分方程能化成
$$g(y)\mathrm{d}y=f(x)\mathrm{d}x$$
的形式,即把微分方程化成一端只含 y 的函数和 $\mathrm{d}y$,另一端只含 x 的函数和 $\mathrm{d}x$ 的形式,则称该原方程为**可分离变量的微分方程**,其中 $g(y)$ 和 $f(x)$ 为已知的连续函数.

设 $g(y)$ 的原函数为 $G(y)$,$f(x)$ 的原函数为 $F(x)$,则对方程 $g(y)\mathrm{d}y=f(x)\mathrm{d}x$ 两端分

别积分

$$\int g(y)\mathrm{d}y = \int f(x)\mathrm{d}x,$$

得

$$G(y) = F(x) + C. \tag{7-10}$$

容易验证,式(7-10)所确定的隐函数是可分离变量微分方程的解,微分方程的这种解法称为分离变量法.

【例 5】 求微分方程 $\dfrac{\mathrm{d}y}{\mathrm{d}x} = -\dfrac{y}{x}$ 满足初始条件 $y\big|_{x=1} = 2$ 的特解.

解 不难发现这是一个可分离变量的微分方程,分离变量得

$$\frac{\mathrm{d}y}{y} = -\frac{\mathrm{d}x}{x},$$

两边积分可得

$$\int \frac{\mathrm{d}y}{y} = -\int \frac{\mathrm{d}x}{x},$$
$$\ln|y| = -\ln|x| + C_1,$$

化简得

$$|y| = \mathrm{e}^{C_1} \left|\frac{1}{x}\right|,$$

即

$$y = \pm \mathrm{e}^{C_1} \frac{1}{x} = \frac{C}{x} \quad (C = \pm \mathrm{e}^{C_1}).$$

容易验证 $C = 0$ 时 $y = \dfrac{C}{x}$ 也是原方程的解,所以原微分方程的通解为 $y = \dfrac{C}{x}$.

再将初始条件 $y\big|_{x=1} = 2$ 代入上式可解得 $C = 2$,故所求的特解为 $y = \dfrac{2}{x}$.

在解微分方程的过程中,为使运算简便,积分 $\int \dfrac{\mathrm{d}u}{u}$ 可直接写成 $\ln u + \ln C$,而不必写成 $\ln|u| + C_1$,因为去掉绝对值后,取 $C = \pm \mathrm{e}^{C_1}$,其结果相同,这一简化写法仅限于本章内容使用.

【例 6】 求微分方程 $\dfrac{\mathrm{d}y}{\mathrm{d}x} = 2xy$ 的通解.

解 该方程为可分离变量微分方程,分离变量可得

$$\frac{\mathrm{d}y}{y} = 2x\mathrm{d}x,$$

两边积分可得

$$\int \frac{\mathrm{d}y}{y} = \int 2x\mathrm{d}x,$$

即

$$\ln y = x^2 + \ln C,$$

所以原方程的通解为

$$y = Ce^{x^2}.$$

【例 7】 求微分方程 $(1+x^2)dy + xy\,dx = 0$ 的通解.

解 易知该方程为可分离变量微分方程,分离变量可得

$$\frac{dy}{y} = -\frac{x}{1+x^2}dx,$$

两边积分可得

$$\int \frac{dy}{y} = -\int \frac{x}{1+x^2}\,dx,$$

于是有

$$\ln y = -\frac{1}{2}\ln(1+x^2) + \ln C,$$

所以原方程的通解为

$$y = \frac{C}{\sqrt{1+x^2}}.$$

【例 8】 求方程 $\dfrac{dy}{dx} = y^2 \sin x$ 满足初始条件 $y\big|_{x=0} = -1$ 的特解.

解 该方程为可分离变量微分方程,分离变量得

$$\frac{1}{y^2}dy = \sin x\,dx,$$

两边积分可得

$$\int \frac{1}{y^2}\,dy = \int \sin x\,dx,$$

$$-\frac{1}{y} = -\cos x + C,$$

即

$$y = \frac{1}{\cos x - C}.$$

由初始条件 $y\big|_{x=0} = -1$ 可确定出常数 $C=2$,故所求的特解为

$$y = \frac{1}{\cos x - 2}.$$

【例 9】 镭元素的衰变满足规律:其衰变的速度与它的现存量成正比,经验得知,镭经过 1 600 年后,只剩下原始量的一半,试求镭现存量与时间 t 的函数关系.

解 设时刻 t 镭的现存量 $M = M(t)$,由题意知:$M(0) = M_0$,由于镭的衰变速度与现存量成正比,故可列出方程

$$\frac{dM}{dt} = -kM,$$

其中 $k(k>0)$ 为比例系数,式子中出现负号是因为在衰变过程中 M 逐渐减小,$\dfrac{dM}{dt} < 0$.

将方程用分离变量法求解得 $M = Ce^{-kt}$,再由初始条件得 $M_0 = Ce^0 = C$,所以

$$M = M_0 e^{-kt}.$$

至于参数 k,可用另一附加条件 $M(1\,600) = \dfrac{M_0}{2}$ 求出,即 $\dfrac{M_0}{2} = M_0 e^{-k \cdot 1\,600}$,解之得

$$k = \frac{\ln 2}{1\,600} \approx 0.000\,433,$$

所以镭的衰变中,现存量 M 与时间 t 的关系为
$$M = M_0 e^{-0.000\,433t}.$$

同步训练 7-1

1. 下列各等式中,哪些是微分方程?哪些不是微分方程?是微分方程的指出它的阶数.

(1) $dy - y^{\frac{1}{2}} dx = 0$;

(2) $y^2 = 2y + x$;

(3) $x dy + y^2 \sin x dx = 0$;

(4) $\dfrac{d^2 y}{dt^2} + 3y = e^{2t}$;

(5) $y'' + y' = 3x$;

(6) $dy = \dfrac{y}{x + y^2} dx$;

(7) $xy''' - (y')^2 = 0$.

2. 验证下列各题中的函数是所给微分方程的通解(或特解).

(1) $3y - xy' = 0, y = Cx^3$;

(2) $\tan x dy = (1+y) dx, y = \sin x - 1$(初始条件为 $y\left(\dfrac{\pi}{2}\right) = 0$);

(3) $y'' - 2y' + y = 0, y = xe^x$(初始条件为 $y(0) = 0, y'(0) = 1$);

(4) $y'' + 9y = 0, y = A\sin 3x - B\cos 3x$(其中 A 与 B 是两个任意常数).

3. 求下列微分方程的通解.

(1) $\dfrac{dy}{dx} = y^2 \sin x$;

(2) $\sqrt{1+x^2} dy + xy dx = 0$;

(3) $(y+1)^2 \dfrac{dy}{dx} + x^3 = 0$;

(4) $(e^{x+y} - e^x) dx + (e^{x+y} + e^y) dy = 0$;

(5) $\sec^2 x \tan y dx + \sec^2 y \tan x dy = 0$;

(6) $y' = 1 - x + y^2 - xy^2$.

4. 求下列微分方程满足初始条件的特解.

(1) $y' \sin x = y \ln y, y\big|_{x=\frac{\pi}{2}} = e$;

(2) $\cos x \sin y dy = \cos y \sin x dx, y\big|_{x=0} = \dfrac{\pi}{4}$;

(3) $y' = e^{2x-y}, y\big|_{x=0} = 0$;

(4) $\sqrt{1-x^2} y' = x, y\big|_{x=0} = 0$;

(5) $(1+e^x) yy' = e^x, y\big|_{x=1} = 1$.

5. 当一次谋杀发生后,尸体的温度从原来的 37 ℃ 按照牛顿冷却定律(物体温度的变化率与该物体周围介质温度之差成正比)开始变凉.假设两个小时后尸体温度变为 35 ℃,并且假定周围空气的温度保持 20 ℃ 不变.

(1) 求出自谋杀发生后尸体的温度 H 与时间 t(以小时为单位)的函数关系式;

(2) 如果尸体被发现时的温度是 30 ℃,时间是下午 4 点,那么谋杀是何时发生的?

7.2 一阶线性微分方程

【引例2】 放射性废料的处理问题

放射性污染对人类生命安全和地球上生物的生存有严重的威胁,因此,放射性废料的处理是我们在利用核能的过程中必须考虑的问题.曾经有一段时间,美国原子能委员会处理浓缩的放射性废料的方法是把它们装入密封的圆桶里,然后扔到水深为90多米的海底.一些生态学家和科学家为此表示担心,圆桶是否会在运输过程中破裂而造成放射性污染? 美国原子能委员会向他们保证:"圆桶绝不会破裂",并做了多种试验证明他们的说法是正确的.然而又有几位工程师提出了如下的问题:圆桶扔到海洋中时是否会因与海底碰撞而发生破裂? 美国原子能委员会仍保证说:"绝不会".我们可以通过建立微分方程模型判断美国原子委员会的说法是否正确,从而判断这种处理废料的方法是否合理.

假设水的阻力与速度大小成正比,比例系数为 c,圆桶的质量为 m,下沉时的速度为 v,受到海水的浮力为 $F_浮$,则根据牛顿第二定律我们可以建立下面的微分方程初值问题

$$\begin{cases} \dfrac{dv}{dt} = g - \dfrac{F_浮}{m} - \dfrac{cv}{m} \\ v(0) = 0 \end{cases}.$$

利用这个模型和相关数据可以证明美国原子能委员会过去处理放射性废料的方法是错误的,进而使得美国政府改变了过去的错误做法.现在美国原子能委员会条例明确禁止把低浓度的放射性废料抛到海里,改为在一些废弃的煤矿中修建深井来放置放射性废料避免造成放射性污染.

定义 7-6 方程

$$y' + P(x)y = Q(x) \tag{7-11}$$

称为**一阶线性微分方程**,其中 $P(x)$ 和 $Q(x)$ 是已知函数.

如果 $Q(x) \not\equiv 0$,则称方程(7-11)是一阶线性非齐次微分方程;如果 $Q(x) \equiv 0$,即

$$y' + P(x)y = 0, \tag{7-12}$$

则称它为一阶线性齐次微分方程.

例如,$y' - (\sin x)y = x$ 是一阶线性非齐次微分方程,而 $y' - \dfrac{1}{x+1}y = 0$ 是一阶线性齐次微分方程,$yy' + \ln x = \sqrt{y}$ 是一阶线性非齐次微分方程.

容易看出,一阶线性齐次微分方程(7-12)是一个可分离变量的微分方程.分离变量后化为

$$\dfrac{dy}{y} = -P(x)dx,$$

在上式两端分别积分可得

$$\ln y = -\int P(x)dx + \ln C,$$

进而可得

$$y = Ce^{-\int P(x)dx},$$

这就是线性齐次微分方程(7-12)的通解.

下面我们用常数变易法来求线性非齐次微分方程(7-11)的通解. 这种方法的思路就是将方程(7-12)的通解中的 C 换成 x 的未知函数 $C(x)$ 并代入方程(7-11)中确定出 $C(x)$, 进而得到方程(7-11)的通解.

设 $y = C(x) e^{-\int P(x) dx}$ 为线性非齐次方程(7-11)的解, 于是
$$y' = C'(x) e^{-\int P(x) dx} - C(x) P(x) e^{-\int P(x) dx},$$
将 y 和 y' 代入方程(7-11), 得
$$C'(x) e^{-\int P(x) dx} - C(x) P(x) e^{-\int P(x) dx} + P(x) C(x) e^{-\int P(x) dx} = Q(x),$$
即
$$C'(x) e^{-\int P(x) dx} = Q(x),$$
$$C'(x) = Q(x) e^{\int P(x) dx},$$
对上式两边积分得
$$C(x) = \int Q(x) e^{\int P(x) dx} dx + C,$$
于是得到方程(7-11)的通解
$$y = e^{-\int P(x) dx} \left[\int Q(x) e^{\int P(x) dx} dx + C \right]. \tag{7-13}$$

公式(7-13)可作为一阶线性非齐次微分方程(7-11)的通解公式使用.

【例1】 求微分方程 $y' + 2xy = x$ 的通解.

解法1 该方程为一阶线性非齐次微分方程, 可用公式法求解.

对照方程(7-11)可知 $P(x) = 2x$, $Q(x) = x$, 代入式(7-13)得线性非齐次微分方程的通解为
$$y = e^{-\int 2x dx} \left(\int x e^{\int 2x dx} dx + C \right)$$
$$= e^{-x^2} \left(\int x e^{x^2} dx + C \right)$$
$$= C e^{-x^2} + \frac{1}{2} e^{-x^2} \int e^{x^2} d(x^2)$$
$$= C e^{-x^2} + \frac{1}{2} e^{-x^2} e^{x^2}$$
$$= C e^{-x^2} + \frac{1}{2}.$$

解法2 方程 $y' + 2xy = x$ 对应的齐次方程为 $\dfrac{dy}{dx} + 2xy = 0$, 由齐次方程的通解公式或分离变量法可得其通解为 $y = C e^{-x^2}$.

用常数变易法把 C 换成 $C(x)$, 即 $y = C(x) e^{-x^2}$, 代入原方程得
$$C'(x) e^{-x^2} + C(x) e^{-x^2} (-2x) + 2x C(x) e^{-x^2} = x,$$
整理可得
$$C'(x) = x e^{x^2},$$
对上式两边积分得

$$C(x) = \frac{1}{2}e^{x^2} + C,$$

从而可得所给方程的通解为 $y = Ce^{-x^2} + \frac{1}{2}$.

【例2】 求解初值问题 $\begin{cases} y' - y\cot x = 2x\sin x \\ y\big|_{x=\frac{\pi}{2}} = \frac{\pi^2}{4} \end{cases}$.

解 与一阶线性微分方程标准形式对比可知 $P(x) = -\cot x$,$Q(x) = 2x\sin x$,将它们代入通解公式(7-13)可得原方程的通解为

$$y = e^{\int \cot x \, dx}\left(\int 2x\sin x \, e^{-\int \cot x \, dx} dx + C\right) = e^{\ln \sin x}\left(\int 2x\sin x \, e^{-\ln \sin x} dx + C\right)$$

$$= (\sin x)\left(\int 2x\sin x \, \frac{1}{\sin x} dx + C\right)$$

$$= (x^2 + C)\sin x.$$

将初始条件 $y\big|_{x=\frac{\pi}{2}} = \frac{\pi^2}{4}$ 代入上式,得 $C = 0$. 所以原问题的解为

$$y = x^2 \sin x.$$

【例3】 求解微分方程 $y\,dx - (x + y^3)dy = 0$.

解 将原方程化为 $\frac{dy}{dx} = \frac{y}{x + y^3}$,可见该方程既不是一阶线性微分方程,也不是可分离变量的微分方程,无法用已学过的方法求解. 若将原方程改写为

$$\frac{dx}{dy} - \frac{1}{y}x = y^2,$$

则它是一个以 y 为自变量,x 为未知函数的一阶线性微分方程.

以 $P(y) = -\frac{1}{y}$,$Q(y) = y^2$ 代入通解公式(7-13)得原方程的通解为

$$x = e^{-\int P(y)dy}\left(\int Q(y) \, e^{\int P(y)dy} dy + C\right) = e^{\int \frac{1}{y} dy}\left(\int y^2 e^{-\int \frac{1}{y} dy} dy + C\right)$$

$$= e^{\ln y}\left(\int y^2 e^{-\ln y} dy + C\right) = y\left(\int y^2 y^{-1} dy + C\right) = y\left(\frac{1}{2}y^2 + C\right)$$

$$= \frac{1}{2}y^3 + Cy.$$

同步训练 7-2

1. 求下列微分方程的通解.

(1) $2\dfrac{dy}{dx} - y = e^x$; (2) $y' = \dfrac{y + \ln x}{x}$;

(3) $y' - 2xy = e^{x^2}\cos x$; (4) $\dfrac{dy}{dx} + \dfrac{y}{x} = \dfrac{\sin x}{x}$.

2. 求下列微分方程满足初始条件的特解.

(1) $\dfrac{dy}{dx} + 3y = 8$,$y(0) = 2$; (2) $\dfrac{dy}{dx} - y = \cos x$,$y(0) = 0$;

(3) $\dfrac{\mathrm{d}y}{\mathrm{d}x} - \dfrac{2}{1-x^2}y - x - 1 = 0, y(0) = 0$；(4) $\dfrac{\mathrm{d}x}{\mathrm{d}y} = \dfrac{3x+y^4}{y}, y(1) = 1$.

3.(冷却问题)物体在空气中的冷却速度与物体和空气的温度之差成正比,已知空气温度为 20 ℃,如果物体在 20 分钟内由 100 ℃ 降至 60 ℃,问要使物体温度降至 30 ℃,需用多长时间?

7.3 可降阶的高阶微分方程

【引例 3】 悬链线问题

悬链线问题起源于达芬奇的名画《抱银貂的女人》中,女人脖颈上悬挂的黑色珍珠项链,它的具体提法是:两端固定的一条(粗细与质量分布)均匀、柔软(不能伸长)的链条,在重力的作用下所具有的曲线形状. 达芬奇、惠更斯、伽利略、雅各布、伯努利、牛顿、莱布尼茨等科学家均参与了悬链线的研究工作. 在工程中常常用到悬链线,例如,自锚式吊桥和跨江输电线中的悬索结构. 下面我们以微分方程的形式表示悬链线.

假设悬链在单位弧长上所受的重力为 ρ,其任一断面上的张力(拉力)的水平分力为 H,悬链线的方程为 $y = f(x)$,利用力学知识和定积分的知识可建立下面的微分方程:

$$y'' = \dfrac{1}{a}\sqrt{1+(y')^2},$$

其中,$a = \dfrac{H}{\rho}$. 它是一个二阶的微分方程,我们可以通过代换的方法把它降阶为一阶的微分方程进行求解.

一般来说,对于一个高阶方程自然就会想到能否降低方程的阶数,直到降到一阶微分方程来求解,这种求解微分方程的方法称为降阶法. 下面介绍几种容易降阶的高阶微分方程的解法.

1. $y^{(n)} = f(x)$ 型的微分方程

微分方程

$$y^{(n)} = f(x)$$

的右端是仅含有自变量 x 的函数,此类方程可通过逐次积分求得通解. 积分一次可得

$$y^{(n-1)} = \int f(x)\mathrm{d}x + C_1,$$

再积分一次可得

$$y^{(n-2)} = \int \left[\int f(x)\mathrm{d}x + C_1\right]\mathrm{d}x + C_2,$$

如此继续下去,积分 n 次后就得方程 $y^{(n)} = f(x)$ 的通解.

【例 1】 求微分方程 $y''' = \mathrm{e}^{2x} + \sin x$ 的通解.

解 对所给方程接连积分三次可得

$$y'' = \dfrac{1}{2}\mathrm{e}^{2x} - \cos x + C_1,$$

$$y' = \dfrac{1}{4}\mathrm{e}^{2x} - \sin x + C_1 x + C_2,$$

$$y = \frac{1}{8}e^{2x} + \cos x + \frac{1}{2}C_1 x^2 + C_2 x + C_3,$$

这就是所求的通解.

2. $y'' = f(x, y')$ 型的微分方程

方程
$$y'' = f(x, y')$$

的特点是不含未知函数 y. 作变量代换 $y' = p(x)$，则 $y'' = p'(x)$，于是方程可化为
$$p'(x) = f(x, p),$$

这是一个关于变量 x, p 的一阶微分方程. 设其通解为 $p = \varphi(x, C_1)$，而 $p = \dfrac{\mathrm{d}y}{\mathrm{d}x}$，因此又有一阶微分方程

$$\frac{\mathrm{d}y}{\mathrm{d}x} = \varphi(x, C_1),$$

对它进行积分就得到方程 $y'' = f(x, y')$ 的通解
$$y = \int \varphi(x, C_1)\mathrm{d}x + C_2.$$

【例 2】 求微分方程 $(x^2 + 1)y'' = 2xy'$ 的通解.

解 设 $y' = p(x)$，则 $y'' = p'(x) = \dfrac{\mathrm{d}p}{\mathrm{d}x}$，将其代入原方程得
$$(x^2 + 1)\frac{\mathrm{d}p}{\mathrm{d}x} = 2xp,$$

分离变量可得
$$\frac{\mathrm{d}p}{p} = \frac{2x}{x^2 + 1}\mathrm{d}x,$$

对上式两边积分得
$$\ln p = \ln(1 + x^2) + \ln C_1,$$

或
$$p = C_1(x^2 + 1),$$

即
$$y' = C_1(x^2 + 1).$$

再两边积分，便得原方程的通解
$$y = \int C_1(x^2 + 1)\mathrm{d}x = \left(\frac{1}{3}x^3 + x\right)C_1 + C_2.$$

【例 3】 求方程 $x^3 \dfrac{\mathrm{d}^2 y}{\mathrm{d}x^2} - \left(\dfrac{\mathrm{d}y}{\mathrm{d}x}\right)^2 = 0$ 满足初始条件 $y\big|_{x=1} = 2, y'\big|_{x=1} = 1$ 的特解.

解 令 $\dfrac{\mathrm{d}y}{\mathrm{d}x} = p(x)$，则 $\dfrac{\mathrm{d}^2 y}{\mathrm{d}x^2} = \dfrac{\mathrm{d}p}{\mathrm{d}x}$. 原方程可化为
$$x^3 \frac{\mathrm{d}p}{\mathrm{d}x} - p^2 = 0,$$

分离变量得
$$\frac{\mathrm{d}p}{p^2} = \frac{\mathrm{d}x}{x^3},$$

对上式两边积分得
$$\frac{1}{p} = \frac{1}{2x^2} + C_1.$$

将初始条件 $y'\big|_{x=1} = p\big|_{x=1} = 1$，代入上式，得 $C_1 = \frac{1}{2}$. 进而有
$$\frac{dx}{dy} = \frac{1+x^2}{2x^2},$$

即
$$dy = \frac{2x^2}{1+x^2} dx.$$

再两边积分得
$$y = \int \left(2 - \frac{2}{1+x^2}\right) dx = 2x - 2\arctan x + C_2.$$

再将初始条件 $y\big|_{x=1} = 2$ 代入上式可得 $C_2 = \frac{\pi}{2}$. 从而所求的特解为
$$y = 2x - 2\arctan x + \frac{\pi}{2}.$$

3. $y'' = f(y, y')$ 型的微分方程

微分方程
$$y'' = f(y, y')$$

的特点是不含自变量 x. 为了求出它的解，我们令 $y' = p(y)$ 并利用复合函数的求导法则把 y'' 化为对 y 的导数，即
$$y'' = \frac{dp}{dx} = \frac{dp}{dy} \cdot \frac{dy}{dx} = p\frac{dp}{dy},$$

则该方程可化为
$$p\frac{dp}{dy} = f(y, p).$$

这是一个关于变量 y, p 的一阶微分方程，设它的通解 $p = \varphi(y, C_1)$，即
$$\frac{dy}{dx} = \varphi(y, C_1),$$

分离变量并积分就可得到方程 $y'' = f(y, y')$ 的通解为
$$\int \frac{dy}{\varphi(y, C_1)} = x + C_2.$$

【例 4】 求微分方程 $2yy'' = (y')^2 + 1$ 的通解.

解 设 $y' = p(y)$，则 $y'' = p\frac{dp}{dy}$，把它代入原方程得
$$2yp\frac{dp}{dy} = p^2 + 1,$$

分离变量可得
$$\frac{2p}{p^2+1} dp = \frac{1}{y} dy,$$

两边积分可得

即
$$\ln(p^2+1) = \ln y + \ln C_1,$$
$$p^2 + 1 = C_1 y.$$

把 $p = \dfrac{dy}{dx}$ 代入上式得
$$\left(\dfrac{dy}{dx}\right)^2 + 1 = C_1 y,$$

分离变量得
$$\dfrac{dy}{\pm\sqrt{C_1 y - 1}} = dx,$$

两边积分得
$$y = \dfrac{C_1}{4}(x + C_2)^2 + \dfrac{1}{C_1},$$

这就是所求的通解.

【例 5】 求微分方程 $yy'' - (y')^2 = 0$ 的通解.

解 设 $y' = p(y)$,则 $y'' = p\dfrac{dp}{dy}$,把它代入原方程得
$$yp\dfrac{dp}{dy} - p^2 = 0,$$

在 $y \neq 0, p \neq 0$ 时,约去 p 并分离变量可得
$$\dfrac{dp}{p} = \dfrac{dy}{y},$$

两边积分可得
$$\ln p = \ln y + \ln C_1,$$
即
$$p = C_1 y,$$
也就是
$$y' = C_1 y.$$

再分离变量并两边积分便得原方程的通解为
$$\ln y = C_1 x + \ln C_2,$$
即
$$y = C_2 e^{C_1 x}.$$

同步训练 7-3

1. 求下列方程的通解.
   (1) $y'' = e^{2x}$；　　(2) $x^2 y'' + xy' = 1$；　　(3) $yy'' - 2(y')^2 = 0$.

2. 求下列方程的特解.
   (1) $y'' = \dfrac{3x^2}{1+x^3} y'$, $y\big|_{x=0} = 1$, $y'\big|_{x=0} = 4$；
   (2) $y'' = 2yy'$, $y(0) = 1$, $y'(0) = 2$.

7.4 二阶常系数线性微分方程

【引例4】 塔科马大桥倒塌的原因

第一座塔科马海峡悬索大桥位于美国华盛顿州的塔科马海峡,这座大桥于1940年7月1日通车.由于大桥在结构上存在问题,人们发现大桥在微风的吹拂下会出现晃动甚至扭曲变形的情况,因此该桥有了一个绰号——舞动的格蒂.1940年11月7日,大桥在远低于设计风速的情况下发生强烈的扭转振动,数千吨重的钢铁大桥像一条绸带一样以8.5米的振幅左右振荡,最终导致桥面折断坠落到峡谷中.

我们不妨把大桥看作固定在弹簧上的质点,进而利用微分方程来描述大桥的振动情况.设质点的质量为 m,振动位移函数为 $s(t)$,受到的外力为 $f(t)$,介质阻力和弹力分别为 $-rs'(t)$ 和 $-ks(t)$,利用牛顿第二定律可知

$$ms''(t) = -rs'(t) - ks(t) + f(t).$$

这是一个二阶常系数线性微分方程,通过求解这个方程我们可以得到振幅函数,进而可以对大桥的垮塌原因进行分析,避免类似的悲剧发生.

7.4.1 基本概念

定义 7-7 方程

$$y'' + p(x)y' + q(x)y = f(x) \tag{7-14}$$

称为**二阶线性微分方程**,其中 $p(x), q(x), f(x)$ 是已知的连续函数.

在方程(7-14)中,若 $f(x) \equiv 0$,则方程变为

$$y'' + p(x)y' + q(x)y = 0, \tag{7-15}$$

方程(7-15)称为**二阶线性齐次微分方程**;若 $f(x) \not\equiv 0$,则称方程(7-14)为**二阶线性非齐次微分方程**.

在方程(7-14)中,若 $p(x) = p, q(x) = q$,即 $p(x)$ 和 $q(x)$ 是常数,则称方程(7-14)为**二阶常系数线性非齐次微分方程**;相应的方程(7-15)称为**二阶常系数线性齐次微分方程**.

例如,$y'' - xy' + 9y = e^{3x}$ 是二阶线性非齐次微分方程,而方程 $y'' - 6y' + 9y = 0$ 是二阶常系数线性齐次微分方程.

7.4.2 二阶线性齐次微分方程解的性质

为了讨论二阶线性齐次微分方程解的结构,我们先引入函数线性相关的概念.

定义 7-8 已知定义在区间 I 上的两个函数和.如果它们的比

$$\frac{y_1(x)}{y_2(x)} \equiv 常数,$$

则称它们在区间 I 上是**线性相关**的,否则(即 $\frac{y_1(x)}{y_2(x)} \not\equiv 常数$),称它们在区间 I 上是**线性无关**的.

例如,$y_1(x) = \sin x$ 和 $y_2(x) = 2\sin x$ 是线性相关的,而 $y_1(x) = \sin x$ 与 $y_2(x) = e^{2x}$ 是线

性无关的. 若 $y_1(x)=0$, 则它与任何函数都是线性相关的.

定理 7-1 若 y_1 和 y_2 是二阶线性齐次微分方程(7-15)的解, 则它们的线性组合 $y=C_1y_1+C_2y_2$ 也是方程(7-15)的解, 其中 C_1、C_2 是任意常数.

证明 假设 y_1 和 y_2 是方程(7-15)的解, 则
$$y_1''+p(x)y_1'+q(x)y_1=0,$$
$$y_2''+p(x)y_2'+q(x)y_2=0,$$
用 C_1 乘第一式, C_2 乘第二式再相加整理后, 得
$$(C_1y_1''+C_2y_2'')+p(C_1y_1'+C_2y_2')+q(C_1y_1+C_2y_2)=0.$$
因此, $y=C_1y_1+C_2y_2$ 仍是方程(7-15)的解.

如果 y_1 和 y_2 是二阶线性齐次微分方程(7-15)的两个线性相关的解, 则 $\frac{y_1}{y_2}=k$, 即 $y_1=ky_2$, 于是任意线性组合 $C_1y_1+C_2y_2=C_1ky_2+C_2y_2=(C_1k+C_2)y_2=Cy_2$, 这时两个任意常数就合并成一个常数, 故 $C_1y_1+C_2y_2$ 不能成为方程(7-15)的通解.

显然, 如果 y_1 和 y_2 是方程(7-15)的两个线性无关的解, 则 $y=C_1y_1+C_2y_2$ 是方程(7-15)的通解, 于是我们有下面的结论.

定理 7-2 若 y_1, y_2 是二阶线性齐次微分方程(7-15)的两个线性无关的解, 则 $y=C_1y_1+C_2y_2$ 是该方程的通解.

定理 7-2 称为二阶线性齐次微分方程的解的结构定理. 它告诉我们, 若能找到方程(7-15)的两个线性无关解, 则这两个解的任意线性组合就是方程(7-15)的通解.

例如, $y_1=\cos 3x$, $y_2=\sin 3x$ 是方程 $y''+9y=0$ 的两个解. 由于 y_1 和 y_2 线性无关, 所以 $y=C_1\cos 3x+C_2\sin 3x$ 就是微分方程 $y''+9y=0$ 的通解.

7.4.3 二阶常系数线性齐次微分方程的解法

二阶常系数线性齐次微分方程的一般形式为
$$y''+py'+qy=0, \tag{7-16}$$
其中 p、q 为常数.

方程(7-16)的左边是未知函数及其一、二阶导数的线性组合, 而右边为零, 因为指数函数的各阶导数仍为指数函数, 所以我们猜想方程(7-16)具有 $y=\mathrm{e}^{rx}$ 形式的解, 其中 r 为待定常数, 而 $y'=r\mathrm{e}^{rx}$, $y''=r^2\mathrm{e}^{rx}$, 将 y 与 y', y'' 代入方程(7-16)得
$$r^2\mathrm{e}^{rx}+pr\mathrm{e}^{rx}+q\mathrm{e}^{rx}=0,$$
因为 $\mathrm{e}^{rx}\neq 0$, 故必有
$$r^2+pr+q=0. \tag{7-17}$$
方程(7-17)称为方程(7-16)的特征方程, 它的根称为方程(7-16)的特征根. 这说明, 如果 r 是特征根, 则 $y=\mathrm{e}^{rx}$ 就是方程(7-16)的解.

根据特征方程(7-17)解的不同情形, 下面我们分 3 种情况对方程(7-16)的解进行讨论.

(1) 当 $p^2-4q>0$ 时, 特征方程(7-17)有两个不相等的实根:
$$r_1=\frac{-p+\sqrt{p^2-4q}}{2}, \quad r_2=\frac{-p-\sqrt{p^2-4q}}{2},$$
于是 $y_1=\mathrm{e}^{r_1x}$, $y_2=\mathrm{e}^{r_2x}$ 是方程(7-16)的两个线性无关的解, 所以方程(7-16)的通解为
$$y=C_1\mathrm{e}^{r_1x}+C_2\mathrm{e}^{r_2x}.$$

(2)当 $p^2-4q=0$ 时，特征方程(7-17)有二重实根
$$r_1=r_2=-\frac{p}{2}.$$
此时得到方程(7-16)的一个解 $y_1=\mathrm{e}^{rx}$，我们还必须求出方程(7-16)的另一个与 y_1 线性无关的解才行．

设方程(7-16)的另一个与 y_1 线性无关的解为 $y=C(x)\mathrm{e}^{rx}$，则
$$y'=C'(x)\mathrm{e}^{rx}+rC(x)\mathrm{e}^{rx},$$
$$y''=C''(x)\mathrm{e}^{rx}+2rC'(x)\mathrm{e}^{rx}+r^2C(x)\mathrm{e}^{rx}.$$
将 y、y'、y'' 代入方程(7-16)得
$$\mathrm{e}^{rx}[C''(x)+(2r+p)C'(x)+(r^2+pr+q)C(x)]=0.$$
由于 $\mathrm{e}^{rx}\neq 0$，而 r 是方程(7-17)的二重根，所以
$$r^2+pr+q=0, 2r+p=0,$$
故有
$$C''(x)=0,$$
积分两次得
$$C(x)=Ax+B.$$
由于 A,B 是任意常数，不妨取 $A=1,B=0$，得 $C(x)=x$，从而方程(7-16)的另一个解为 $y_2=x\mathrm{e}^{rx}$．

由于 y_1 和 y_2 是线性无关的，所以方程(7-16)的通解为 $y=(C_1+C_2x)\mathrm{e}^{rx}$．

(3)当 $p^2-4q<0$ 时，特征方程(7-17)有一对共轭复根
$$r_1=\alpha+\mathrm{i}\beta, r_2=\alpha-\mathrm{i}\beta,$$
其中
$$\alpha=-\frac{p}{2}, \beta=\frac{\sqrt{4q-p^2}}{2},$$
这时，函数 $y_1=\mathrm{e}^{(\alpha+\mathrm{i}\beta)x}, y_2=\mathrm{e}^{(\alpha-\mathrm{i}\beta)x}$ 是方程(7-16)的两个线性无关的解．为了求得实数形式的通解，利用欧拉公式 $\mathrm{e}^{\mathrm{i}\theta}=\cos\theta+\mathrm{i}\sin\theta$ 我们有
$$y_1=\mathrm{e}^{\alpha x}(\cos\beta x+\mathrm{i}\sin\beta x), y_2=\mathrm{e}^{\alpha x}(\cos\beta x-\mathrm{i}\sin\beta x).$$
再由定理 7-1 知实函数
$$\frac{y_1+y_2}{2}=\mathrm{e}^{\alpha x}\cos\beta x, \quad \frac{y_1-y_2}{2\mathrm{i}}=\mathrm{e}^{\alpha x}\sin\beta x$$
仍是方程(7-16)的解，并且 $\dfrac{\mathrm{e}^{\alpha x}\cos\beta x}{\mathrm{e}^{\alpha x}\sin\beta x}=\cot\beta x\not\equiv$ 常数，即这两个实函数解是线性无关的，从而得到方程(7-16)的通解为
$$y=\mathrm{e}^{\alpha x}(C_1\cos\beta x+C_2\sin\beta x).$$

【例1】 求方程 $y''-y'-6y=0$ 的通解．

解 原方程的特征方程为
$$r^2-r-6=0,$$
解之得其特征根为两个不相等的实数根 $r_1=-2, r_2=3$．所以原方程的通解为
$$y=C_1\mathrm{e}^{-2x}+C_2\mathrm{e}^{3x}.$$

【例2】 求解初值问题 $\begin{cases} y''-6y'+9y=0 \\ y\big|_{x=0}=0 \\ y'\big|_{x=0}=2 \end{cases}$.

解 原方程的特征方程为
$$r^2-6r+9=0,$$
解之得其特征根为重根
$$r_1=r_2=3,$$
所以原方程的通解为
$$y=(C_1+C_2x)e^{3x}.$$
将初始条件 $y\big|_{x=0}=0$ 代入上式得 $C_1=0$. 又
$$y'=C_2e^{3x}+3(C_1+C_2x)e^{3x}=[(3C_1+C_2)+3C_2x]e^{3x},$$
再将初始条件 $y'\big|_{x=0}=2$ 及 $C_1=0$ 代入上式可得 $C_2=2$,所以初值问题的解为 $y=2xe^{3x}$.

【例3】 求方程 $y''+4y'+13y=0$ 的通解.

解 原方程的特征方程为
$$r^2+4r+13=0,$$
解之得其特征根为共轭复根
$$r_1=-2+3i, r_2=-2-3i.$$
所以原方程的通解为
$$y=e^{-2x}(C_1\cos3x+C_2\sin3x).$$

前面我们讨论了二阶常系数线性齐次微分方程的解法,下面我们进一步介绍二阶常系数线性非齐次微分方程的解法.

首先,我们介绍二阶线性非齐次微分方程解的性质.

7.4.4 二阶线性非齐次微分方程解的性质

定理 7-3 设 y^* 是二阶线性非齐次微分方程
$$y''+p(x)y'+q(x)y=f(x) \tag{7-14}$$
的一个特解,Y 是与非齐次方程(7-14)对应的齐次方程
$$y''+p(x)y'+q(x)y=0 \tag{7-15}$$
的通解,则
$$y=Y+y^*$$
是二阶线性非齐次微分方程(7-14)的通解.

证明 将 $y=Y+y^*$ 代入方程(7-14)的左端得
$$Y''+y^{*''}+p(x)(Y'+y^{*'})+q(x)(Y+y^*)$$
$$=(Y''+p(x)Y'+q(x)Y)+(y^{*''}+p(x)y^{*'}+q(x)y^*).$$
由于 Y 是方程(7-15)的解可知第一个括号内的表达式等于零,再由 y^* 是方程(7-14)的解可知第二个括号内的表达式等于 $f(x)$,这样 $y=Y+y^*$ 使方程(7-14)的两端恒等,即 $y=Y+y^*$ 是方程(7-14)的通解.

注:方程(7-14)(7-15)与定义 7-7 中方程相同,故编号一致.

由于对应的齐次方程(7-15)的通解 $Y=C_1y_1+C_2y_2$ 中含有两个独立的任意常数,从而 $y=Y+y^*$ 就是二阶线性非齐次方程(7-14)的通解.

例如,方程 $y''+4y=5e^x$ 是二阶线性非齐次微分方程,容易验证函数 $Y=C_1\cos2x+C_2\sin2x$ 是对应的齐次方程的通解.又 $y^*=e^x$ 是所给方程的一个特解,因此 $y=e^x+C_1\cos2x+C_2\sin2x$ 就是方程 $y''+4y=5e^x$ 的通解.

下面我们介绍二阶线性非齐次微分方程解的另一个性质.

定理 7-4 若 y_1 是方程

$$y''+p(x)y'+q(x)y=f_1(x) \tag{7-18}$$

的解,y_2 是方程

$$y''+p(x)y'+q(x)y=f_2(x) \tag{7-19}$$

的解,则 y_1+y_2 是方程

$$y''+p(x)y'+q(x)y=f_1(x)+f_2(x) \tag{7-20}$$

的解.

证明 将 y_1+y_2 代入方程(7-20)的左端,注意到 y_1 和 y_2 分别是方程(7-18)、(7-19)的解,显然有

$$(y_1+y_2)''+p(x)(y_1+y_2)'+q(x)(y_1+y_2)$$
$$=(y_1''+p(x)y_1'+q(x)y_1)+(y_2''+p(x)y_2'+q(x)y_2)$$
$$=f_1(x)+f_2(x),$$

因此,y_1+y_2 是方程(7-20)的解.

定理 7-4 反映了二阶线性非齐次微分方程右端项和解之间的叠加联系,通常称它为叠加原理.

7.4.5 二阶常系数线性非齐次微分方程的解法

二阶常系数线性非齐次方程的一般形式为

$$y''+py'+qy=f(x), \tag{7-21}$$

其中 p,q 为常数,$f(x)$ 为已知函数,利用特征根法,容易求出方程(7-21)对应的齐次方程

$$y''+py'+qy=0 \tag{7-22}$$

的通解 Y.由定理 7-3 知,要求方程(7-21)的通解,只需求出方程(7-21)的一个特解 y^* 即可.

显然,方程(7-21)的特解 y^* 与方程右端 $f(x)$ 的函数类型有关,这里我们仅对 $f(x)$ 的两种类型讨论方程(7-21)特解的求法.

1. $f(x)=P_m(x)e^{\lambda x}$ 型

这里 λ 是已知实数,$P_m(x)$ 是已知的 m 次实系数多项式,即

$$P_m(x)=a_0x^m+a_1x^{m-1}+\cdots+a_{m-1}x+a_m.$$

由于方程(7-21)的右端是多项式与指数函数的乘积,而此类函数的导数保持同样的形式,故可假设方程(7-21)的特解为

$$y^*=Q(x)e^{\lambda x},$$

这里 $Q(x)$ 是 x 的待定多项式.经过简单计算可知

$$y^{*'}=e^{\lambda x}(\lambda Q(x)+Q'(x)),$$
$$y^{*''}=e^{\lambda x}(\lambda^2 Q(x)+2\lambda Q'(x)+Q''(x)).$$

将 $y^*,y^{*'}$ 与 $y^{*''}$ 代入方程(7-21)并整理得

$$e^{\lambda x}[Q''(x)+(2\lambda+p)Q'(x)+(\lambda^2+p\lambda+q)Q(x)]=P_m(x)e^{\lambda x},$$

由于 $e^{\lambda x}\neq 0$,在上式两端约去 $e^{\lambda x}$ 可得

$$Q''(x)+(2\lambda+p)Q'(x)+(\lambda^2+p\lambda+q)Q(x)=P_m(x). \tag{7-23}$$

下面我们分 3 种情况讨论特解 y^*.

情况 1 如果 λ 不是特征根,则

$$\lambda^2+p\lambda+q\neq 0,$$

这时要使方程(7-23)成立,只有当 $Q(x)$ 也是 m 次多项式才行,即

$$Q(x)=b_0 x^m+b_1 x^{m-1}+\cdots+b_{m-1}x+b_m,$$

其中 $b_0,b_1,\cdots,b_m$ 是待定系数. 于是在此情况下方程(7-21)的特解可设为

$$y^*=Q_m(x)e^{\lambda x}.$$

情况 2 若 λ 是特征方程的单根,则有

$$\lambda^2+p\lambda+q=0 \text{ 但 } 2\lambda+p\neq 0,$$

这时等式(7-23)变为

$$Q''(x)+(2\lambda+p)Q'(x)=P_m(x),$$

我们可以取

$$Q(x)=xQ_m(x)e^{\lambda x}.$$

于是方程(7-21)的特解可设为

$$y^*=xQ_m(x)e^{\lambda x}.$$

情况 3 若 λ 是特征方程的重根,则有

$$\lambda^2+p\lambda+q=0 \text{ 且 } 2\lambda+p=0,$$

这时等式(7-23)变为

$$Q''(x)=P_m(x),$$

故取

$$Q(x)=x^2 Q_m(x)e^{\lambda x}.$$

于是方程(7-21)的特解可设为

$$y^*=x^2 Q_m(x)e^{\lambda x}.$$

综上所述,二阶线性非齐次微分方程 $y''+py'+qy=P_m(x)e^{\lambda x}$ 的特解可设为

$$y^*=x^k Q_m(x)e^{\lambda x},$$

其中 $Q_m(x)$ 是与 $P_m(x)$ 同次的多项式,当 λ 不是特征根、是单特征根、二重根时,k 分别取 0、1、2.

【例 4】 求方程 $y''+4y'+3y=x-2$ 的一个特解.

解 方程 $y''+4y'+3y=x-2$ 对应的齐次方程的特征方程为

$$r^2+4r+3=0,$$

特征根为 $r_1=-3,r_2=-1$. 方程右端可看成 $(x-2)e^{0x}$,即 $\lambda=0$. 由于 0 不是特征根,故可设特解为

$$y^*=Ax+B.$$

将 y^* 代入原方程得

$$4A+3(Ax+B)=x-2,$$

比较两边系数得

$$3A=1,4A+3B=-2,$$

即
$$A=\frac{1}{3}, B=-\frac{10}{9},$$
故原方程的一个特解为
$$y^*=\frac{1}{3}x-\frac{10}{9}.$$

【例 5】 求方程 $y''-5y'+6y=xe^{2x}$ 的通解.

解 原方程对应的齐次方程的特征方程为
$$r^2-5r+6=0,$$
解得特征根为 $r_1=2, r_2=3$. 从而对应的齐次方程的通解为
$$y=C_1e^{2x}+C_2e^{3x}.$$
因为 $\lambda=2$ 是特征方程的单根,故设其特解为
$$y^*=x(Ax+B)e^{2x}.$$
于是
$$(y^*)'=[2Ax^2+2(A+B)x+B]e^{2x},$$
$$(y^*)''=[4Ax^2+4(2A+B)x+2(A+2B)]e^{2x},$$
将 $y^*, y^{*\prime}, y^{*\prime\prime}$ 代入方程 $y''-5y'+6y=xe^{2x}$,得
$$-2Ax+2A-B=x.$$
比较上式两边的系数得
$$-2A=1, 2A-B=0,$$
故
$$A=-\frac{1}{2}, B=-1.$$
因此原方程的一个特解为
$$y^*=x\left(-\frac{1}{2}x-1\right)e^{2x}.$$
于是原方程的通解为
$$y=C_1e^{2x}+C_2e^{3x}-\left(\frac{x^2}{2}+x\right)e^{2x}.$$

【例 6】 求方程 $y''-2y'+y=(x+1)e^x$ 的通解.

解 原方程对应的齐次方程的特征方程为
$$r^2-2r+1=0,$$
特征根为 $r_1=r_2=1$. 于是对应的齐次方程的通解为
$$y=(C_1+C_2x)e^x.$$
因 $r=1$ 是二重特征根,故令原方程的一个特解为
$$y^*=x^2(Ax+B)e^x.$$
代入方程化简后得
$$6Ax+2B=x+1,$$
比较系数得
$$A=\frac{1}{6}, B=\frac{1}{2},$$

所以
$$y^* = \frac{1}{6}x^2(x+3)e^x.$$
于是原方程的通解为
$$y = (C_1 + C_2 x)e^x + \frac{1}{6}x^2(x+3)e^x.$$

2. $f(x) = e^{\lambda x}(A\cos\omega x + B\sin\omega x)$ 型

设方程(7-21)的右端项 $f(x) = e^{\lambda x}(A\cos\omega x + B\sin\omega x)$，其中 λ, A, B, ω 均为已知实常数。我们通过与 $f(x) = P_m(x)e^{\lambda x}$ 时类似的讨论可以得到方程(7-21)的特解为
$$f(x) = x^k e^{\lambda x}(C_1\cos\omega x + C_2\sin\omega x),$$
其中 C_1 和 C_2 是待定常数，按 $\lambda \pm i\omega$ 不是特征根、是特征根两种情况，k 依次取 0,1。

【例 7】 求微分方程 $5y'' - 6y' + 5y = e^{\frac{3}{5}x}\cos x$ 的一个特解。

解 方程对应的 $\lambda = \frac{3}{5}, \omega = 1$，对应齐次方程为
$$5y'' - 6y' + 5y = 0.$$
特征方程为
$$5r^2 - 6r + 5 = 0,$$
解得特征根为
$$r_1 = \frac{3}{5} + \frac{4}{5}i, \quad r_2 = \frac{3}{5} - \frac{4}{5}i,$$
故 $\lambda \pm \omega i = \frac{3}{5} \pm i$ 不是特征根，所以设原方程的一个特解为
$$y^* = e^{\frac{3}{5}x}(A\cos x + B\sin x).$$
进而可知
$$y^{*\prime} = e^{\frac{3}{5}x}\left[\left(\frac{3}{5}A + B\right)\cos x + \left(\frac{3}{5}B - A\right)\sin x\right],$$
$$y^{*\prime\prime} = e^{\frac{3}{5}x}\left[\left(\frac{6}{5}B - \frac{16}{25}A\right)\cos x + \left(-\frac{16}{25}B - \frac{6}{5}A\right)\sin x\right].$$
将 $y^*, y^{*\prime}, y^{*\prime\prime}$ 代入原方程得
$$5e^{\frac{3}{5}x}\left[\left(\frac{6}{5}B - \frac{16}{25}A\right)\cos x + \left(-\frac{16}{25}B - \frac{6}{5}A\right)\sin x\right] -$$
$$6e^{\frac{3}{5}x}\left[\left(\frac{3}{5}A + B\right)\cos x + \left(\frac{3}{5}B - A\right)\sin x\right] +$$
$$5e^{\frac{3}{5}x}(A\cos x + B\sin x) = e^{\frac{3}{5}x}\cos x,$$
整理得
$$-\frac{9}{5}A\cos x - \frac{9}{5}B\sin x = \cos x,$$
故 $A = -\frac{5}{9}, B = 0$。所以原方程的一个特解为
$$y^* = -\frac{5}{9}e^{\frac{3}{5}x}\cos x.$$

【例8】 求方程 $y''-2y'+5y=\cos2x+e^x\sin2x$ 的通解.

解 由定理 7-4 知,如果我们能求得方程 $y''-2y'+5y=\cos2x$ 及方程 $y''-2y'+5y=e^x\sin2x$ 的特解 y_1^* 和 y_2^*,那么所求方程的一个特解为
$$y^*=y_1^*+y_2^*.$$
原方程的求解分三步进行.

第一步,先求齐次方程 $y''-2y'+5y=0$ 的通解 Y.

特征方程为
$$r^2-2r+5=0.$$
解得特征根为
$$r_1=1+2i, r_2=1-2i,$$
故对应齐次方程的通解为
$$Y=e^x(C_1\cos2x+C_2\sin2x).$$

第二步,求方程 $y''-2y'+5y=\cos2x$ 的一个特解 y_1^*.

由于 $\lambda=0, \omega=2, \pm2i$ 不是特征根,故可设方程的一个特解为
$$y_1^*=A\cos2x+B\sin2x,$$
则
$$y_1^{*\prime}=-2A\sin2x+2B\cos2x,$$
$$y_1^{*\prime\prime}=-4A\cos2x-4B\sin2x,$$
将 $y_1^*, y_1^{*\prime}, y_1^{*\prime\prime}$ 代入方程 $y''-2y'+5y=\cos2x$ 并化简得
$$(A-4B)\cos2x+(B+4A)\sin2x=\cos2x,$$
从上式解得
$$A=\frac{1}{17}, B=-\frac{4}{17},$$
所以
$$y_1^*=\frac{1}{17}(\cos2x-4\sin2x).$$

第三步,求方程 $y''-2y'+5y=e^x\sin2x$ 的一个特解 y_2^*.

这里 $\lambda=1, \omega=2, 1\pm2i$ 是特征根.故可设方程 $y''-2y'+5y=e^x\sin2x$ 的一个特解为
$$y_2^*=xe^x(A\cos2x+B\sin2x).$$
将 $y_2^*, y_2^{*\prime}, y_2^{*\prime\prime}$ 代入方程 $y''-2y'+5y=e^x\sin2x$ 并化简得
$$4B\cos2x-4A\sin2x=\sin2x,$$
所以
$$A=-\frac{1}{4}, B=0,$$
故
$$y_2^*=-\frac{1}{4}xe^x\cos2x.$$
于是原方程的一个特解为
$$y^*=\frac{1}{17}\cos2x-\frac{4}{17}\sin2x-\frac{1}{4}xe^x\cos2x,$$

从而可知原方程的通解为

$$y = e^x(C_1\cos 2x + C_2\sin 2x) + \frac{1}{17}\cos 2x - \frac{4}{17}\sin 2x - \frac{1}{4}x e^x\cos 2x.$$

同步训练 7-4

1. 判断下列各函数组是线性相关还是线性无关.
(1) x 与 x^2；
(2) e^{2x} 与 $6e^{2x}$；
(3) x 与 xe^x；
(4) $e^x\cos x$ 与 $e^x\sin x$.

2. 求下列二阶常系数线性齐次微分方程的通解.
(1) $y'' - 4y' = 0$；
(2) $y'' - 2y' + y = 0$；
(3) $y'' + y' + y = 0$；
(4) $y'' - 5y' + 6y = 0$.

3. 求下列各微分方程满足所给初始条件的特解.
(1) $y'' - 4y' + 3y = 0, y(0) = 6, y'(0) = 10$；
(2) $y'' - 4y' + 4y = 0, y(0) = 1, y'(0) = 4$.

4. 解下列非齐次微分方程.
(1) $2y'' + y' - y = 2e^x$；
(2) $2y'' + 5y' = 5x^2 - 2x - 1$；
(3) $y'' + 3y' + 2y = 3xe^{-x}$；
(4) $y'' + y = e^x\cos x$.

5. 求下列各微分方程满足所给初始条件的特解.
(1) $y'' + y + \sin 2x = 0, y\big|_{x=\pi} = 1, y'\big|_{x=\pi} = 1$；
(2) $y'' - 3y' + 2y = 5, y\big|_{x=0} = 1, y'\big|_{x=0} = 2$；
(3) $y'' - y = 4xe^x, y\big|_{x=0} = 0, y'\big|_{x=0} = 1$.

学习指导

1. 基本要求

(1) 了解微分方程和微分方程的通解、初始条件与特解等概念.
(2) 掌握可分离变量的微分方程的解法.
(3) 掌握一阶线性微分方程的解法.
(4) 了解二阶线性微分方程解的结构.
(5) 掌握二阶常系数线性齐次微分方程的解法.
(6) 会求自由项为 $f(x) = P_m(x)e^{\lambda x}$ 和 $f(x) = e^{\lambda x}(A\cos\omega x + B\sin\omega x)$ 的二阶常系数线性非齐次微分方程的解.
(7) 会用微分方程解决一些简单的实际问题.

2. 常见题型与解题指导

(1) 求解一阶微分方程.

求可分离变量微分方程的通解，先分离变量再积分.

求一阶线性微分方程的通解，先求对应线性齐次方程的通解，再利用常数变易法求出原方程的通解.

（2）求解二阶常系数线性微分方程.

求解二阶常系数线性齐次微分方程分三步：

第一步，写出方程 $y''+py'+qy=0$ 的特征方程 $r^2+pr+q=0$.

第二步，求出特征方程的两个特征根 r_1,r_2.

第三步，根据表 7-1 给出的三种特征根的不同情形写出 $y''+py'+qy=0$ 的通解.

表 7-1

特征方程 $r^2+pr+q=0$ 的特征根 r_1,r_2	$y''+py'+qy=0(p,q$ 为常数) 的通解
两个不相等的实根 $r_1 \neq r_2$	$y=C_1 e^{r_1 x}+C_2 e^{r_2 x}$
两个相等的实根 $r=r_1=r_2$	$y=C_1 e^{rx}+C_2 x e^{rx}$
一对共轭的复数根 $r=\alpha \pm \beta i$	$y=e^{\alpha x}(C_1 \cos\beta x+C_2 \sin\beta x)$

求解二阶常系数线性非齐次微分方程分三步：

第一步，先求出线性非齐次微分方程 $y''+py'+qy=f(x)$ 所对应的线性齐次微分方程 $y''+py'+qy=0$ 的通解 Y.

第二步，根据 $f(x)$ 类型设出非齐次微分方程 $y''+py'+qy=f(x)$ 的含待定常数的特解 y^*，并将 y^* 代入线性非齐次微分方程 $y''+py'+qy=f(x)$ 解出待定常数，进而确定非齐次方程 $y''+py'+qy=f(x)$ 的一个特解 y^*.

第三步，写出线性非齐次微分方程 $y''+py'+qy=f(x)$ 的通解 $y=Y+y^*$.

单元测试 7

一、选择题

1．下列选项中，是微分方程的是（　　）.

A. $y=1-x^2$　　　B. $\dfrac{dy}{dx}=1$　　　C. $y'=1-2x^2+y'$　　　D. $\sin y=x^3-3y$

2．方程 $y'''+(y'')^4+5y'-x^2=0$ 的通解中相互独立的任意常数的个数为（　　）.

A. 1　　　　　　　B. 2　　　　　　　C. 3　　　　　　　D. 4

3．下列选项中，是可分离变量微分方程的是（　　）.

A. $(x^2+y)dx=2ydy$　　　　　B. $y''=1-x+y$

C. $\dfrac{dy}{dx}=x^2 y+x^2$　　　　　　D. $y'=x^3+y^3$

4．微分方程 $(1-x)y-xy'=0$ 的通解是（　　）.

A. $y=Cxe^{-x}$　　　　　　　B. $y=C\sqrt{1-x^2}$

C. $y=\dfrac{C}{\sqrt{1-x^2}}$　　　　　　D. $y=-\dfrac{1}{2}x^3+Cx$

5．微分方程 $y''+y=0$ 满足初始条件 $y\left(\dfrac{\pi}{2}\right)=3, y'\left(\dfrac{\pi}{2}\right)=4$ 的特解是（　　）.

A. $y=4\sin x-3\cos x$　　　　B. $y=4\cos x-3\sin x$

C. $y=3\sin x-4\cos x$　　　　D. $y=-3\sin x-4\cos x$

6. 微分方程 $y''+2y'+y=e^{-x}$ 的一个特解具有形式（　　）.
   A. $y=Ae^{-x}$ B. $y=Axe^{-x}$
   C. $y=(Ax+B)e^{-x}$ D. $y=Ax^2e^{-x}$

7. 若函数 $y^*=-\dfrac{1}{4}x\cos 2x$ 是微分方程 $y''+4y=\sin 2x$ 的一个特解，则该方程的通解是（　　）.
   A. $y=(C_1+C_2x)e^{-2x}-\dfrac{1}{4}x\cos 2x$ B. $y=(C_1+C_2x)e^{2x}-\dfrac{1}{4}x\cos 2x$
   C. $y=C_1e^{2x}+C_2e^{-2x}-\dfrac{1}{4}x\cos 2x$ D. $y=C_1\sin 2x+C_2\cos 2x-\dfrac{1}{4}x\cos 2x$

二、填空题

1. 微分方程 $y'=2xy^2$ 满足初始条件 $y(0)=-1$ 的特解是＿＿＿＿＿＿＿．
2. 有一条过原点曲线在其任意点 (x,y) 处的切线斜率为 $3x$，则该曲线方程是＿＿＿＿＿＿＿．
3. 在其定义区间内，函数 e^{ax} 与 e^{bx}（$a\neq b$）＿＿＿＿＿＿＿，$3\ln x$ 与 $2\ln x$ ＿＿＿＿＿＿＿．（填"线性相关"或"线性无关"）
4. 微分方程 $y''+3y'-4y=0$ 的通解是＿＿＿＿＿＿＿．

三、解下列微分方程.

1. $y'+y=\cos x$.
2. $y'-\dfrac{2}{1+x}y=(1+x)^3$，$y(0)=1$.
3. $y''=2\sin x$.
4. $y'''+y'=0$.
5. $y''+4y'+3y=2\sin x$.
6. $y''-8y'+16y=x+e^{4x}$.
7. $y''+y=\sin x$，$y(0)=1$，$y'(0)=\dfrac{1}{2}$.

四、有一汽艇以 10 km/h 的速度在静水中行进时关闭了发动机，经过 20 s 后，汽艇的速度减至 6 km/h. 已知汽艇在静水中行进时受到水的阻力与速度成正比，试确定发动机停止后汽艇的速度随时间变化的规律.

附　录

附录1　阅读材料

一、中国古代最著名的十大数学家

1. 刘徽

刘徽(约225—约295),汉族,山东滨州邹平市人,魏晋期间伟大的数学家,中国古典数学理论的奠基人之一.是中国数学史上一个非常伟大的数学家,他的杰作《九章算术注》和《海岛算经》,是中国最宝贵的数学遗产.刘徽思维敏捷,方法灵活,既提倡推理又主张直观.他是中国最早明确主张用逻辑推理的方式来论证数学命题的人.刘徽的一生是对数学刻苦探求的一生.他虽然地位低下,但人格高尚.他不是沽名钓誉的庸人,而是学而不厌的伟人,他给我们中华民族留下了宝贵的财富.

刘徽

在自撰《海岛算经》中,他提出了重差术,采用了重表、连索和累矩等测高、测远的方法.他还运用"类推衍化"的方法,使重差术由两次测望,发展为"三望""四望".而印度在7世纪,欧洲在15~16世纪才开始研究两次测望的问题.刘徽的工作,不仅对中国古代数学发展产生了深远影响,而且在世界数学史上也确立了崇高的历史地位.鉴于刘徽的巨大贡献,不少史书把他称作"中国数学史上的牛顿".

其代表作《九章算术注》是对《九章算术》一书的注解.《九章算术》是中国流传至今最古老的数学专著之一,它成书于西汉时期.这部书的完成经过了一段历史过程,书中所收集的各种数学问题,有些是秦以前流传的问题,长期以来经过多人删补、修订,最后由西汉时期的数学家整理完成.现今流传的定本的内容在东汉之前已经形成.

《九章算术》是中国最重要的一部经典数学著作,它的完成奠定了中国古代数学发展的基础,在中国数学史上占有极为重要的地位.现传本《九章算术》共收集了246个应用问题和各种问题的解法,分别隶属于方田、粟米、衰分、少广、商功、均输、盈不足、方程、勾股九章.

2. 赵爽

赵爽,又名婴,字君卿,中国数学家.东汉末至三国时代吴国人.他是我国历史上著名的数学家与天文学家.生平不详,约182—250年.据载,他研究过张衡的天文学著作《灵宪》和刘洪的《乾象历》,也提到过"算术". 他的主要贡献是约在 222 年深入研究了《周髀》,该书是我国最古老的天文学著作,唐初改名为《周髀算经》该书写了序言,并做了详细注释. 该书简明扼要地总结出中国古代勾股算术的深奥原理. 其中一段 530 余字的"勾股圆方图"注文是数学史上极有价值的文献. 他详细解释了《周髀算经》中的勾股定理,将勾股定理表述为:"勾股各自乘,并之,为弦实. 开方除之,即弦."又给出了新的证明:"按弦图,又可以勾股相乘为朱实二,倍之为朱实四,以勾股之差自相乘为中黄实,加差实,亦成弦实.""又""亦"二字表示赵爽认为勾股定理还可以用另一种方法证明.

赵爽

- 出入相补原理

即 $2ab+(b-a)^2=c^2$,化简便得 $a^2+b^2=c^2$. 其基本思想是图形经过割补后,其面积不变. 刘徽在注释《九章算术》时更明确地概括为出入相补原理,这是后世演段术的基础. 赵爽在注文中证明了勾股形三边及其和、差关系的 24 个命题. 他还研究了二次方程问题,得出与韦达定理类似的结果,并得到二次方程求根公式之一. 此外,使用"齐同术",在乘除时应用了这一方法,还在"旧高图论"中给出重差术的证明. 赵爽的数学思想和方法对中国古代数学体系的形成和发展有一定影响.

- 勾股圆方图

最为精彩的是附录于首章的勾股圆方图,短短 500 余字,概括了《周髀算经》《九章算术》以来中国人关于勾股算术的成就,其中包含了:

勾股定理(这里以 a,b,c 分别代表直角三角形的勾、股、弦三边之长)$a^2+b^2=c^2$ 及其变形 $b^2=c^2-a^2=(c-a)(c+a), a^2=c^2-b^2=(c-b)(c+b), c^2=2ab+(b-a)^2$;

有通过开带从平方 $a^2+(b-a)a=\frac{1}{2}[c^2-(b-a)^2]$ 求勾 a;

开平方 $a=[c^2-(c^2-a^2)]^{\frac{1}{2}}$ 求勾 a;

开带从平方 $(c-a)^2+2a(c-a)=c^2-a^2$ 求勾弦差 $c-a$ 的方法,

以及 $c=(c-a)+a, c+a=\frac{b^2}{c-a}, c-a=\frac{b^2}{c+a}, c=\frac{[(c-a)^2+b^2]}{2(c-a)}, a=\frac{[(c+a)^2-b^2]}{2(c+a)}$

等公式,

与上述公式对称,也有求 $b, c-b, c+b$ 及由 $c-b, c+b$ 求 c, b 的公式,又有由勾弦差、股弦差求勾、股、弦的公式:

$$a=[2(c-a)(c-b)]^{\frac{1}{2}}+(c-b),$$
$$b=[2(c-a)(c-b)]^{\frac{1}{2}}+(c-a),$$
$$c=[2(c-a)(c-b)]^{\frac{1}{2}}+(c-b)+(c-a),$$

以及勾股差 $b-a$ 与勾股并 $b+a$ 的关系式

$$(a+b)^2=2c^2-(b-a)^2, a+b=[2c^2-(b-a)^2]^{\frac{1}{2}}, b-a=[2c^2-(b+a)^2]^{\frac{1}{2}},$$

进而由此给出了求 a,b 的公式 $b=\frac{1}{2}[(a+b)+(b-a)], a=\frac{1}{2}[(a+b)-(b-a)]$,最后给出了由弦与勾(或股)表示的股(或勾)弦并与股(或勾)弦差之差:

$$(c+b)-(c-b)=[(2c)^2-4a^2]^{\frac{1}{2}},$$
$$(c+a)-(c-a)=[(2c)^2-4b^2]^{\frac{1}{2}}.$$

赵爽用出入相补方法对上述公式做了证明.这些公式大都与《九章算术》及《九章算术注》（下称刘徽注）所阐述的相同,证明方法也类似,只是最后两个公式为刘徽注所没有,所用术语也与刘徽稍异.可见,这些知识是汉魏时期数学家们的共识.《畴人传》说勾股圆方图:"五百余言耳,而后人数千言所不能详者,皆包蕴无遗,精深简括,诚算氏之最也."

3. 贾宪

贾宪,北宋人,11世纪前半叶中国北宋数学家.贾宪是中国十一世纪上半叶（北宋）的杰出数学家.

据《宋史》记载,贾宪师从数学家楚衍学天文、历算,著有《黄帝九章算法细草》《释锁算书》等书.贾宪著作已佚,但他对数学的重要贡献,被南宋数学家杨辉引用,得以保存下来.贾宪的主要贡献是创造了"贾宪三角"和"增乘开方法".增乘开方法即求高次幂的正根法.目前中学数学中的综合除法,其原理和程序都与它相仿.增乘开方法比传统的方法整齐简捷,又更程序化,所以在开高次方时,尤其显出它的优越性.增乘开方法的计算程序大致和欧洲数学家霍纳（1819年）的方法相同,但比他早770年.

4. 祖冲之

祖冲之（429—500）,字文远.出生于建康（今南京）,祖籍范阳遒县（今河北涞水）,中国南北朝时期杰出的数学家、天文学家.祖冲之一生钻研自然科学,其主要贡献在数学、天文历法和机械制造三方面.他在刘徽开创的探索圆周率的精确方法的基础上,首次将"圆周率"精算到小数第七位,即在 3.141 592 6 和 3.141 592 7 之间,他提出的"祖率"对数学的研究有重大贡献.直到16世纪,阿拉伯数学家阿尔·卡西才打破了这一纪录.

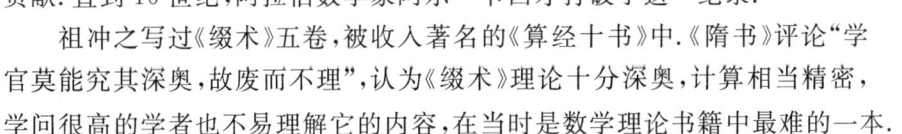

祖冲之写过《缀术》五卷,被收入著名的《算经十书》中.《隋书》评论"学官莫能究其深奥,故废而不理",认为《缀术》理论十分深奥,计算相当精密,学问很高的学者也不易理解它的内容,在当时是数学理论书籍中最难的一本.

在《缀术》中,祖冲之提出了"开差幂"和"开差立"的问题."差幂"一词在刘徽为《九章算术》所作的注中就有了,指的是面积之差."开差幂"即已知长方形的面积和长宽的差,用开平方的方法求它的长和宽,它的具体解法已经是用二次代数方程求解正根的问题.而"开差立"是已知长方体的体积和长、宽、高的差,用开立方的办法来求它的边长;同时也包括已知圆柱体、球体的体积来求它们的直径的问题.所用到的计算方法已是用三次方程求解正根的问题了,三次方程的解法以前没有过,祖冲之的解法是一项创举.

由他撰写的《大明历》是当时最科学最先进的历法,为后世的天文研究提供了正确的方法.其主要著作还有《安边论》《述异记》《历议》等.

5. 祖暅

祖暅（gèng）（456—536）,字景烁,范阳遒县（今河北涞水）人.中国南北朝时期数学家、天文学家.祖冲之之子.同父亲祖冲之一起圆满解决了球面积的计算问题,得到正确的体积公式,并据此提出了著名的"祖暅原理".

祖冲之父子总结了魏晋时期著名数学家刘徽的有关工作,提出"幂势既同则积不容异",即等高的两立体,若其任意高处的水平截面面积相等,则这两个立体体积相等,这就是著名的祖暅公理(或刘祖原理).祖暅应用这个原理,解决了刘徽尚未解决的球体积公式.该原理在西方直到17世纪才由意大利数学家卡瓦列利(Bonaventura Cavalier)发现,比祖暅晚一千一百多年.祖暅是我国古代最伟大的数学家之一.

祖暅原理很容易理解,取一摞书或一摞纸张堆放在水平桌面上,然后用手推一下以改变其形状,这时高度没有改变,每页纸张的面积也没有改变,因而这摞书或纸张的体积与变形前相等.祖暅不仅首次明确提出了这一原理,还成功地将其应用到球体积的推算.以长方体体积公式和祖暅原理为基础,可以求出柱、锥、台、球等的体积.祖冲之父子采用这一原理,求出了牟合方盖的体积,进而算出球体积.因在欧洲17世纪意大利数学家卡瓦列利亦发现相同定理,所以西方文献一般称该原理为卡瓦列利原理.

在现代的解析几何和测度应用中,祖暅原理是富比尼定理中的一个特例.以此方式可以计算某些立体的体积,甚至超越了阿基米德和克卜勒的成绩.这个定理引发了以面积计算体积的方法并成为积分发展的一个重要步骤.

6. 杨辉

杨辉,字谦光,汉族,钱塘(今浙江杭州)人,南宋杰出的数学家和数学教育家,生平履历不详.

曾担任过南宋地方行政官员,为政清廉,足迹遍及苏杭一带.他在总结民间乘除捷法、"垛积术"、纵横图以及数学教育方面,均做出了重大的贡献.他是世界上第一个排出丰富的纵横图和讨论其构成规律的数学家.

著有数学著作5种21卷,即《详解九章算法》12卷(1261年),《日用算法》2卷(1262年),《乘除通变本末》3卷(1274年),《田亩比类乘除捷法》2卷(1275年)和《续古摘奇算法》2卷(1275年)(其中《详解九章算法》和《日用算法》已非完书).后三种合称为《杨辉算法》.

还曾论证过弧矢公式,时人称为"辉术".与秦九韶、李冶、朱世杰并称"宋元数学四大家".朝鲜、日本等国均有译本出版,流传世界.

7. 秦九韶

秦九韶(1208—1268),字道古,汉族,生于普州安岳(今四川安岳)人,祖籍鲁郡(今河南范县).南宋著名数学家,与李冶、杨辉、朱世杰并称"宋元数学四大家".

精研星象、音律、算术、诗词、弓剑、营造之学,历任琼州知府、司农丞,后遭贬,卒于梅州任所,1247年完成著作《数书九章》,其中的大衍求一术(一次同余方程组问题的解法,也就是现在所称的中国剩余定理)、三斜求积术和秦九韶算法(高次方程正根的数值求法)是有世界意义的重要贡献,表述了一种求解一元高次多项式方程的数值解的算法——正负开方术.

8. 朱世杰

朱世杰(1249—1314),字汉卿,号松庭,汉族,燕山(今北京)人氏,元代数学家、教育家,毕生从事数学教育.有"中世纪世界最伟大的数学家"之誉.朱世杰在当时天元术的基础上发展出"四元术",也就是列出四元高次多项式方程,以及消元求解的方法.此外他还创造出"垛积术",

即高阶等差数列的求和方法,与"招差术",即高次内插法

朱世杰在数学科学上,全面地继承了秦九韶、李冶、杨辉的数学成就,并给予创造性的发展,写出了《算学启蒙》(1299年)和《四元玉鉴》(1303年)等著名作品,把我国古代数学推向更高的境界,形成宋元时期中国数学的最高峰.《算学启蒙》是朱世杰在元成宗大德三年(1299年)刊印的,全书共三卷,20门,总计259个问题和相应的解答.是一部通俗数学名著,曾流传海外,影响了朝鲜、日本数学的发展.这部书从乘除运算起,一直讲到当时数学发展的最高成就"天元术",全面介绍了当时数学所包含的各方面内容.

朱世杰

而《四元玉鉴》更是一部成就辉煌的数学名著.它受到近代数学史研究者的高度评价,认为是中国古代数学科学著作中最重要的、最有贡献的一部数学名著.《四元玉鉴》成书于大德七年(1303年),共三卷,24门,288问,介绍了朱世杰在多元高次方程组的解法——四元术,以及高阶等差级数的计算——垛积术、招差术等方面的研究和成果.其中最杰出的数学创作有"四元术"(多元高次方程列式与消元解法)、"垛积术"(高阶等差数列求和)与"招差术"(高次内插法).

9. 徐光启

徐光启(1562—1633),字子先,号玄扈,谥文定,上海人,万历进士,官至崇祯朝礼部尚书兼文渊阁大学士、内阁次辅.1603年,入天主教,教名保禄.较早师从利玛窦学习西方的天文、历法、数学、测量和水利等科学技术,毕生致力于科学技术的研究,勤奋著述,是介绍和吸收欧洲科学技术的积极推动者,为17世纪中西文化交流做出了重要贡献.

徐光启在数学方面的最大贡献当推《几何原本》(前6卷)翻译.徐光启提出了实用的"度数之学"的思想,同时还撰写了《勾股义》和《测量异同》两书.

徐光启

在中国古代,数学分科叫作"形学"."几何"二字,在中文里原不是数学专有名词,而是个虚词,意思是"多少".徐光启首先把"几何"一词作为数学的专业名词来使用,用它来称呼这门数学分科.他翻译了欧几里得的《几何原本》,《几何原本》的翻译,极大地影响了中国原有的数学学习和研究的习惯,改变了中国数学发展的方向,这是中国数学史上的一件大事.20世纪初,中国废科举、兴学校,以《几何原本》内容为主要内容的初等几何学成为中等学校必修科目.

10. 李善兰

李善兰,原名李心兰,字竟芳,号秋纫,别号壬叔.出生于1811年1月22日,逝世于1882年12月9日,浙江海宁人,是中国近代著名的数学、天文学、力学和植物学家,创立了二次平方根的幂级数展开式,研究各种三角函数、反三角函数和对数函数的幂级数展开式(现称"自然数幂求和公式"),这是19世纪中国数学界最重大的成就.

李善兰在数学研究方面的成就,主要有尖锥术、垛积术和素数论三项.尖锥术理论主要见于《方圆阐幽》《弧矢启秘》《对数探源》,成书年代约为1845年,当时解析几何与微积分学尚未传入中国.李善兰创立的"尖锥"概念,是一种处理代数问题的几何模型,他对"尖锥曲线"的描述实质上相当于给出了直线、抛物线、立方抛物线等的方程.

李善兰

他创造的"尖锥求积术",相当于幂函数的定积分公式和逐项积分法则.他用"分离元数法"独立地得出了二项平方根的幂级数展开式,结合"尖锥求积术",得到了π的无穷级数表达式,各种三角函数和反三角函数的展开式,以及对数函数的展开式.

李善兰在使用微积分方法处理数学问题方面取得了创造性的成就.垛积术理论主要见于《垛积比类》,写于1859—1867年间,这是有关高阶等差级数的著作.李善兰从研究中国传统的垛积问题入手,获得了一些相当于现代组合数学中的成果.例如,"三角垛有积求高开方廉隅表"和"乘方垛各廉表"实质上就是组合数学中著名的第一种斯特林数和欧拉数.驰名中外的"李善兰恒等式",自20世纪30年代以来,受到国际数学界的普遍关注和赞赏.

可以认为,《垛积比类》是早期组合论的杰作.素数论主要见于《考数根法》,发表于1872年,是中国素数论方面最早的著作.在判别一个自然数是否为素数时,李善兰证明了著名的费马素数定理,并指出了它的逆定理不真.

二、微积分历史

微积分成为一门学科是在17世纪,但是积分的思想早在古代就已经产生了.

积分学早期史

公元前7世纪,古希腊科学家、哲学家泰勒斯对球的面积、体积与长度等问题的研究就含有微积分思想.公元前3世纪,古希腊的数学家、力学家阿基米德(公元前287—前212)的著作《圆的测量》和《论球与圆柱》中就已含有积分学的萌芽,他在研究解决抛物线下的弓形面积、球和球冠面积、螺线下的面积和旋转双曲线所得的体积的问题中就隐含着近代积分的思想.

中国古代数学家也产生过积分学的萌芽思想,例如三国时期的刘徽,他对积分学的思想主要有两点:割圆术及求体积问题的设想.

微积分的产生

到了17世纪,有许多科学问题需要解决,这些问题也就成了促使微积分产生的因素.归结起来,大约有四种主要类型的问题:第一类是研究运动的时候直接出现的,也就是求瞬时速度的问题.第二类是求曲线的切线的问题.第三类是求函数的最大值和最小值问题.第四类是求曲线长、曲线围成的面积、曲面围成的体积、物体的重心、一个体积相当大的物体作用于另一物体上的引力等问题.

数学首先从对运动(如天文、航海问题等)的研究中引出了一个基本概念,在那以后的二百年里,这个概念在几乎所有的工作中占中心位置,这就是函数——或变量间关系——的概念.紧接着产生了微积分,它是继欧几里得几何之后,全部数学中的一个最大的创造.围绕着解决上述四个核心的科学问题,微积分问题至少被17世纪十几个最大的数学家和几十个小一些的数学家探索过.其创立者一般认为是牛顿和莱布尼茨.在此,我们主要来介绍这两位大师的工作.

实际上,在牛顿和莱布尼茨做出他们的冲刺之前,微积分的大量知识已经积累起来了.17世纪的许多著名的数学家、天文学家、物理学家都为解决上述几类问题做了大量的研究工作,如法国的费马、笛卡尔、罗伯瓦、笛沙格;英国的巴罗、瓦里士;德国的开普勒;意大利的卡瓦列利等人都提出许多很有建树的理论,为微积分的创立做出了贡献.

例如,费马、巴罗、笛卡尔都对求曲线的切线以及曲线围成的面积问题有过深入的研究,并且得到了一些结果,但是他们都没有意识到它的重要性.在17世纪的前三分之二,微积分的工作沉没在细节里,作用不大的细枝末节的推理使他们筋疲力尽.只有少数几个大数学家意识到了这个问题,如詹姆斯·格里高利说过:"数学的真正划分不是分成几何和算术,而是分成普遍的和特殊的."而这普遍的东西是由两个包罗万象的思想家牛顿和莱布尼茨提供的.

17 世纪下半叶,在前人工作的基础上,英国大科学家牛顿和德国数学家莱布尼茨分别在自己的国度里独自研究和完成了微积分的创立,虽然这只是十分初步的工作.他们的最大功绩是把两个貌似毫不相关的问题联系在一起,一个是切线问题(微分学的中心问题),一个是求积问题(积分学的中心问题).

牛顿和莱布尼茨建立微积分的出发点是直观的无穷小量,因此这门学科早期也被称为无穷小分析,这正是现在数学中分析学这一大分支名称的来源.牛顿研究微积分着重于从运动学来考虑,莱布尼茨却侧重于几何学.

牛顿的发展

牛顿在 1671 年写了《流数术和无穷级数》,这本书直到 1736 年才出版,它在这本书里指出,变量是由点、线、面的连续运动产生的,否定了以前自己认为的变量是无穷小元素的静止集合.他把连续变量叫作流动量,把这些流动量的导数叫作流数.

牛顿在流数术中所提出的中心问题是:已知连续运动的路径,求给定时刻的速度(微分法);已知运动的速度求给定时间内经过的路程(积分法).

莱布尼茨

德国的莱布尼茨是一个博才多学的学者,1684 年,他发表了现在世界上认为是最早的微积分文献,这篇文章有一个很长而且很古怪的名字《一种求极大极小和切线的新方法,它也适用于分式和无理量,以及这种新方法的奇妙类型的计算》.就是这样一篇说理也颇含糊的文章,却有划时代的意义.它已含有现代的微分符号和基本微分法则.

1686 年,莱布尼茨发表了第一篇积分学文献.他是历史上最伟大的符号学者之一,他所创设的微积分符号,远远优于牛顿的符号,这对微积分的发展有极大的影响.现今我们使用的微积分通用符号就是当时莱布尼茨精心选用的.

优先权之争

微积分是能应用于许多类函数的一种新的普遍的方法,这一发现必须归功于牛顿和莱布尼茨两人.经过他们的工作,微积分不再是古希腊几何的附庸和延展,而是一门独立的学科.

历史上,关于微积分的成果归属和优先权问题,曾在数学界引起了一场长时间的大争论.1687 年以前,牛顿没有发表过微积分方面的任何工作,虽然他从 1665 年到 1687 年把结果通知了他的朋友.特别地,1669 年他把他的短文《分析学》给了他的老师巴罗,后者把它送给了 John Collins.莱布尼茨于 1672 年访问巴黎,1673 年访问伦敦,并和一些与牛顿工作的人通信.然而,他直到 1684 年才发表微积分的著作.于是就发生了莱布尼茨是否知道牛顿工作详情的问题,他被指责为剽窃者.但是,在两人去世很久之后,调查证明:虽然牛顿大部分的工作是在莱布尼茨之前做的,但是,莱布尼茨是微积分主要思想的独立发明人.

这场争吵的重要性不在于谁胜谁负,而是使数学家分成两派.一派是英国数学家,捍卫牛顿;另一派是欧洲大陆数学家,尤其是伯努利兄弟,支持莱布尼茨,两派相互对立甚至敌对.其结果是,使得英国和欧洲大陆的数学家停止了思想交换.因为牛顿在关于微积分的主要工作和第一部出版物,即《自然哲学的数学原理》中使用了几何方法.所以在牛顿死后的一百多年里,英国人继续以几何为主要工具.而大陆的数学家继续莱布尼茨的分析法,使它发展并得到改善,这些事情的影响非常巨大,它不仅使英国的数学家落在后面,而且使数学损失了一些最有才能的人可作出的贡献.

18世纪的分析学

驱动18世纪的微积分学不断向前发展的动力是物理学的需要,物理问题的表达一般都是用微分方程的形式.18世纪被称为数学史上的英雄世纪.他们把微积分应用于天文学、力学、光学、热学等各个领域,并获得了丰硕的成果.在数学本身又发展出了多元微分学、多重积分学、微分方程、无穷级数的理论、变分法,大大地扩展了数学研究的范围.其中最著名的要数最速降线问题:即最快下降的曲线的问题.这个曾经的难题用变分法的理论可以轻而易举的解决.

创立意义

微积分学的创立,极大地推动了数学的发展,过去很多用初等数学无法解决的问题,运用微积分,往往迎刃而解,显示出微积分学的非凡威力.

前面已经提到,一门学科的创立并不是某一个人的业绩,而是经过很多人的努力,在积累了大量成果的基础上,最后由某个人或几个人总结完成的,微积分也是这样.

不幸的是,微积分的成果归属和优先权问题,造成了欧洲大陆数学家和英国数学家的长期对立.英国数学在一个时期里闭关锁国,囿于民族偏见,过于拘泥在牛顿的"流数术"中停步不前,因而数学发展落后了一百多年.其实,牛顿和莱布尼茨分别是自己独立研究,在大体上相近的时间里先后完成的.比较特殊的是牛顿创立微积分要比莱布尼茨早10年左右,但是正式公开发表微积分这一理论,莱布尼茨却要比牛顿早三年.他们的研究各有长处,也都各有短处.

应该指出,这和历史上任何一项重大理论的完成都要经历一段时间一样,牛顿和莱布尼茨的工作也都是很不完善的.他们在无穷大和无穷小这个问题上,其说不一,十分含糊.牛顿的无穷小量,有时候是零,有时候不是零而是有限的小量;莱布尼茨的也不能自圆其说.这些基础方面的缺陷,最终导致了第二次数学危机的产生.

直到19世纪初,法国科学学院以柯西为首的科学家,对微积分的理论进行了认真研究,建立了极限理论,后又经过德国数学家维尔斯特拉斯进一步的严格化,使极限理论成为微积分的坚定基础.才使微积分进一步的发展开来.

三、数学三大危机

在数学历史上,有三次大的危机深刻影响着数学的发展,三次数学危机分别是:无理数的发现、微积分的完备性、罗素悖论.

1. 第一次数学危机

第一次数学危机发生在公元400年前,在古希腊时期,毕达哥拉斯学派对"数"进行了定义,认为任何数字都可以写成两个整数之商,也就是认为所有数字都是有理数.

毕达哥拉斯是公元前5世纪古希腊的著名数学家与哲学家.他曾创立了一个政治、学术、宗教三位一体的神秘主义派别:毕达哥拉斯学派.由毕达哥拉斯提出的著名命题"万物皆数"是该学派的哲学基石.毕达哥拉斯学派所说的数仅指整数.而"一切数均可表示成整数或整数之比"则是这一学派的数学信仰.然而,具有戏剧性的是由毕达哥拉斯建立的毕达哥拉斯定理却成了毕达哥拉斯学派数学信仰的"掘墓人".

毕达哥拉斯

毕达哥拉斯定理提出后,其学派中的一个成员希巴斯考虑了一个问题:边长为1的正方形其对角线长度是多少呢?他发现这一长度既不能用整数表示,也不能用分数表示,而只能用一个新数来表示.希巴斯的发现导致了数学史上第一个无理数的诞生.小小的出现,却在当时的数学界掀起了一场巨大风暴.它直接动摇了毕达哥拉斯学派的数学信仰,使毕达哥拉斯学派为之大为恐慌.实际上,这一伟大发现不但是对毕达哥拉斯学派的致命打击,对于当时所有古希腊人的观念这都是一个极大的冲击.这一结论的悖论性表现在它与常识的冲突上:任何量,在任何精确度的范围内都可以表示成有理数.这不但在希腊当时是人们普遍接受的信仰,就是在今天,测量技术已经高度发展时,这个断言也毫无例外是正确的.可是为我们的经验所确信的,完全符合常识的论断居然被小小的存在而推翻了.这应该是多么违反常识,多么荒谬的事.它简直把以前所知道的事情推翻了.更糟糕的是,面对这一荒谬人们竟然毫无办法.这就在当时直接导致了人们认识上的危机,从而导致了西方数学史上一场大的风波,史称"第一次数学危机".

2. 第二次数学危机

第二次数学危机来源于微积分工具的使用.微积分是一项伟大的发明,牛顿和莱布尼茨都是微积分的发明者,两人的发现思路截然不同;但是两人对微积分基本概念的定义,都存在模糊的地方,这遭到了一些人的强烈反对和攻击,其中攻击最强烈的是英国大主教贝克莱,他提出了一个悖论:

从微积分的推导中我们可以看到,Δx 在作为分母时不为零,但是在最后的公式中又等于零,这种矛盾的结果是灾难性的,很长一段时间内数学家都找不到解决办法.直到微积分发明 100 多年后,经过柯西(微积分收官人)用极限的方法定义了无穷小量,微积分理论得以发展和完善,才彻底解决了这个问题,从而使数学大厦变得更加辉煌美丽.

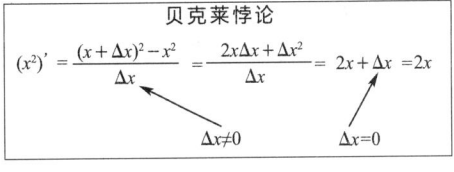

贝克莱悖论
$$(x^2)' = \frac{(x+\Delta x)^2 - x^2}{\Delta x} = \frac{2x\Delta x + \Delta x^2}{\Delta x} = 2x + \Delta x = 2x$$
$\Delta x \neq 0$ $\Delta x = 0$

贝克莱悖论

3. 第三次数学危机

19 世纪下半叶,康托尔创立了著名的集合论,在集合论刚产生时,曾遭到许多人的猛烈攻击.但不久这一开创性成果就为广大数学家所接受了,并且获得广泛而高度的赞誉.数学家们发现,从自然数与康托尔集合论出发可建立起整个数学大厦.因而集合论成为现代数学的基石."一切数学成果可建立在集合论基础上"这一发现使数学家们为之陶醉.1900 年,国际数学家大会上,法国著名数学家庞加莱就曾兴高采烈地宣称:"……借助集合论概念,我们可以建造整个数学大厦……今天,我们可以说绝对的严格性已经达到了……"

可是,好景不长.1903 年,一个震惊数学界的消息传出:集合论是有漏洞的!这就是英国数学家罗素提出的著名的罗素悖论.

罗素悖论通俗地描述为:在某个城市中,有一位名誉满城的理发师说:"我将为本城所有不给自己刮脸的人刮脸,我也只给这些人刮脸."那么请问理发师自己的脸该由谁来刮?

罗素构造了一个集合 S:S 由一切不是自身元素的元素所组成.然后罗素问:S 是否属于 S 呢?根据排中律,一个元素或者属于某个集合,或者不属于某个集合.因此,对于一个给定的集合,问是否属于它自己是有意义的.但对这个看似合理的问题的回答却会陷入两难境地.如果 S 属于 S,根据 S 的定义,S 就不属于 S;反之,如果 S 不属于 S,同样根据定义,S 就属于 S.无论如何都是矛盾的.

罗素

其实,在罗素之前集合论中就已经发现了悖论.如 1897 年,布拉利和福尔蒂提出了最大序数悖论.1899年,康托尔自己发现了最大基数悖论.但是,由于这两个悖论都涉及集合中的许多复杂理论,所以只是在数学界揭起了一点小涟漪,未能引起大的注意.罗素悖论则不同.它非常浅显易懂,而且所涉及的只是集合论中最基本的东西.所以,罗素悖论一提出就在当时的数学界与逻辑学界引起了极大震动.如 G.弗雷格在收到罗素介绍这一悖论的信后伤心地说:"一个科学家所遇到的最不合心意的事莫过于是在他的工作即将结束时,其基础崩溃了.罗素先生的一封信正好把我置于这个境地."戴德金也因此推迟了他的《什么是数的本质和作用》一文的再版.可以说,这一悖论就像在平静的数学水面上投下了一块巨石,而它所引起的巨大反响则导致了第三次数学危机.

危机产生后,数学家辛辛苦苦建立的数学大厦,最后发现基础居然存在缺陷,数学家纷纷提出自己的解决方案.人们希望能够通过对康托尔的集合论进行改造,通过对集合定义加以限制来排除悖论,这就需要建立新的原则."这些原则必须足够狭窄,以保证排除一切矛盾;另一方面又必须充分广阔,使康托尔集合论中一切有价值的内容能够保存下来."1908 年,策梅罗在自己这一原则基础上提出第一个公理化集合论体系,后来经其他数学家改进,称为 ZF 系统.这一公理化集合系统很大程度上弥补了康托尔朴素集合论的缺陷.除 ZF 系统外,集合论的公理系统还有多种,如诺伊曼等人提出的 NBG 系统等.

公理化集合系统成功排除了集合论中出现的悖论,从而比较圆满地解决了第三次数学危机.但在另一方面,罗素悖论对数学而言有着更为深刻的影响.它使得数学基础问题第一次以最迫切的需要的姿态摆到数学家面前,引起数学家对数学基础的研究.而这方面的进一步发展又极其深刻地影响了整个数学.如围绕着数学基础之争,形成了现代数学史上著名的三大数学流派,而各派的工作又都促进了数学的大发展等.

虽然三次数学危机都已经得到解决,但是对数学史的影响是非常深刻的,数学家试图建立严格的数学系统,但是无论多么小心,都会存在缺陷,包括后来发现的哥德尔不完备性定理.

附录 2 积 分 表

说明:(1)表中均省略了常数 C；(2) $\ln g(x)$ 均指 $\ln|g(x)|$.

一、含 $ax+b$

1. $\int \dfrac{1}{ax+b}\mathrm{d}x = \dfrac{1}{a}\ln(ax+b)$.

2. $\int \dfrac{1}{(a+b)^2}\mathrm{d}x = -\dfrac{1}{a(ax+b)}$.

3. $\int \dfrac{1}{(ax+b)^3}\mathrm{d}x = -\dfrac{1}{2a(ax+b)^2}$.

4. $\int x(ax+b)^n \mathrm{d}x = \dfrac{(ax+b)^{n+2}}{a^2(n+2)} - \dfrac{b(ax+b)^{n+1}}{a^2(n+1)}$ $(n \neq -1, -2)$.

5. $\int \dfrac{x}{ax+b}\mathrm{d}x = \dfrac{x}{a} - \dfrac{b}{a^2}\ln(ax+b)$.

6. $\int \dfrac{x}{(ax+b)^2}\mathrm{d}x = \dfrac{b}{a^2(ax+b)} + \dfrac{1}{a^2}\ln(ax+b)$.

7. $\int \dfrac{x}{(ax+b)^3}\mathrm{d}x = \dfrac{b}{2a^2(ax+b)^2} - \dfrac{1}{a^2(ax+b)}$.

8. $\int x^2(ax+b)^n \mathrm{d}x = \dfrac{1}{a^3}\left[\dfrac{(ax+b)^{n+3}}{n+3} - 2b\dfrac{(ax+b)^{n+2}}{n+2} + b^2\dfrac{(ax+b)^{n+1}}{n+1}\right]$ $(n \neq -1, -2, -3)$.

9. $\int \dfrac{1}{x(ax+b)}\mathrm{d}x = -\dfrac{1}{b}\ln\dfrac{ax+b}{x}$.

10. $\int \dfrac{1}{x^2(ax+b)}\mathrm{d}x = -\dfrac{1}{bx} + \dfrac{a}{b^2}\ln\dfrac{ax+b}{x}$.

11. $\int \dfrac{1}{x^3(ax+b)}\mathrm{d}x = \dfrac{2ax-b}{2b^2 x^2} - \dfrac{a^2}{b^3}\ln\dfrac{ax+b}{x}$.

12. $\int \dfrac{1}{x(a+b)^2}\mathrm{d}x = \dfrac{1}{b(ax+b)} - \dfrac{1}{b^2}\ln\dfrac{ax+b}{x}$.

13. $\int \dfrac{1}{x(ax+b)^3}\mathrm{d}x = \dfrac{1}{b^3}\left[\dfrac{1}{2}\left(\dfrac{ax+2b}{ax+b}\right)^2 - \ln\dfrac{ax+b}{x}\right]$.

二、含 $\sqrt{ax+b}$

14. $\int \sqrt{ax+b}\,\mathrm{d}x = \dfrac{2}{3a}\sqrt{(ax+b)^3}$.

15. $\int x\sqrt{ax+b}\,\mathrm{d}x = \dfrac{2(3ax-3b)}{15a^2}\sqrt{(ax+b)^3}$.

16. $\int x^2\sqrt{ax+b}\,\mathrm{d}x = \dfrac{2(15a^2 x^2 - 12abx + 8b^2)}{105a^3}\sqrt{(ax+b)^3}$.

17. $\int x^n\sqrt{ax+b}\,\mathrm{d}x = \dfrac{2x^n}{(2n+3)a}\sqrt{(ax+b)^3} - \dfrac{2nb}{(2n+3)a}\int x^{n-1}\sqrt{ax+b}\,\mathrm{d}x$.

18. $\int \dfrac{x}{\sqrt{ax+b}} dx = \dfrac{2}{a}\sqrt{ax+b}$.

19. $\int \dfrac{1}{\sqrt{ax+b}} dx = \dfrac{2(ax-2b)}{3a^2}\sqrt{ax+b}$.

20. $\int \dfrac{x^n}{\sqrt{ax+b}} dx = \dfrac{2x^n}{(2n+1)a}\sqrt{ax+b} - \dfrac{2nb}{(2n+1)a}\int \dfrac{x^{n-1}}{\sqrt{ax+b}} dx$.

21. $\int \dfrac{1}{x\sqrt{ax+b}} dx = \dfrac{1}{\sqrt{b}}\ln\dfrac{\sqrt{ax+b}-\sqrt{b}}{\sqrt{ax+b}+\sqrt{b}} \quad (b>0)$.

22. $\int \dfrac{1}{x\sqrt{ax+b}} dx = \dfrac{2}{\sqrt{-b}}\arctan\sqrt{\dfrac{ax+b}{-b}} \quad (b<0)$.

23. $\int \dfrac{1}{x^n\sqrt{ax+b}} dx = -\dfrac{\sqrt{ax+b}}{(n-1)bx^{n-1}} - \dfrac{(2n-3)a}{2(n-1)b}\int \dfrac{dx}{x^{n-1}\sqrt{ax+b}} \quad (n>1)$.

24. $\int \dfrac{\sqrt{ax+b}}{x} dx = 2\sqrt{ax+b} + b\int \dfrac{1}{x\sqrt{ax+b}} dx$.

25. $\int \dfrac{\sqrt{ax+b}}{x^n} dx = -\dfrac{\sqrt{(ax+b)^3}}{(n-1)bx^{n-1}} - \dfrac{(2n-5)a}{2(n-1)b}\int \dfrac{\sqrt{ax+b}}{x^{n-1}} dx \quad (n>1)$.

26. $\int x\sqrt{(ax+b)^n}\, dx = \dfrac{2}{a^2}\left[\dfrac{1}{n+4}\sqrt{(ax+b)^{n+4}} - \dfrac{b}{n+2}\sqrt{(ax+)^{n+2}}\right]$.

27. $\int \dfrac{x}{\sqrt{(ax+b)^n}} dx = \dfrac{2}{a^2}\left[\dfrac{b}{n-2}\dfrac{1}{\sqrt{(ax+b)^{n-2}}} - \dfrac{1}{n-4}\dfrac{1}{\sqrt{(ax+b)^{n-4}}}\right]$.

三、含 $\sqrt{ax+b}$、$\sqrt{cx+b}$

28. $\int \dfrac{1}{\sqrt{ax+b}\sqrt{cx+d}} dx = \dfrac{2}{\sqrt{ac}}\arctan\sqrt{\dfrac{c(ax+b)}{a(cx+d)}} \quad (ac>0)$.

29. $\int \dfrac{1}{\sqrt{ax+b}\sqrt{cx+d}} dx = \dfrac{2}{\sqrt{-ac}}=\arctan\sqrt{\dfrac{-c(ax+b)}{a(cx+d)}} \quad (ac<0)$.

30. $\int \sqrt{ax+b}\sqrt{cx+d}\, dx = \dfrac{2acx+ad+bc}{4ac}\sqrt{ax+b}\sqrt{cx+d} - \dfrac{(ad-bc)^2}{8ac}\cdot\int \dfrac{dx}{\sqrt{ax+b}\cdot\sqrt{cx+d}}$.

31. $\int \sqrt{\dfrac{ax+b}{cx+d}}\, dx = \dfrac{\sqrt{ax+b}\sqrt{cx+d}}{c} - \dfrac{ad-bc}{2c}\int \dfrac{dx}{\sqrt{ax+b}\sqrt{cx+d}}$.

32. $\int \dfrac{1}{\sqrt{(x-p)(q-x)}} dx = 2\arcsin\sqrt{\dfrac{x-p}{q-p}}$.

四、含 ax^3+c

33. $\int \dfrac{1}{ax^2+c} dx = \dfrac{1}{\sqrt{ac}}\arctan\left(x\sqrt{\dfrac{a}{c}}\right) \quad (a>0, c<0)$.

34. $\int \dfrac{1}{ax^2+c} dx = \dfrac{1}{2\sqrt{-ax}}\ln\dfrac{\sqrt{a}-\sqrt{-c}}{\sqrt{a}+\sqrt{-c}} \quad (a>0, c<0)$

$\int \dfrac{1}{ax^2+c} dx = \dfrac{1}{2\sqrt{-ax}}\ln\dfrac{\sqrt{c}+x\sqrt{-a}}{\sqrt{c}-x\sqrt{-a}} \quad (a<0, c<0)$.

35. $\int \dfrac{1}{(ax^2+c)^n}dx = \dfrac{x}{2c(n-1)(ax^2+c)^{n-1}} + \dfrac{2n-3}{2c(n-1)}\int \dfrac{dx}{(ax^2+c)^{n-1}}$ $(n>0)$.

36. $\int x(ax^2+c)^n dx = \dfrac{(ax^2+c)^{n+1}}{2a(n+1)}$ $(n \neq -1)$.

37. $\int \dfrac{x}{ax^2+c}dx = \dfrac{1}{2a}\ln(ax^2+c)$.

38. $\int \dfrac{x^2}{ax^2+c}dx = \dfrac{x}{a} - \dfrac{c}{a}\int \dfrac{dx}{ax^2+c}$.

39. $\int \dfrac{x^n}{ax^2+c}dx = \dfrac{x^{n-1}}{a(n-1)} - \dfrac{c}{a}\int \dfrac{x^{n-2}}{ax^2+c}dx$ $(n \neq 1)$.

五、含 $\sqrt{ax^2+c}$

40. $\int \sqrt{ax^2+c}\,dx = \dfrac{x}{2}\sqrt{ax^2+c} + \dfrac{c}{2\sqrt{a}}\ln(x\sqrt{a}+\sqrt{ax^2+c})$ $(a>0)$.

41. $\int \sqrt{ax^2+c}\,dx = \dfrac{x}{2}\sqrt{ax^2+c} + \dfrac{c}{2\sqrt{-a}}\arcsin\left(x\sqrt{\dfrac{-a}{c}}\right)$ $(a<0)$.

42. $\int \sqrt{(ax^2+c)^3}\,dx = \dfrac{x}{8}(2ax^2+5c)\sqrt{ax^2+c} + \dfrac{3c^2}{8\sqrt{a}}\ln(x\sqrt{a}+\sqrt{ax^2+c})$ $(a>0)$.

43. $\int \sqrt{(ax^2+c)^3}\,dx = \dfrac{x}{8}(2ax^2+5c)\sqrt{ax^2+c} + \dfrac{3c^2}{8\sqrt{-a}}\arcsin\left(x\sqrt{\dfrac{-a}{c}}\right)$ $(a<0)$.

44. $\int x\sqrt{ax^2+c}\,dx = \dfrac{1}{3a}\sqrt{(ax^2+c)^3}$.

45. $\int x^2\sqrt{ax^2+c}\,dx = \dfrac{x}{4a}\sqrt{(ax^2+c)^3} - \dfrac{cx}{8a}\sqrt{ax^2+c} - \dfrac{c^2}{8\sqrt{a^3}}\ln(x\sqrt{a}+\sqrt{ax^2+c})$ $(a>0)$.

46. $\int x^2\sqrt{ax^2+c}\,dx = \dfrac{x}{4a}\sqrt{(ax^2+c)^3} - \dfrac{cx}{8a}\sqrt{ax^2+c} - \dfrac{c^2}{8a\sqrt{-a}}\arcsin(x\sqrt{\dfrac{-a}{c}})$ $(a<0)$.

47. $\int x^n\sqrt{ax^2+c}\,dx = \dfrac{x^{n-1}}{(n+2)a}\sqrt{(ax^2+c)^3} - \dfrac{(x-1)c}{(n+2)a}\int x^{n-2}\sqrt{ax^2+c}\,dx$ $(n>0)$.

48. $\int x\sqrt{(ax^2+c)^3}\,dx = \dfrac{1}{5a}\sqrt{(ax^2+c)^5}$.

49. $\int x^2\sqrt{(ax^2+c)^3}\,dx = \dfrac{x^3}{6}\sqrt{(ax^2+c)^3} + \dfrac{c}{2}\int x^2\sqrt{ax^2+c}\,dx$.

50. $\int x^n\sqrt{(ax^2+c)^3}\,dx = \dfrac{x^{n+1}}{n+4}\sqrt{(ax^2+c)^3} + \dfrac{3c}{n+4}\int x^n\sqrt{ax^2+c}\,dx$ $(n>0)$.

51. $\int \dfrac{\sqrt{ax^2+c}}{x}dx = \sqrt{ax^2+c} - \sqrt{c}\ln\dfrac{\sqrt{ax^2+c}-\sqrt{c}}{x}$ $(c>0)$.

52. $\int \dfrac{\sqrt{ax^2+c}}{x^n}dx = \sqrt{ax^2+c} - \sqrt{c}\arctan\dfrac{\sqrt{ax^2+c}}{\sqrt{-c}}$ $(c<0)$.

53. $\int \dfrac{\sqrt{ax^2+c}}{x^n}dx = -\dfrac{\sqrt{(ax^2+c)^3}}{c(n-1)x^{n-1}} - \dfrac{(n-4)a}{(n-1)c}\int \dfrac{\sqrt{ax^2+c}}{x^{n-2}}dx$ $(n>1)$.

54. $\int \dfrac{dx}{\sqrt{ax^2+c}} = \dfrac{1}{\sqrt{a}}\ln(x\sqrt{a}+\sqrt{ax^2+c})$ $(a>0)$.

55. $\int \dfrac{dx}{\sqrt{ax^2+c}} = \dfrac{1}{\sqrt{-a}}\arcsin\left(x\sqrt{\dfrac{-a}{c}}\right)$ $(a<0)$.

56. $\int \dfrac{dx}{\sqrt{(ax^2+c)^3}} = \dfrac{x}{c\sqrt{ax^2+c}}$.

57. $\int \dfrac{\mathrm{d}x}{\sqrt{ax^2+c}}\mathrm{d}x = \dfrac{1}{a}\sqrt{ax^2+c}$.

58. $\int \dfrac{x^2}{\sqrt{ax^2+c}}\mathrm{d}x = \dfrac{x}{a}\sqrt{ax^2+c} - \dfrac{1}{a}\int \sqrt{ax^2+c}\,\mathrm{d}x$.

59. $\int \dfrac{x^n}{\sqrt{ax^2+c}}\mathrm{d}x = \dfrac{x^{n-1}}{na}\sqrt{ax^2+c} - \dfrac{(n-1)c}{na}\int \dfrac{x^{n-2}}{\sqrt{ax^2+c}}\mathrm{d}x \quad (n>0)$.

60. $\int \dfrac{1}{x\sqrt{ax^2+c}}\mathrm{d}x = \dfrac{1}{\sqrt{c}}\ln\dfrac{\sqrt{ax^2+c}-\sqrt{c}}{x} \quad (c>0)$.

61. $\int \dfrac{1}{x\sqrt{ax^2+c}}\mathrm{d}x = \dfrac{1}{-\sqrt{c}}\operatorname{arcsec}\left(x\sqrt{\dfrac{-a}{c}}\right) \quad (c<0)$.

62. $\int \dfrac{1}{x_2\sqrt{ax^2+c}}\mathrm{d}x = -\dfrac{\sqrt{ax^2+c}}{cx}$.

63. $\int \dfrac{1}{x^n\sqrt{ax^2+c}}\mathrm{d}x = -\dfrac{\sqrt{ax^2+c}}{c(n-1)x^{n-1}} - \dfrac{(n-2)a}{(n-1)c}\int \dfrac{\mathrm{d}x}{x^{n-2}\sqrt{ax^2+c}} \quad (n>1)$.

六、含 ax^2+bx+c

64. $\int \dfrac{1}{ax^2+bx+c}\mathrm{d}x = \dfrac{1}{\sqrt{b^2-4ac}}\ln\dfrac{2ax+b-\sqrt{b^2-4ac}}{2ax+b+\sqrt{b^2-4ac}} \quad (b^2>4ac)$.

65. $\int \dfrac{1}{ax^2+bx+c}\mathrm{d}x = \dfrac{2}{\sqrt{4ac-b^2}}\arctan\dfrac{2ax+b}{\sqrt{4ac-b^2}} \quad (b^2<4ac)$.

66. $\int \dfrac{1}{ax^2+bx+c}\mathrm{d}x = \dfrac{2}{2ax+b} \quad (b^2=4ac)$.

67. $\int \dfrac{1}{(ax^2+bx+c)^n}\mathrm{d}x = \dfrac{2ax+b}{(n-1)(4ac-b^2)(ax^2+bx+c)^{n-1}} + \dfrac{2(2n-a)a}{(n-1)(4ac-b^2)}\int \dfrac{\mathrm{d}x}{(ax^2+bx+c)^{n-1}} \quad (n>1, b^2\neq 4ac)$.

68. $\int \dfrac{x}{ax^2+bx+c}\mathrm{d}x = \dfrac{1}{2a}\ln(ax^2+bx+c) - \dfrac{b}{2a}\int \dfrac{\mathrm{d}x}{ax^2+bx+c}$.

69. $\int \dfrac{x^2}{ax^2+bx+c}\mathrm{d}x = \dfrac{x}{a} - \dfrac{b}{2a^2}\ln(ax^2+bx+c) + \dfrac{b^2-2ac}{2a^2}\int \dfrac{\mathrm{d}x}{ax^2+bx+c}$.

70. $\int \dfrac{x^n}{ax^2+bx+c}\mathrm{d}x = \dfrac{x^{n-1}}{(n-1)a} - \dfrac{c}{a}\int \dfrac{x^{n-2}}{ax^2+bx+c}\mathrm{d}x - \dfrac{b}{a}\int \dfrac{x^{n-1}}{ax^2+bx+c}\mathrm{d}x \quad (n>1)$.

七、含 $\sqrt{ax^2+bx+c}$

71. $\int \dfrac{1}{\sqrt{ax^2+bx+c}}\mathrm{d}x = \dfrac{1}{\sqrt{a}}\ln(2ax+b+2\sqrt{a}\sqrt{ax^2+bx+c}) \quad (a>0)$.

72. $\int \dfrac{\mathrm{d}x}{\sqrt{ax^2+bx+c}} = \dfrac{1}{\sqrt{-a}}\arcsin\dfrac{-2ax-b}{\sqrt{b^2-4ac}} \quad (a<0, b^2>4ac)$.

73. $\int \dfrac{x\,\mathrm{d}x}{\sqrt{ax^2+bx+c}} = \dfrac{\sqrt{ax^2+bx+c}}{a} - \dfrac{b}{2a}\int \dfrac{\mathrm{d}x}{\sqrt{ax^2+bx+c}}$.

74. $\int \dfrac{x^n\,\mathrm{d}x}{\sqrt{ax^2+bx+c}} = \dfrac{x^{n-1}}{na}\sqrt{ax^2+bx+c} - \dfrac{2(n-1)b}{2na}\int \dfrac{x^{n-1}}{\sqrt{ax^2+bx+c}}\mathrm{d}x - \dfrac{(n-1)c}{na}\int \dfrac{x^{n-2}}{\sqrt{ax^2+bx+c}}\mathrm{d}x$.

75. $\int \sqrt{ax^2+bx+c}\,dx = \dfrac{2ax+b}{4a}\sqrt{ax^2+bx+c} - \dfrac{b^2-4ac}{8a}\int \dfrac{dx}{\sqrt{ax^2+bx+c}}$.

76. $\int x\sqrt{ax^2+bx+c}\,dx = \dfrac{1}{3a}\sqrt{(ax^2+bx+c)^3} - \dfrac{b}{2a}\int \sqrt{ax^2+bx+c}\,dx$.

77. $\int x^2\sqrt{ax^2+bx+c}\,dx = \left(x - \dfrac{5b}{6a}\right)\dfrac{\sqrt{(ax^2+bx+c)^3}}{4a} + \dfrac{5b^2-4ac}{16a^2}\int \sqrt{ax^2+bx+c}\,dx$.

78. $\int \dfrac{1}{x\sqrt{ax^2+bx+c}}\,dx = -\dfrac{1}{\sqrt{c}}\ln\left(\dfrac{\sqrt{ax^2+bx+c}+\sqrt{c}}{x} + \dfrac{b}{2\sqrt{c}}\right) \quad (c>0)$.

79. $\int \dfrac{1}{x\sqrt{ax^2+bx+c}}\,dx = \dfrac{1}{\sqrt{-c}}\arcsin \dfrac{bx+2c}{x\sqrt{b^2-4ac}} \quad (c<0, b^2>4ac)$.

80. $\int \dfrac{dx}{x\sqrt{ax^2+bx}} = -\dfrac{2}{bx}\sqrt{ax^2+bx}$.

81. $\int \dfrac{dx}{x^n \sqrt{ax^2+bx+c}} = -\dfrac{\sqrt{ax^2+bx+c}}{(n-1)cx^{n-1}} - \dfrac{(2n-3)b}{2(n-1)c}\int \dfrac{dx}{x^{n-1}\sqrt{ax^2+bx+c}} - \dfrac{(n-2)a}{(n-1)c}\int \dfrac{dx}{x^{n-2}\sqrt{ax^2+bx+c}} \quad (n>1)$.

八、含 $\sin ax$

82. $\int \sin ax\,dx = -\dfrac{1}{a}\cos ax$.

83. $\int \sin^2 ax\,dx = \dfrac{x}{2} - \dfrac{1}{4a}\sin 2ax$.

84. $\int \sin^3 ax\,dx = -\dfrac{1}{a}\cos ax + \dfrac{1}{3a}\cos^3 ax$.

85. $\int \sin^n ax\,dx = -\dfrac{1}{na}\sin^{n-1} ax \cos ax + \dfrac{n-1}{n}\int \sin^{n-2} ax\,dx$ (n 为整数).

86. $\int \dfrac{1}{\sin ax}\,dx = \dfrac{1}{a}\ln\tan\dfrac{ax}{2}$.

87. $\int \dfrac{1}{\sin^2 ax}\,dx = -\dfrac{1}{a}\cot ax$.

88. $\int \dfrac{1}{\sin^n ax}\,dx = -\dfrac{\cos ax}{(n-1)a\sin^{n-1} ax} + \dfrac{n-2}{n-1}\int \dfrac{dx}{\sin^{n-1} ax}$ (n 为 ≥ 2 的整数).

89. $\int \dfrac{dx}{1\pm\sin ax} = \mp\dfrac{1}{a}\tan\left(\dfrac{\pi}{4}\mp\dfrac{ax}{2}\right)$.

90. $\int \dfrac{dx}{b+c\sin ax} = -\dfrac{2}{a\sqrt{b^2-c^2}}\arctan\left[\sqrt{\dfrac{b-c}{b+c}}\tan\left(\dfrac{\pi}{4}-\dfrac{ax}{2}\right)\right] \quad (b^2>c^2)$.

91. $\int \dfrac{dx}{b+c\sin ax} = -\dfrac{1}{a\sqrt{c^2-b^2}}\ln \dfrac{c+b\sin ax + \sqrt{c^2-b^2}\cos ax}{b+c\sin ax} \quad (b^2<c^2)$.

92. $\int \sin ax \sin bx\,dx = \dfrac{\sin(a-b)x}{2(a-b)} - \dfrac{\sin(a+b)x}{2(a+b)} \quad (|a|\neq|b|)$.

九、含 $\cos ax$

93. $\int \cos ax\,dx = \dfrac{1}{a}\sin ax$.

94. $\int \cos^2 ax\,dx = \dfrac{x}{2} + \dfrac{1}{4a}\sin ax$.

95. $\int \cos^n ax \, dx = \frac{1}{na}\cos^{n-1}ax \sin ax + \frac{n-1}{n}\int \cos^{n-2}ax \, dx$ （n 为正整数）．

96. $\int \frac{1}{\cos ax} dx = \frac{1}{a}\ln\tan\left(\frac{\pi}{4} + \frac{ax}{2}\right)$．

97. $\int \frac{1}{\cos^2 ax} dx = \frac{1}{a}\tan ax$．

98. $\int \frac{1}{\cos^n ax} dx = \frac{\sin nx}{(n-1)a\cos^{n-1}ax} + \frac{n-2}{n-1}\int \frac{dx}{\cos^{n-2}ax}$ （n 为 $\geqslant 2$ 的整数）．

99. $\int \frac{dx}{1+\cos ax} = \frac{1}{a}\tan\frac{ax}{2}$．

100. $\int \frac{dx}{1-\cos ax} = \frac{1}{a}\cot\frac{ax}{2}$．

101. $\int \frac{dx}{b+c\cos ax} = \frac{1}{a\sqrt{b^2-c^2}}\arctan\frac{\sqrt{b^2-c^2}\sin ax}{c+b\cos ax}$ （$|b|>|c|$）．

102. $\int \frac{dx}{b+c\cos ax} = \frac{1}{c-b}\sqrt{\frac{c-b}{c+b}}\ln\frac{\tan\frac{x}{2}+\sqrt{\frac{c+b}{c-b}}}{\tan\frac{x}{2}-\sqrt{\frac{c+b}{c-b}}}$ （$|b|<|c|$）．

103. $\int \cos ax \cos bx \, dx = \frac{\sin(a-b)x}{2(a-b)} + \frac{\sin(a+b)x}{2(a+b)}$ （$|a|\neq|b|$）．

十、含 $\sin ax$ 和 $\cos ax$

104. $\int \sin ax \cos bx \, dx = -\frac{\cos(a-b)x}{2(a-b)} - \frac{\cos(a+b)x}{2(a+b)}$ （$|a|\neq|b|$）．

105. $\int \sin^n ax \cos ax \, dx = \frac{1}{(n+1)a}\sin^{n+1}ax$ （$n\neq -1$）．

106. $\int \sin ax \cos^n ax \, dx = -\frac{1}{(n+1)a}\cos^{n+1}ax$ （$n\neq -1$）．

107. $\int \frac{\sin ax}{\cos ax} dx = -\frac{1}{a}\ln\cos ax$．

108. $\int \frac{\cos ax}{\sin ax} dx = \frac{1}{a}\ln\sin ax$．

109. $\int \frac{dx}{b^2\cos^2 ax + c^2\sin^2 ax} = \frac{1}{abc}\arctan\frac{c\cdot\tan ax}{b}$．

110. $\int \sin^2 ax \cos^2 ax \, dx = \frac{x}{8} - \frac{1}{32a}\sin 4ax$．

111. $\int \frac{dx}{\sin ax \cos ax} = \frac{1}{a}\ln\tan ax$．

112. $\int \frac{dx}{\sin^2 ax \cos^2 ax} = \frac{1}{a}(\tan ax - \cot ax)$．

113. $\int \frac{\sin^2 ax}{\cos ax} dx = -\frac{1}{a}\sin ax + \frac{1}{a}\ln\tan\left(\frac{\pi}{4} + \frac{ax}{2}\right)$．

114. $\int \frac{\cos^2 ax}{\sin ax} dx = \frac{1}{a}\cos ax + \frac{1}{a}\ln\tan\frac{ax}{2}$．

115. $\int \frac{\cos ax}{b+c\sin ax} dx = \frac{1}{ac}\ln(b+c\sin ax)$．

116. $\int \frac{\sin ax}{b+c\cos ax} dx = -\frac{1}{ac}\ln(b+c\cos ax)$．

117. $\int \dfrac{\mathrm{d}x}{b\sin ax + c\cos ax} = \dfrac{1}{a\sqrt{b^2+c^2}} \ln\tan \dfrac{ax + \arctan \dfrac{c}{b}}{2}$.

十一、含 $\tan ax$ 和 $\cot ax$

118. $\int \tan ax \,\mathrm{d}x = -\dfrac{1}{a} \ln\cos ax$.

119. $\int \cot ax \,\mathrm{d}x = \dfrac{1}{a} \ln\sin ax$.

120. $\int \tan^2 ax \,\mathrm{d}x = \dfrac{1}{a} \tan ax - x$.

121. $\int \cot^2 ax \,\mathrm{d}x = -\dfrac{1}{a} \cot ax - x$.

122. $\int \tan^n ax \,\mathrm{d}x = \dfrac{1}{(n-1)a} \tan^{n-1} ax - \int \tan^{n-2} ax \,\mathrm{d}x$ （n 为 $\geqslant 2$ 的整数）.

123. $\int \cot^n ax \,\mathrm{d}x = -\dfrac{1}{(n-1)a} \cot^{n-1} ax - \int \cot^{n-2} ax \,\mathrm{d}x$ （n 为 $\geqslant 2$ 的整数）.

十二、含 $x^n \sin ax$ $x^n \cos ax$

124. $\int x\sin ax \,\mathrm{d}x = \dfrac{1}{a^2} \sin ax - \dfrac{1}{a} x\cos ax$.

125. $\int x^2 \sin ax \,\mathrm{d}x = \dfrac{2x}{a^2} \sin ax + \dfrac{2}{a^3} \cos ax - \dfrac{x^2}{a} \cos ax$.

126. $\int x^n \sin ax \,\mathrm{d}x = -\dfrac{x^n}{a} \cos ax + \dfrac{n}{a} \int x^{n-1} \cos ax \,\mathrm{d}x$.

127. $\int x\cos ax \,\mathrm{d}x = \dfrac{1}{a^2} \cos ax + \dfrac{x}{a} \sin ax$.

128. $\int x^2 \cos ax \,\mathrm{d}x = \dfrac{2x}{a^2} \cos ax - \dfrac{2}{a^3} \sin ax + \dfrac{x^2}{a} \sin ax$.

129. $\int x^n \cos ax \,\mathrm{d}x = \dfrac{x^n}{a} \sin ax - \dfrac{n}{a} \int x^{n-1} \sin ax \,\mathrm{d}x$ （$n > 0$）.

十三、含 e^{ax}

130. $\int \mathrm{e}^{ax} \,\mathrm{d}x = \dfrac{1}{a} \mathrm{e}^{ax}$.

131. $\int b^{ax} \,\mathrm{d}x = \dfrac{1}{a\ln b} b^{ax}$.

132. $\int x\mathrm{e}^{ax} \,\mathrm{d}x = \dfrac{\mathrm{e}^{ax}}{a^2}(ax - 1)$.

133. $\int xb^{ax} \,\mathrm{d}x = \dfrac{xb^{ax}}{a\ln b} - \dfrac{b^{ax}}{a^2 (\ln b)^2}$.

134. $\int x^n \mathrm{e}^{ax} \,\mathrm{d}x = \dfrac{\mathrm{e}^{ax}}{a^{n+1}} \left[(ax)^n - n(ax)^{n-1} + n(n-1)(ax)^{n-2} + \cdots + (-1)^n n!\right]$ （n 为正整数）.

135. $\int x^n b^{ax} \,\mathrm{d}x = \dfrac{x^n b^{ax}}{a\ln b} - \dfrac{n}{a\ln b} \int x^{n-1} b^{ax} \,\mathrm{d}x$ （$n > 0$）.

136. $\int \mathrm{e}^{ax} \sin bx \,\mathrm{d}x = \dfrac{\mathrm{e}^{ax}}{a^2 + b^2} (a\sin bx - b\cos bx)$.

137. $\int e^{ax}\cos bx\,dx = \dfrac{e^{ax}}{a^2+b^2}(a\cos bx + b\sin bx)$.

十四、含 $\ln ax$

138. $\int \ln ax\,dx = x\ln ax - x$.

139. $\int x\ln ax\,dx = \dfrac{x^2}{2}\ln ax - \dfrac{x^2}{4}$.

140. $\int x^n \ln ax\,dx = \dfrac{x^{n+1}}{n+1}\ln ax - \dfrac{x^{n+1}}{(n+1)^2}\quad (n\neq -1)$.

141. $\int \dfrac{1}{x\ln ax}\,dx = \ln\ln ax$.

142. $\int \dfrac{1}{x(\ln ax)^n}\,dx = \dfrac{1}{(n-1)(\ln ax)^{n-1}}\quad (n\neq 1)$.

143. $\int \dfrac{x^n}{(\ln ax)^m}\,dx = -\dfrac{x^{n+1}}{(m-1)(\ln ax)^{m-1}} + \dfrac{n+1}{m-1}\int\dfrac{x^n}{(\ln ax)^{m-1}}\,dx\quad (m\neq 1)$.

十五、含反三角函数

144. $\int \arcsin ax\,dx = x\arcsin ax + \sqrt{1-a^2x^2}$.

145. $\int (\arcsin ax)^2\,dx = x(\arcsin ax)^2 - 2x + \dfrac{2}{a}\sqrt{1-a^2x^2}\arcsin ax$.

146. $\int x\arcsin ax\,dx = \left(\dfrac{x^2}{2}-\dfrac{1}{4a^2}\right)\arcsin ax + \dfrac{x}{4a}\sqrt{1-a^2x^2}$.

147. $\int \arccos ax\,dx = x\arccos ax - \dfrac{1}{a}\sqrt{1-a^2x^2}$.

148. $\int (\arccos ax)^2\,dx = x(\arccos ax)^2 - 2x - \dfrac{2}{a}\sqrt{1-a^2x^2}\arccos ax$.

149. $\int x\arccos ax\,dx = \left(\dfrac{x^2}{2}-\dfrac{1}{4a^2}\right)\arccos ax - \dfrac{x}{4a}\sqrt{1-a^2x^2}$.

150. $\int \arctan ax\,dx = x\arctan ax - \dfrac{1}{2a}\ln(1+a^2x^2)$.

151. $\int x^n \arctan ax\,dx = \dfrac{x^{n+1}}{n+1}\arctan ax - \dfrac{a}{n+1}\int\dfrac{x^{n+1}}{1+a^2x^2}\,dx\quad (n\neq 1)$.

152. $\int \operatorname{arccot} ax\,dx = x\operatorname{arccot} ax + \dfrac{1}{2a}\ln(1+a^2x^2)$.

153. $\int x^n \operatorname{arccot} ax\,dx = \dfrac{x^{n+1}}{n+1}\operatorname{arccot} ax + \dfrac{a}{n+1}\int\dfrac{x^{n+1}}{1+a^2x^2}\,dx\quad (n\neq -1)$.

参考答案

同步训练 1-1

1. (1) $[0,+\infty)$,非奇非偶函数； (2) $(-\infty,+\infty)$,奇函数；
   (3) $[0,+\infty)$,非奇非偶函数； (4) $(0,+\infty)$,非奇非偶函数；
   (5) $(-\infty,+\infty)$,偶函数； (6) $(-\infty,0)\cup(0,+\infty)$,奇函数.

2. (1) $[-1,+\infty)$； (2) $(-\infty,1)\cup(2,+\infty)$； (3) $[-1,1]$； (4) $[1,2)\cup(2,+\infty)$；
   (5) $[-0.5,0.5]$； (6) $[0,+\infty)$.

3. $1;-3;\dfrac{1-x}{1+x};\dfrac{x+1}{x-1};-\dfrac{1}{x}$.

4. $3;\pi;17;3.25$.

5. (1) $y=\sqrt{x^2-1}$； (2) $y=\sin 2x$； (3) $y=e^{3x-1}$； (4) $y=\arccos\dfrac{x+a}{x+b}$；
   (5) $y=\ln\cos(2x+1)$； (6) $y=\left(1+\sin\dfrac{x}{2}\right)^2$.

6. (1) $y=u^5, u=1+3x$； (2) $y=\sqrt{u}, u=3x-2$； (3) $y=3^u, u=\cos x$；
   (4) $y=\ln u, u=1+\sqrt{x}$； (5) $y=\arcsin u, u=\sqrt{v}, v=1-x^2$；
   (6) $y=u^2, u=\sin v, v=2-x$.

7. $y=x(a-2x)^2, x\in\left(0,\dfrac{a}{2}\right)$.

8. $y=\begin{cases}0.15x, & 0\leqslant x\leqslant 50 \\ 7.5+0.25(x-50), & x>50\end{cases}$.

同步训练 1-2

1. (1) 函数 $f(x)$ 在 $x=0$ 的右极限； (2) 数列 0.8^n 的极限； (3) 略； (4) $-1,0$.
2. (1) 0； (2) 0； (3) 不存在； (4) 2； (5) 0.
3. (1) 1； (2) 0； (3) 3； (4) 0.
4. (1) 0； (2) π； (3) 0； (4) 0； (5) 0； (6) 1； (7) 2； (8) 0.
5. $\lim\limits_{x\to 1}f(x)=1$.

同步训练 1-3

1. 略.
2. 同阶并等价.
3. 同阶但不等价.
4. (1)0； (2)1； (3)$\frac{2}{3}$； (4)x^{m-n}； (5)$\frac{1}{2}$.

同步训练 1-4

1. (1)24； (2)0； (3)10； (4)3； (5)0； (6)∞； (7)0； (8)1； (9)2； (10)0； (11)0； (12)$\left(\frac{3}{2}\right)^{20}$.

同步训练 1-5

1. (1)$\frac{2}{3}$； (2)3； (3)2； (4)3； (5)-1； (6)e^2； (7)e^2； (8)e.

同步训练 1-6

1. (1)a 为任意实数,$b=1$； (2)$a=b=1$.
2. (1)连续区间为$(-\infty,1),(1,2),(2,+\infty)$；间断点为 $x=1$(可去间断点),$x=2$(无穷间断点)；
   (2)连续区间为$(-\infty,-3),(-3,2),(2,+\infty)$；间断点为 $x=-3,x=2$(无穷间断点)；
   (3)连续区间为$(-\infty,1),(1,+\infty)$；间断点为 $x=1$(跳跃间断点)；
   (4)连续区间为$(-\infty,0),(0,+\infty)$；间断点为 $x=0$(跳跃间断点).
3. 连续区间为$(-\infty,-1),(-1,+\infty)$；间断点为 $x=-1$(跳跃间断点)；图略.
4. 连续区间为$(-\infty,-1),(-1,1),(1,+\infty)$；间断点为 $x=-1,x=1$(跳跃间断点).
5. (1)0； (2)1； (3)1.
6. 略.

单元测试 1

一、1. B.　2. D.　3. D.　4. B.　5. C.　6. B.

二、1. $y=-\sqrt{1-x^2},[0,1]$.　2. $\frac{3}{2}$.　3. $-2,3$.　4. 可去.　5. 2.

三、e.

四、略.

五、$f(x)=\begin{cases}-1, & 0<|x|<1 \\ 0, & |x|=1 \\ x^2, & |x|>1\end{cases}$，$x=0$ 为可去间断点,$x=\pm 1$ 为跳跃间断点.

六、$a=6,b=-7$.

七、1.

八、略.

同步训练 2-1

1. (1) $m=2x^2, x\in[0,20]$；　(2) 4；　(3) 8；　(4) 40；　(5) $2x$.

2. 2.

3. (1) -1；　(2) 0.5；　(3) 3；　(4) 0.2.

4. (1) $\dfrac{1}{x\ln 3}$；　(2) $\dfrac{2}{3}x^{-\frac{1}{3}}$；　(3) $-\dfrac{2}{x^3}$；　(4) $-\dfrac{3}{2}x^{-\frac{5}{2}}$.

5. 切线方程：$x+y-2=0$，法线方程：$x-y=0$.

6. $a=2, b=-1$.

同步训练 2-2

1. (1) $4x+\dfrac{3}{2\sqrt{x}}$；　(2) $5x^4-2\sin x-\dfrac{3}{x}$；　(3) $3^x\ln 3+\dfrac{1}{x\ln 2}$；　(4) $\dfrac{\sin x+2x\cos x}{2\sqrt{x}}$；

(5) $\dfrac{4x}{(x^2+1)^2}$；　(6) $\cos 2x$；　(7) $\dfrac{1+\sin t+\cos t}{(1+\cos t)^2}$；　(8) $8x+4$；　(9) $\dfrac{3\ln^2 x}{x}$；

(10) $\dfrac{-x}{\sqrt{1-x^2}}$；　(11) $e^{\sin^2 x}\sin 2x$；　(12) $-2\cos x(\sin x+1)$；

(13) $(1+2x)\cos(x+x^2)$；　(14) $\dfrac{1}{x\ln x}$；　(15) $\dfrac{x}{|x|\sqrt{1-x^2}}$；　(16) $-\dfrac{2}{4x^2+1}$；

(17) $2x-\dfrac{2}{x^3}$；　(18) $-12x\sin(3x^2+1)$；　(19) $\dfrac{1}{\sqrt{1+x^2}}$；　(20) $\dfrac{1-x}{x^2+1}$.

2. (1) 4；　(2) $2\sin 1$；　(3) $-\dfrac{5\sqrt{3}}{2}$；　(4) -1；　(5) 1；　(6) $-\dfrac{1}{18}$.

3. $\left(\dfrac{1}{2}, \dfrac{1}{2e}\right), y=\dfrac{1}{2e}$.

4. 切线方程：$y-\dfrac{1}{2}=\dfrac{\sqrt{3}}{2}\left(x-\dfrac{\pi}{6}\right)$，法线方程：$y-\dfrac{1}{2}=-\dfrac{2}{\sqrt{3}}\left(x-\dfrac{\pi}{6}\right)$.

5. $(1,1)$.

同步训练 2-3

1. (1) $6-\dfrac{1}{x^2}$；　(2) $30x^4+12x$；　(3) $-2e^x\sin x$；　(4) $2\arctan x+\dfrac{2x}{1+x^2}$.

2. (1) $(-1)^n e^{-x}$；　(2) $(-1)^{n+1} n!\, x^{-n}$.

3. (1) $\dfrac{y-x^2}{y^2-x}$；　(2) $\dfrac{-y}{e^y+x+1}$；　(3) $\dfrac{\cos y-2\cos(2x+y)}{x\sin y+\cos(2x+y)}$；　(4) $-\dfrac{y}{e^y+x}$；

(5) $\dfrac{1-y\cos(xy)}{x\cos(xy)}$；　(6) $\dfrac{e^y}{1-xe^y}$ 或 $\dfrac{e^y}{2-y}$.

4. $\sqrt{2}x+6y-9\sqrt{2}=0$.

5. (1) $x^x(1+\ln x)$;

(2) $(1+x^2)^{\tan x}\sec^2 x \ln(1+x^2)+2x(1+x^2)^{\tan x-1}\tan x$;

(3) $\dfrac{y}{2}\left(\dfrac{2}{x-1}+\dfrac{1}{x-2}-\dfrac{3}{x-3}-\dfrac{1}{x-4}\right)$;

(4) $\dfrac{y}{2}\left(\dfrac{1}{x}+\dfrac{4}{4x-1}-\dfrac{2}{2x-1}-\dfrac{1}{x-2}\right)$.

6. (1) $\dfrac{1-3t^2}{-2t}$;   (2) $\dfrac{1}{\cos t}$;   (3) $\dfrac{\sin t}{1-\cos t}$.

7. 切线方程：$y-16=-8(x-1)$，法线方程：$y-16=\dfrac{1}{8}(x-1)$.

同步训练 2-4

1. $\dfrac{8}{9}, \dfrac{2}{27}$.

2. $2\pi a r_0^2(1+at)$.

3. $\dfrac{5}{4\pi}$ m/min, $\dfrac{5}{4\pi}$ m/min.

4. 10 cm²/s.

5. $12-3\sin 3+8\ln 2$.

6. -0.07.

7. (1) $\dfrac{2}{(0.05t+1)^2}$;   (2) 正，随着时间增加，温度升高；   (3) $\dfrac{200}{169}$.

8. 10 m/s.

同步训练 2-5

1. 0.08, 0.080 4.

2. (1) $(6x^2-2x)\mathrm{d}x$;   (2) $(\cos x-\sin x)\mathrm{d}x$;   (3) $x^{-\frac{3}{2}}\left(1-\dfrac{\ln x}{2}\right)\mathrm{d}x$;   (4) $\dfrac{(x-1)\mathrm{e}^x}{x^2}\mathrm{d}x$;

(5) $\dfrac{-x}{1-x^2}\mathrm{d}x$;   (6) $-(1+2x)\mathrm{e}^{2x}\mathrm{d}x$.

3. (1) $\dfrac{x^2}{2}+C$;   (2) $\sec x+C$;   (3) $\ln|x|+C$;   (4) $2\sqrt{x}+C$.

4. 30.301, 30.

5. 6.28.

6. (1) $\dfrac{129}{16}$;   (2) -0.02.

单元测试 2

一、1. √.   2. ×.   3. ×.   4. √.   5. √.

二、1. A.   2. D.   3. A.   4. B.   5. C.

三、1. $x-y-1=0$.   2. $2t+2, 2$.   3. -1.   4. $\dfrac{1}{x+1}$.   5. $f'(\sin\sqrt{x})\dfrac{\cos\sqrt{x}}{2\sqrt{x}}$.

6. $2x+C, \frac{3}{2}x^2+C$.   7. $-\cos x+C, \sin x+C, \cos x$.   8. $e^x+C, e^{2x}+C$.

9. $\sin x^2+C, \sin 2x\,dx$.   10. $x^2, 2x\cos x^2$.

四、1. $5(1+\sin 2x)(x+\sin^2 x)^4$.   2. $e^x(x^2+5)$.   3. $-e^{-x}(\sin x+\cos x)$.

4. $2x\operatorname{arccot} x-1$.   5. $\alpha x^{\alpha-1}+a^x \ln a$.   6. $3x^2 \sin\frac{1}{x}-x\cos\frac{1}{x}$.

7. $\cos x \ln x^2+\frac{2\sin x}{x}$.   8. $\frac{x}{\sqrt{x^2+1}}-\tan x$.

五、1. $-\frac{1+y\sin(xy)}{x\sin(xy)}$.   2. $\frac{y\cos(xy)-e^x}{e^y-x\cos(xy)}$.

六、1. 2.5.   2. $x+y-2=0$.

七、1. $4^x \ln^2 4-\frac{1}{x^2}$.   2. $\frac{1}{x}$.   3. $-\sec^2 x$.   4. $2\sin x+4x\cos x-x^2 \sin x$.

八、1. $(96x^5+80x^4+16x^3-24x^2-8x)dx$.   2. $3(\sin^2 x \cos x-\cos 3x)dx$.

3. $e^x\left(\arctan x+\frac{1}{1+x^2}\right)dx$.   4. $\frac{x}{\sqrt{1+x^2}}dx$.   5. $\frac{\sqrt{\ln x}}{2x\ln x}dx$.   6. $5^{\ln\tan x} 2\ln 5 \csc 2x\,dx$.

九、2π m³.

十、0.988 m³.

同步训练 3-1

1. 2. 3. 略.

4. 有三个根,在(1,2),(2,3),(3,4)各有一个根.

5. 略.

同步训练 3-2

1. (1) $\frac{1}{2}$； (2) 2； (3) $\cos a$； (4) $\frac{3}{5}$； (5) 1； (6) $\frac{1}{3}$； (7) $-\frac{1}{2}$； (8) 0； (9) 1；

(10) 1.

2. 1, 证明略.

3. 0, 证明略.

同步训练 3-3

1. (1) 单调增加； (2) 单调减少.

2. (1) 在区间 $(-\infty,-2),(0,+\infty)$ 单调增加, 在区间 $(-2,-1),(-1,0)$ 单调减少；

(2) 在区间 $\left(\frac{1}{2},+\infty\right)$ 单调增加, 在区间 $\left(0,\frac{1}{2}\right)$ 单调减少；

(3) 在区间 $\left(-\infty,\frac{1}{5}\right),(1,+\infty)$ 单调增加, 在区间 $\left(\frac{1}{5},1\right)$ 单调减少；

(4) 在区间 $(-\infty,0),(1,+\infty)$ 单调增加, 在区间 $(0,1)$ 单调减少.

3. 略.

同步训练 3-4

1. (1)错； (2)错； (3)对； (4)错； (5)对； (6)错； (7)错.
2. (1)极大值为 $f(0)=5$,极小值为 $f(\pm\sqrt{5})=-20$；
   (2)极大值为 $f(2)=4e^{-2}$,极小值为 $f(0)=0$.
3. $a=-\dfrac{2}{3}, b=-\dfrac{1}{6}$.
4. (1)最大值为 $f(4)=142$,最小值为 $f(1)=7$；
   (2)最大值为 $f\left(\dfrac{\pi}{4}\right)=\sqrt{2}$,最小值为 $f\left(\dfrac{5}{4}\pi\right)=-\sqrt{2}$.
5. 上底长为半圆的半径 r,高为 $\dfrac{\sqrt{3}}{2}r$ 时,梯形的面积最大.
6. $\left(\dfrac{5}{2},\dfrac{\sqrt{10}}{2}\right),\left(\dfrac{5}{2},-\dfrac{\sqrt{10}}{2}\right)$.
7. 长为 32 m、宽为 16 m 时.

同步训练 3-5

1. (1) $[1,+\infty)$ 为凹区间,$(-\infty,1)$ 为凸区间,$(1,-1)$ 为拐点；
   (2) $(2,+\infty)$ 为凹区间,$(-\infty,2)$ 为凸区间,$\left(2,\dfrac{2}{e^2}\right)$ 为拐点；
   (3) $[-1,1]$ 为凹区间,$(-\infty,-1]$ 与 $[1,+\infty)$ 为凸区间,$(-1,\ln 2)$ 与 $(1,\ln 2)$ 为拐点；
   (4) $(-\infty,0)$ 与 $\left(\dfrac{1}{2},+\infty\right)$ 为凸区间,$\left(0,\dfrac{1}{2}\right)$ 为凹区间,$(0,0)$ 与 $\left(\dfrac{1}{2},\dfrac{1}{16}\right)$ 为拐点.
2. $a=1, b=-3$.

同步训练 3-6

1. (1) $y=0$ 为水平渐近线,$x=2$ 为垂直渐近线；
   (2) $y=0$ 为水平渐近线,$x=0$ 为垂直渐近线；
   (3) $y=0$ 为水平渐近线,$x=-1$ 为垂直渐近线；
   (4) $y=0$ 为水平渐近线,$x=0$ 为垂直渐近线.
2. 略.

同步训练 3-7

1. 0.
2. $x=-\dfrac{b}{2a}$(曲率最大的点为抛物线的顶点),最大曲率为 $k=|2a|$.
3. 抛物线顶点处的曲率半径为 1.25,所以选用砂轮的半径不得超过 1.25 单位长,即直径不得超过 2.50 单位长.

单元测试 3

一、1. $(-1,1)$.　2. 1.　3. -8.　4. $f(b)$.　5. $x=\dfrac{1}{2}$.　6. $x=-1, x=3$.

7. $\dfrac{7}{9}$, $\dfrac{0}{0}$.　　8. $(0,0)$.　　9. $(0,+\infty)$.

二、1. C.　　2. A.　　3. B.　　4. C.　　5. A.　　6. D.　　7. C.　　8. A.　　9. D.

三、1. $\dfrac{1}{2}$.　　2. $\dfrac{1}{3}$.　　3. ∞.　　4. 0.

四、$a=2$, $f\left(\dfrac{\pi}{3}\right)=\sqrt{3}$ 为极大值.

五、最大值为 $f(3)=\mathrm{e}^3$，最小值为 $f(2)=0$.

六、单调增区间为 $(-\infty,0),(2,+\infty)$，单调减区间为 $(0,2)$，$x=2$ 为极小值点，极小值为 $y=3$，$(-\infty,0),(0,+\infty)$ 均为凹区间，无拐点.

七、当高和底直径相等，即 $h=2r=2\cdot\sqrt[3]{\dfrac{V}{2\pi}}$ 时，所用材料最省.

八、19.63 立方厘米.

同步训练 4-1

1. (1) $F(x)+C$;　　(2) $\left(\dfrac{1}{2},2\right)$, $y=2x^2+\dfrac{3}{2}$;　　(3) $\tan x+C$, $\tan x+C$;　　(4) 16 m.

2. 该曲线方程为: $y=x^2+x+1$.

3. 略.（提示：可对已知等式两边同时求导）

同步训练 4-2

1. (1) $\dfrac{x^3}{3}+\dfrac{x^2}{2}+x+C$;　　(2) $\dfrac{x^3}{3}+\dfrac{2^x}{\ln 2}+2\ln|x|+C$;　　(3) $\dfrac{x^2}{2}+3x+C$;　　(4) $\dfrac{6}{7}x^{\frac{7}{6}}+x+C$;

(5) $-\cos x+C$;　　(6) $\dfrac{a^x\mathrm{e}^x}{1+\ln a}+C$;　　(7) $\arcsin x+C$;　　(8) $\dfrac{4}{7}x^{\frac{7}{4}}+C$.

2. (1) $\dfrac{x+\sin x}{2}+C$;　　(2) $x-\dfrac{x^3}{3}+C$;　　(3) $\dfrac{\left(\dfrac{1}{2}\right)^x}{-\ln 2}+\dfrac{\left(\dfrac{3}{4}\right)^x}{\ln 3-2\ln 2}+C$;

(4) $-x^{-1}+\arctan x+C$;　　(5) $\tan x-\cot x+C$;　　(6) e^x+x+C.

同步训练 4-3

1. (1) $-\dfrac{1}{3}\cos 3x+C$;　　(2) $\dfrac{1}{2}\sin 2t+C$;　　(3) $\dfrac{1}{2}\ln|1+2x|+C$;

(4) $-\dfrac{1}{27}(1-3x)^9+C$;　　(5) $-\dfrac{1}{3}(1-2x)^{\frac{3}{2}}+C$;　　(6) $-\dfrac{1}{2}\cos x^2+C$;

(7) $\dfrac{1}{3}\sin^3 x+C$.

2. (1) $2\arctan\sqrt{x-1}+C$;　　(2) $\arcsin\dfrac{x}{3}+C$.

3. (1) $2\arctan\sqrt{x}+C$;　　(2) $\sqrt{x^2+3}+C$;　　(3) $\sin x-\dfrac{1}{3}\sin^3 x+C$;

(4) $-\sqrt{4-x^2}+C$.

同步训练 4-4

1. (1) $x e^x - e^x + C$； (2) $-x e^{-x} - e^{-x} + C$； (3) $t\sin t + \cos t + C$；
   (4) $-2\sqrt{x}\cos\sqrt{x} + 2\sin\sqrt{x} + C$； (5) $x\arcsin x + \sqrt{1-x^2} + C$.

2. (1) $-x^2\cos x + 2x\sin x + 2\cos x + C$； (2) $\frac{1}{2}(\cos x + \sin x)e^x + C$.

同步训练 4-5

1. (1) $-\frac{1}{2(2x+3)} + C$； (2) $\frac{(2x+3)^6}{48} - \frac{3(2x+3)^5}{20} + \frac{9(2x+3)^4}{32} + C$；
   (3) $\frac{x}{2}\sqrt{4x^2+9} + \frac{9}{4}\ln\left|2x + \sqrt{4x^2+9}\right| + C$；
   (4) $\frac{1}{5}\cos^4 x\sin x + \frac{4}{15}\cos^2 x\sin x + \frac{8}{15}\sin x + C$.

单元测试 4

一、1. √. 2. ×. 3. ×. 4. ×.

二、1. $\frac{F(ax+b)}{a} + C$. 2. $xf(x^2)$. 3. $xf(x^2) + C$. 4. $e^{f(x)} + C$. 5. $\sin x + 1$.

三、1. $x + 6\ln|x-3| + C$. 2. $x + \frac{1}{2}x^2 + C$. 3. $\frac{x}{2} - \frac{1}{12}\sin 6x + C$.
   4. $\frac{1}{3}\arctan^3 x + C$. 5. $\frac{1}{6}(2x+3)^{\frac{3}{2}} - \frac{3}{2}(2x+3)^{\frac{1}{2}} + C$. 6. $\sqrt{a^2+x^2} + C$.
   7. $\frac{1}{5}(\sin 2x - 2\cos 2x)e^x + C$. 8. $\frac{1}{2}(x^2\arctan x - x + \arctan x) + C$.

四、由题意知：$f(x) = \cos x \ln x + \frac{\sin x}{x}$,
   $\int x f'(x)\,dx = \int x\,df(x) = xf(x) - \int f(x)\,dx = x\cos x\ln x + \sin x - \sin x\ln x + C$.

五、曲线为：$y = \frac{2}{3}x^3 + 3x + 1$.

同步训练 5-1

1. (1) $3, 1, [1,3]$； (2) $\int_0^\pi \sin x\,dx - \int_\pi^{2\pi}\sin x\,dx$； (3) 0； (4) $\geqslant$.

2. (1) $-\int_{-2}^0 \frac{1}{2}x\,dx + \int_0^2 \frac{1}{2}x\,dx$； (2) $\int_{-1}^0 (-x)\,dx + \int_0^1 x\,dx$； (3) $\int_a^b [f(x) - g(x)]\,dx$；
   (4) $\int_0^2 x^2\,dx$.

3. (1) 10； (2) 4.

4. (1) D； (2) C.

同步训练 5-2

1. (1) $\dfrac{1}{3}$; (2) 0; (3) $\arcsin\dfrac{1}{2}$; (4) $45\dfrac{1}{6}$; (5) 1; (6) 1.
2. 1.
3. (1) $\cos x\sqrt{1+\sin x}$; (2) $2x^5 e^{-x^2} - x^2 e^{-x}$.
4. $\dfrac{1}{2}$.

同步训练 5-3

1. (1) $7+2\ln 2$; (2) $\dfrac{1}{6}$; (3) $\dfrac{\pi}{2}$; (4) $\dfrac{\pi}{12}$; (5) $2\sqrt{3}-2$.
2. (1) $\dfrac{\pi}{12}+\dfrac{\sqrt{3}}{2}-1$; (2) -2; (3) $\dfrac{1}{9}(1+2e^3)$; (4) $e-2$; (5) $1-\dfrac{\sqrt{3}}{6}\pi$.
3. (1) 0; (2) 0.
4. 略.

同步训练 5-4

1. (1) $\dfrac{1}{3}$; (2) π; (3) π; (4) $2(1-\ln 2)$.

同步训练 5-5

1. (1) $\dfrac{4}{3}$; (2) $\dfrac{1}{2}$; (3) 5.
2. (1) $\dfrac{32}{3}\pi$; (2) $\dfrac{512}{15}\pi$; (3) $\dfrac{3}{10}\pi$.
3. $1+\dfrac{1}{2}\ln\dfrac{3}{2}$.

同步训练 5-6

1. 0.75(焦耳).
2. (1) 0.7651; (2) 14.
3. 260.8.

单元测试 5

一、1. $\pi-e$. 2. 0. 3. 0. 4. $2x^2-2$. 5. 2. 6. $2a$.

二、半径为 1 的四分之一圆,$\dfrac{\pi}{4}$.

三、单调减区间 $(-\infty,0]$,单调增区间 $[0,+\infty)$,极小值为 $\Phi(0)=0$.

四、1. $1-\dfrac{\pi}{4}$. 2. $2\left(1+2\ln\dfrac{2}{3}\right)$. 3. $\dfrac{\pi}{16}$. 4. $\dfrac{1}{4}(3e^4+1)$. 5. $\dfrac{5}{2}$. 6. $3\ln 2-\dfrac{3}{2}$. 7. $\dfrac{1}{3}\ln\dfrac{8}{5}$.

223

8. $\frac{1}{2}$. 9. $3\ln 3 - 2$. 10. $\frac{1}{2}(e^{\frac{\pi}{2}}-1)$. 11. $\frac{2}{5}(1-e^{\pi})$. 12. $\frac{3\pi}{8}$. 13. $2\arctan 2 - \frac{\pi}{2}$.
14. 5.

五、1. B. 2. C. 3. C. 4. C. 5. B. 6. A. 7. A. 8. B. 9. B.

六、1. $\frac{25}{3}$. 2. $\frac{1}{3}$. 3. 12. 4. $\frac{45}{8}$.

七、1. $\frac{512}{3}\pi$. 2. π.

八、490 000(焦耳).

同步训练 6-1

1. 二,四,六,七,x 轴,xOy 面,xOz 面.
2. $\overrightarrow{AB}=\{1,-2,-2\}, -2\overrightarrow{AB}=\{-2,4,4\}$.
3. $2u-3v=5a-11b+7c$.
4. $a^0=\frac{1}{11}\{6,7,-6\}$.
5. 提示:$|\overrightarrow{P_1P_2}|^2+|\overrightarrow{P_2P_3}|^2=|\overrightarrow{P_1P_3}|^2$.
6. $-\frac{1}{2}, \frac{1}{2}, -\frac{\sqrt{2}}{2}, \frac{2}{3}\pi, \frac{\pi}{3}, \frac{3\pi}{4}$.

同步训练 6-2

1. $14, 3, \mathbf{0}, \{5,1,7\}, \{-5,-1,-7\}, \frac{3\sqrt{14}}{14}, \frac{3\sqrt{6}}{6}, 70.9°$.
2. $-\frac{5}{3}, 3$.
3. -103.
4. $\pm\frac{1}{5}\{0,4,-3\}$.
5. $3\sqrt{10}$.

同步训练 6-3

1. $2(x-2)+9(y-9)-6(z+6)=0$.
2. $2(x-2)+3y-z=0$.
3. $2(x-1)+3(y-1)-(z-23)=0, \frac{x}{-9}+\frac{y}{-6}+\frac{z}{18}=1$.
4. $x+5y-4z+1=0$.
5. (1)平行 z 轴; (2)过原点; (3)过 x 轴; (4)平行 xOz 面; (5)xOy 面;
   (6)过 z 轴.
6. $x-y-4=0$.

同步训练 6-4

1. $\frac{x-2}{1}=\frac{y-1}{-4}=\frac{z+1}{-4}$.

2. $\dfrac{x-2}{1}=\dfrac{y+1}{-2}=\dfrac{z-3}{4}$.

3. $\dfrac{x-1}{2}=\dfrac{y+2}{1}=\dfrac{z-3}{-1}$.

4. $\dfrac{x-2}{1}=\dfrac{y+1}{1}=\dfrac{z-2}{0}$.

5. $\dfrac{x-1}{0}=\dfrac{y+3}{-3}=\dfrac{z-2}{2}$.

6. $\dfrac{x-3}{-16}=\dfrac{y+2}{14}=\dfrac{z}{11}$, $\begin{cases} x=3-16t \\ y=-2+14t \\ z=11t \end{cases}$.

7. 平行.

同步训练 6-5

1. (1)椭球面； (2)椭球面； (3)球面； (4)椭圆抛物面； (5)椭球面；
   (6)单叶双曲面； (7)抛物面； (8)双叶双曲面； (9)双叶双曲面； (10)双曲柱面.
   其余略.

2. (1)圆； (2)椭圆； (3)双曲线； (4)双曲线； (5)双曲线.

3. $\begin{cases} 2x^2-2x+y^2=8 \\ z=0 \end{cases}$.

单元测试 6

一、1. B.　2. A.　3. D.　4. D.　5. D.　6. A.　7. C.　8. C.　9. C.　10. D.

二、1. x.　2. -18.　3. $\boldsymbol{a}\cdot\boldsymbol{b}=0,\boldsymbol{a}\times\boldsymbol{b}=\boldsymbol{0}$.　4. $3k+4$.　5. $-\dfrac{10}{3}$,6.　6. 1.

7. 圆柱面;双曲柱面;椭圆;半个球面;椭球面;圆柱面.

三、1. $\dfrac{x}{17}=\dfrac{y-1}{2}=\dfrac{z-4}{55}$.　2. $-16x+14y+11z-65=0$.　3. $-2x-7y+6z-2=0$.

4. $-22x+13y+10z+37=0$.　5. $\dfrac{x-2}{-4}=\dfrac{y-2}{-1}=\dfrac{z-1}{7}$.　6. $2x+2y-3z=0$.

7. $x-y+z=0$.

同步训练 7-1

1. (1)是,1； (2)不是； (3)是,1； (4)是,2； (5)是,2； (6)是,1； (7)是,3.

2. 略.

3. (1)$y=-\dfrac{1}{x+C}$； (2)$y\mathrm{e}^{\sqrt{1+x^2}}=C$； (3)$4(y+1)^3+3x^4=C$；
   (4)$-\mathrm{e}^{x+y}-\mathrm{e}^y+\mathrm{e}^x=C$； (5)$\tan x\tan y=C$； (6)$\operatorname{arctan}y=x-\dfrac{x^2}{2}+C$.

4. (1)$\ln y=\csc x-\cot x$； (2)$\sqrt{2}\cos y=\cos x$； (3)$\mathrm{e}^y=\dfrac{1}{2}(1+\mathrm{e}^{2x})$；
   (4)$y=-\sqrt{1-x^2}+1$； (5)$y^2-1=2\ln(1+\mathrm{e}^x)-2\ln(1+\mathrm{e})$.

225

5. (1) $H = 20 + 17e^{-0.063t}$；（2）上午 7 点 36 分．

同步训练 7-2

1. (1) $y = e^x + Ce^{\frac{x}{2}}$；(2) $y = Cx - \ln x - 1$；(3) $y = Ce^{x^2} + e^{x^2}\sin x$；(4) $y = \dfrac{C}{x} - \dfrac{\cos x}{x}$.

2. (1) $y = -\dfrac{2}{3}e^{-3x} + \dfrac{8}{3}$；(2) $y = \dfrac{1}{2}(\sin x - \cos x + e^x)$；(3) $y = \dfrac{x(x+1)(2-x)}{2(1-x)}$；

   (4) $x = y^4$.

3. 60 分钟．

同步训练 7-3

1. (1) $y = \dfrac{1}{4}e^{2x} + C_1 x + C_2$；(2) $y = \dfrac{\ln^2 |x|}{2} + C_1 \ln|x| + C_2$；(3) $y = -\dfrac{1}{C_1 x + C_2}$.

2. (1) $y = x^4 + 4x + 1$；(2) $y = \tan\left(x + \dfrac{\pi}{4}\right)$.

同步训练 7-4

1. (1) 无关；(2) 相关；(3) 无关；(4) 无关．

2. (1) $y = C_1 + C_2 e^{4x}$；(2) $y = C_1 e^x + C_2 x e^x$；

   (3) $y = C_1 e^{-x}\sin\sqrt{3}x + C_2 e^{-x}\cos\sqrt{3}x$；(4) $y = C_1 e^{2x} + C_2 e^{3x}$.

3. (1) $y = 4e^x + 2e^{3x}$；(2) $y = e^{2x} + 4xe^{2x}$.

4. (1) $y = e^x + C_1 e^{\frac{x}{2}} + C_2 e^{-x}$；(2) $y = C_1 + C_2 e^{-\frac{5x}{2}} + \dfrac{x^3}{3} - \dfrac{3}{5}x^2 + \dfrac{7x}{25}$；

   (3) $y = C_1 e^{-x} + C_2 e^{-2x} + \left(\dfrac{3}{2}x^2 - 3x\right)e^{-x}$；

   (4) $y = C_1 \sin x + C_2 \cos x + e^x\left(\dfrac{1}{5}\cos x + \dfrac{2}{5}\sin x\right)$.

5. (1) $y = -\dfrac{1}{3}\sin x - \cos x + \dfrac{1}{3}\sin 2x$；(2) $y = -5e^x + \dfrac{7}{2}e^{2x} + \dfrac{5}{2}$；

   (3) $y = (x^2 - x + 1)e^x - e^{-x}$.

单元测试 7

一、1. B． 2. C． 3. C． 4. A． 5. C． 6. D． 7. D．

二、1. $y = -\dfrac{1}{x^2 + 1}$． 2. $y = \dfrac{3}{2}x^2$． 3. 线性无关，线性相关． 4. $y = C_1 e^{-4x} + C_2 e^x$．

三、1. $y = \dfrac{1}{2}(\sin x + \cos x) + Ce^{-x}$． 2. $y = \dfrac{(1+x)^4}{2} + \dfrac{1+x}{2}$．

3. $y = -2\sin x + C_1 x + C_2$． 4. $y = C_1 + C_2 e^{-x}$．

5. $y = C_1 e^{-x} + C_2 e^{-3x} + \dfrac{1}{5}\sin x - \dfrac{2}{5}\cos x$． 6. $y = (C_1 x + C_2)e^{4x} + \dfrac{x^2}{2}e^{4x} + \dfrac{1}{16}x + \dfrac{1}{32}$．

7. $y = \sin x + \cos x - \dfrac{x}{2}\cos x$．

四、$v = 10e^{-0.02554t}$．